项目管理

主　编　尹志国
副主编　徐　静　牛　波　董仲慧
参　编　武乐杰　袁海龙　李彦录
　　　　董文娟　成　荔　张　婷
　　　　王宇泽

西安电子科技大学出版社

内 容 简 介

本书共 6 章，系统介绍了现代项目管理学的发展、原理、方法和技术，阐述了项目与项目管理、项目管理体系框架、项目组织与项目团队、项目管理技术(项目利益相关者管理、项目范围管理、项目时间管理、项目成本管理、项目质量管理、项目采购与合同管理、项目风险管理、项目沟通管理、项目信息管理、项目集成管理)、成功的项目管理、项目化与创新管理等内容。

本书可作为高等学校经济管理类本科生及管理科学与工程、企业管理、项目管理、技术经济等学术或专业学位研究生的教材，也可作为项目经理的培训教材和政府、机关等各类工程技术管理人员的参考用书。

图书在版编目(CIP)数据

项目管理 / 尹志国主编. — 西安：西安电子科技大学出版社，2020.8(2022.8 重印)
ISBN 978-7-5606-5794-3

Ⅰ. ① 项… Ⅱ. ① 尹… Ⅲ. ① 项目管理—高等学校—教材 Ⅳ. ① F224.5

中国版本图书馆 CIP 数据核字(2020)第 137040 号

策　　划　李鹏飞
责任编辑　雷鸿俊
出版发行　西安电子科技大学出版社(西安市太白南路 2 号)
电　　话　(029)88202421　88201467　　　邮　编　　710071
网　　址　www.xduph.com　　　　　　电子邮箱　xdupfxb001@163.com
经　　销　新华书店
印刷单位　陕西天意印务有限责任公司
版　　次　2020 年 8 月第 1 版　　2022 年 8 月第 3 次印刷
开　　本　787 毫米×1092 毫米　　1/16　　印　张　14.25
字　　数　335 千字
印　　数　1301～2300 册
定　　价　45.00 元

ISBN 978-7-5606-5794-3 / F

XDUP 6096001-3

***** 如有印装问题可调换 *****

前　言

20世纪90年代末期，我国开始引进现代项目管理的原理、思想和方法，PMI（美国项目管理协会）和IPMA（国际项目管理协会）先后在我国推出PMP和IPMP（项目管理专业资格考试），推动了项目管理理论的传播。当今世界，市场条件和管理环境瞬息万变，一成不变的企业管理模式已经不能适应极速变化的外部环境，企业管理理论与实践必须创新。项目管理为企业组织的发展提供了一种新的组织形式，以项目为中心，以项目管理思想管理企业，是提高企业自身竞争能力的有效途径。21世纪企业的生产与运营将更多地采用以项目为主的发展模式。

近几年，教育部推行的教育改革提倡在工科专业开设人文社科类课程，提升学生的综合素养，一些学校陆续为工科专业开设了相应课程。为顺应形势，我校也为工科专业开设了项目管理概论、技术经济学等平台课程，本书正是在这种形势下推出的。

本书于2018年开始组织编写，经过多次修订，于2019年首次作为校内教材试用。在试用期间，广大师生提出了许多宝贵意见，编写组在对这些意见认真分析后对教材进一步进行了修改和完善。本书系统介绍了现代项目管理学的发展、原理和方法，先后阐述了项目与项目管理、项目管理体系框架、项目组织与项目团队、项目管理技术（项目利益相关者管理、项目范围管理、项目时间管理、项目成本管理、项目质量管理、项目采购与合同管理、项目风险管理、项目沟通管理、项目信息管理、项目集成管理）、成功的项目管理、项目化与创新管理等内容。第1章是项目管理的发展与基础知识部分；第2章介绍了具有典型代表性的项目管理知识体系；第3章介绍了项目组织相关理论；第4章的项目管理技术部分是本书的主体部分，这部分内容是在借鉴美国项目管理知识体系（PMBOK）和中国项目管理知识体系（C-PMBOK 2006）的基础上，经过整理汇总而来的；第5、6章是项目管理知识的扩展，介绍了成功的项目管理、项目化与创新管理。本书在每章基本理论后附有一定数量的思考题，这些思考题将理论知识与现实问题有机地融合在一起，对教学、咨询、培训和科研来说都是非常有益的探索。

本书由西安石油大学经济管理学院尹志国担任主编，西安石油大学经济管理学院徐静、牛波、董仲慧担任副主编。长庆油田致密油项目组袁海龙、李彦录，陕西开瑞建设工程项目管理有限公司董文娟、成荔，陕西广达工程咨询有限公司武乐杰、张婷，西安建筑科技大学华清学院王宇泽等参与了编写工作；西安石油大学研究生马雨、杨镕睿在编写过程中进行了资料收集与整理工作。具体编写分工如下：第1、2章由董仲慧、牛波、袁海龙、李彦录编写，第3、4章由徐静、武乐杰、尹志国、张婷编写，第5章由牛波、董文娟、成荔编写，第6章由尹志国、徐静、董仲慧、王宇泽编写，全书由尹志国统稿。

本书的编写和修订工作得到了陕西开瑞建设工程项目管理有限公司、陕西广达工程咨询有限公司的资助，也得到了西安石油大学经济管理学院各位领导的支持，西安石油大学赛云秀教授、西安建筑科技大学李慧民教授、西安科技大学曹萍教授在本书的编写工作中提出了很多宝贵意见，在此一并表示感谢。同时，还要感谢西安电子科技大学出版社李鹏飞编辑的帮助。

项目管理知识、理论所涉及的内容广泛且发展迅速，加上编者水平有限，书中难免有不妥之处，望读者和同行批评指正。

编　者

2020. 4

目　　录

第1章 项目与项目管理

本章重点：本章主要介绍项目、项目管理的基本概念，项目与项目管理的特点，项目管理模式以及项目管理在现实社会中的实践。

本章难点：运用项目管理思维。

随着科学技术的快速发展和人类社会工程实践的大型化，项目已普遍存在于我们的生活、工作之中，并对经济发展、结构调整、生产实践产生了重要的影响。项目的成果在不断满足人们需要的同时，项目管理本身也在理论上不断发展和前进，大量专家学者们投身于项目管理研究之中，进一步丰富了项目、项目管理理论。项目管理已成为管理学中一门重要的专业课程。理解项目的科学内涵，掌握项目的基本特征、规律，才可以正确实施项目管理的全过程，才能正确理解项目管理十大知识领域范畴。本章从项目概念、项目生命周期展开，在此基础上介绍项目管理、项目管理的发展现状及项目管理模式等相关主要内容，为之后系统学习项目与项目管理知识奠定基础。

1.1 项 目

1.1.1 项目的概念

1. 项目的定义

当今社会，一切都是项目，一切都将成为项目，大到"嫦娥号"探测器登月、高铁建设、三峡大坝建设、奥运会举办，小到房屋装修、课题申请等。"项目"一词，经常见于报纸杂志，广泛应用于我们的日常生活工作当中。"项目"一词在英语中称为"Project"，它与汉语中"项目"一词的含义并非完全一样，在应用时应注意其差别。有不少人将"Project"翻译为"工程""计划"，这种翻译与我国的项目管理最初以工程计划管理为主这一特征有关，工程项目管理已成为我国建设工程领域项目管理的代名词。为了理解项目的含义，应科学地把握项目的定义与基本要素。目前，对于项目的定义仍没有一个统一的标准，不同的组织、不同的专家学者从不同的角度给出了对项目的不同认识。

在项目管理领域比较传统的是 Martino(1964)对项目的定义："项目为一个具有规定开始和结束时间的任务，它需要使用一种或多种资源，具有许多个为完成该任务(或者项目)所必须完成的互相独立、互相联系、互相依赖的活动。"

美国项目管理协会(PMI)项目管理知识体系指南(PMBOK)第 6 版(2018)对项目的定义为：项目是为创造独特的产品、服务或成果而进行的临时性工作。

国际项目管理协会(IPMA)ICB3.0 中对项目的定义为：项目是受时间和成本约束的，用以实现一系列既定的可交付物(达到项目目标的范围)，同时满足质量标准和需求的一次性活动。

德国国家标准(DLN69901)对项目的定义为：项目指在总体上符合条件的、具有唯一性的任务；具有一定的目标；具有时间、财务、人力和其他限制条件；具有专门的组织。

国际知名项目管理专家、《国际项目管理杂志》主编罗德尼·特纳(J. Rodeney Turner)认为：项目是一种一次性的努力，它以一种新的方式，组织人力、财力和物资，完成具有特定范围定义的工作，使工作结果符合特定的规格要求，同时满足时间和成本的约束条件。项目具有定量和定性的目标，实现项目目标就能够实现有利的变化。

美国著名的项目管理专家詹姆斯·刘易斯博士指出：项目是一种一次性的复合任务，具有明确的开始时间、明确的结束时间、明确的规模与预算，通常还有一个临时性的项目组织。

杰克·R.梅瑞狄斯和小塞缪尔·J.曼特尔(2006)认为项目是一个需要完成的具体而又明确的任务。项目是一个整体，包含了自身独有的一些特质：重要性、目的性、生命周期性、相互依赖性、独特性、资源局限性和冲突性。

杰克·杰多和詹姆斯·P.克莱门斯(2007)认为项目就是以一套独特的、相互联系的任务为前提，有效地利用资源，为实现一个特定目标所做的努力。它在工作范围、进度计划和成本方面都有明确的界定标准。

罗伯特·K.威索基和拉德·麦加里(2006)认为，项目是一系列独特的、复杂的并相互关联的活动，这些活动有着一个明确目标或者目的，并且必须在特定的时间、预算内依据规范完成。

中国项目管理知识体系(C-PMBOK2006：Chinese Project Management Body Of Knowledge)对项目的定义为：项目是为实现特定目标的一次性任务。

我国《质量管理—项目管理质量指南》(GB/T 19016—2005 IDTISO10006:2003)(2005)中将项目定义为："一组有起止日期的、相互协调的受控活动所组成的独特过程，该过程要达到包括时间、成本和资源约束条件在内的规定要求的目标。"中国项目管理知识体系(C-PMBOK2006)(修订版)(2008)对项目的定义为："为实现特定目标的一次性任务。"

中国工业科技管理大连培训中心对项目的定义为：项目是要在一定时间、在预算规定范围内，达到预定质量水平的一项一次性任务。

综上所述，项目就是具有时间、费用、技术功能指标的非日常性、非重复性、一次性的任务，即项目是在一定时间内，在预算规定范围内，由一定的组织完成，并达到预定质量水平的一项一次性任务。

2. 项目的要素

(1) 项目的系统属性。从根本上说，项目的实质是一系列的工作，是系统过程作用的结果。尽管项目是有组织地进行的，但它并不是组织本身。尽管项目的结果可能是一个成品、设备，如 C919、运 20，但其研发过程是从创意产生、开发设计、生产试验，一直到用户体验的一个系统的过程，应当从全生命周期视角，将其理解为论证、研制、调试、交付使用相互作用的结果。

(2) 项目的过程。项目是必须完成的、临时性的、一次性的、有限的任务，这是项目过程区别于其他常规"活动和任务"的基本标志，也是识别项目的主要依据。例如，新产品开发，从设计到研制成功可称为项目的一个全过程，但产品批量生产后就不再是项目了。这就表明项目在内容、形式和环境上不是某一种存在物的简单重复，而是或多或少与先前工作有差别的新任务。

(3) 项目的结果。项目都有一个特定的目标，任何一个项目都有一个与以往、与其他任务不完全相同的目标，可能是一项设备，也可能是一项服务。这一特定目标一般应在项目初期设计出来，并在其后的项目活动中一步一步地实现。有时尽管一个项目中包含部分的重复内容，但在总体上仍是独特的，如果任务或其结构是完全重复的，就不能称其为项目。

(4) 项目的共性。项目也和其他任务一样，有费用、时间、资源等约束条件，项目只能在一定的约束条件下进行。这些约束条件既是完成项目的制约因素，同时也应当是管理项目的条件。有些文献用"目标"一词表达这些内容，如把费用、时间、质量看成项目的"三大目标"，用以提出对项目特定的管理要求。从管理项目的角度看，这样的要求是十分必要的，但严格来说"项目目标"是指项目结果。

1.1.2　项目的特点

从项目的含义出发，可以总结出项目具有以下基本特征：

(1) 项目的临时性。项目一般要由一支临时组建起来的队伍实施和管理。由于项目只在一定时间内存在，参与项目实施和管理的人员是一种临时性的组合，人员和材料设备等之间的组合也是临时性的。项目的临时性并不意味着短暂，项目的临时性对项目的科学管理提出了更高的要求。

(2) 项目的唯一性。项目必须是一项一次性的任务，有投入也有产出，而不是简单的重复。唯一性也叫独特性，或是独一无二的。项目中必然含有一些以前没有做过的事情，所以它是唯一的。一项产品或服务尽管所属的种类广，但它仍然可以是唯一的。例如，尽管建造了成千上万座的办公楼，但每一座都是唯一的，因为它有不同的拥有者、不同的设计、不同的地点、不同的承包商等。因此某些重复性因素的存在并未改变项目的唯一性特征。

(3) 项目目标的明确性。项目要建成哪种规模，达到什么水平，满足哪些质量标准，建成后的服务年限等应明确而详细。这些目标是具体的、可检查的，实现目标的措施也是明确的、可操作的。

(4) 项目组织的整体性。项目通常由若干相对独立的子项目或工作包组成，这些子项目或工作包包含若干具有逻辑顺序关系的工作单元，各工作单元构成子项目或工作包等子系统，而相互制约和相互依存的各个子系统共同构成完整的项目系统。这一点表明，对项目进行有效的管理，必须采用系统管理的思想和技术方法。

(5) 项目的多目标性。尽管项目的任务是明确的，但项目的具体目标，如性能、时间、成本等是多方面的。这些具体目标既可能是协调的，或者说是相辅相成的，也可能是不协调的，或者说是互相制约、相互矛盾的。例如，有时一种产品的研制可能是以功能要求为第一位的，不强调成本；而有时又以时间进度要求为主，不得不降低功能要求；但有时更为注重经济指标，要求在资金允许范围内完成任务。由于项目具体目标的明确性和任务的单一性，要求对项目实施全系统、全生命周期管理，力争把多目标协同起来，实现项目系统优化而不是局部优化。

(6) 项目的不确定性。项目或多或少包含一些新的、此前未曾做过的事情。项目"从摇篮到坟墓"通常包含若干个不确定因素，即达到项目目标的途径并不完全清楚。因此，项目目标虽然明确，但项目完成后的确切状态却不一定能完全确定，从而使达到不完全确切状态的过程本身也经常是不完全确定的。例如，研制新一代歼击机，其起飞重量、飞行速度、巡航半径、火力控制等可事先明确，但采用何种材料，以及如何制造等还需要在实施过程中不断研究和探索，常常会遇到风险，因此，必须进行项目风险管理。

(7) 项目资源的有限性。任何一个组织，其资源都是有限的，因此，对于某一具体的项目而言，其投资总额、项目各阶段的资金需求、各工作环节的完成时间以及重要事件的里程碑等都要通过计划来严格地确定下来，在确定的时间和预算内，通过不完全确定的过程，提交出状态不完全确定的成果，就是项目的管理学科要解决的中心课题。

(8) 项目的开放性。由于项目是由一系列活动或任务所组成的，因此，应将项目理解为一种系统，将项目活动视为一种系统工程活动。绝大多数项目都是一个开放系统，项目的实施要跨越若干部门的界限。这就要求项目经理协调好项目组内外的各种关系，团结项目组内成员，并寻求与项目有关的项目组外人员的大力支持。

(9) 项目后果的不可挽回性。项目目标与任务的独特性，项目实施过程的一次性，都体现了项目实施后果的不可挽回性。项目成功了，会带来一定的经济效益、社会效益或环境效益；项目失败了，如果重新实施，就是另外一个项目。项目不可能是"复制品"，即一个项目不可能完全复制另一个项目。

1.1.3　项目生命周期

1. 项目生命周期的定义

项目生命周期是描述项目从开始到结束所经历的各个阶段。典型的工程项目生命周期包括项目前期、建设期和运营期三大部分。项目不同的阶段采取不同的管理方法，如图1-1所示。

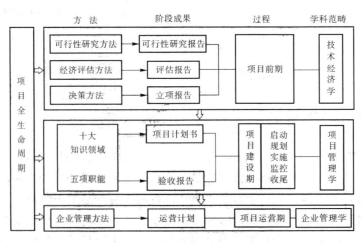

图 1-1　项目管理方法与过程

　　项目的规模和复杂性各不相同，但不论其大小繁简，所有项目的实施都呈现下列生命周期结构：识别需求(启动阶段)、提出解决方案(计划阶段)、执行项目(实施阶段)、结束项目(收尾阶段)，如图 1-2 所示。这些阶段在实际工作中根据不同领域或不同方法再进行具体的划分。在项目生命周期运行过程中的不同阶段里，不同的组织、个人和资源扮演着各种不同的角色。

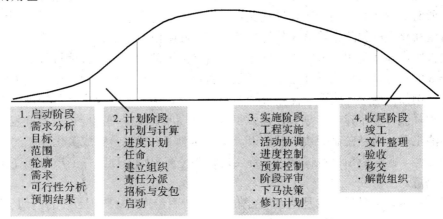

图 1-2　项目生命周期示意图

　　当需要被客户(愿意提供资金，使需求得到满足的个人或组织)所确定时，项目就诞生了。例如，对于一个正在扩大的家庭来说，可能会需要一间更大一点的房子；而对于一个公司来说，问题可能是制造过程的高废品率使它的成本高于其竞争对手，产品生产时间长于竞争对手。客户必须先确认需求或问题。有时问题会被迅速确认，如在灾难(地震或爆炸)发生时；而在另外一些情况下，可能会花去几个月的时间，客户才能清晰地确认需要，收集问题的有关资料，确定解决问题的个人、项目团队或承包商所需满足的条件。

　　项目生命周期确定了项目的开端和结束。例如，当一个组织看到了一次机遇，它通常会做可行性研究，以便决定是否应该就此设立一个项目。对项目生命周期的设定会明确这次可行性研究是应该作为项目的第一个阶段，还是作为一个独立的项目。

　　项目生命周期的设定也决定了在项目结束时应该包括或不包括哪些过渡措施。通过这种方式，可以利用项目生命周期设定来将项目和执行组织的连续性操作连接起来。项目的整个生命周期由项目的各个阶段构成，每个项目阶段都以一个或一个以上的工作成果的完成为标志。

2. 项目生命周期的四个阶段

　　项目生命周期的第一阶段涉及需求、问题或是机会的确认。此阶段客户会向个人、项目团队或是组织(承包商)征询需求建议书，以便实现已确认的需求或解决问题。具体要求通常由客户在需求建议书(Request For Proposal，RFP)的文件里注明。通过 RFP，客户可以要求个人或承包商提交有关他们如何在成本约束和进度计划下解决问题的申请书。一对需要新房的夫妇，可能会花时间来确认对房子的要求——大小、样式、风格、房间数、地点、最大预算额度以及预期搬迁时间，这对夫妇可能会写下这些要求，然后要求几个承包商分别提供房屋计划和成本估算；又比如需要升级计算机系统的公司，可能会以 RFP 的方式把它的需求用文件确定下来，并把文件分别送给几家计算机咨询公司。

项目生命周期的第二个阶段是提出解决需求或问题的方案。这个阶段会有某个人或更多的人、组织(承包商)向客户提交申请书,他们希望客户为今后成功执行解决方案而付给他们酬劳。在这个阶段,承包商的努力变得很重要。对回复 RFP 感兴趣的承包商,可能会花几个星期时间来提出一种解决问题的方案,并估计所需资源的种类、数量,设计执行解决方案所需花费的时间。每个承包商都会以书面申请的方式,把有关信息用文件的方式记录下来。所有的承包商都会把申请书提交给客户。

项目生命周期的第三个阶段是执行解决方案。此阶段开始于客户确定能最好地满足需求的解决方案,与提交申请书的承包商签订了合同后。此阶段即执行项目阶段,包括为项目制订详细的计划,然后执行计划以实现项目目标。在执行项目期间,将会使用到不同类型的资源。例如,设计并建造一幢办公楼的项目,项目努力的方向可能首先包括由几个建筑师和工程师制订一个建楼计划。在建设工程进行期间,大量增加所需资源,包括木匠、电工、油漆工等。项目在盖好楼之后结束,少数其他工人将负责完成美化环境的工作和最后的内部装修。此阶段项目目标得以最终实现,并使客户因整项工作高质量地在预算内按时完成而满意。

项目生命周期的最后阶段是结束项目阶段。当项目结束时,某些后续的活动仍需执行。例如,确定一下:所有应交付的货物是否已提交给了客户,客户接收了吗?所有的款项已经交付结清了吗?所有的发票已经偿付了吗?这一阶段的一个重要任务就是评估项目绩效,以便从中得知该在哪些方面进行改善,在未来执行相似项目时有所借鉴。这一阶段应当涉及从客户那儿获取反馈,以查明客户满意度和项目是否达到了客户的期望等活动;同样也应当涉及从项目团队那儿得到反馈,以便得到有关项目绩效改善方面的建议。

3. 项目生命周期的特点

大多数的项目生命周期具有以下共同的特点:

(1) 对成本和工作人员的需求最初较少,在向后发展过程中需要得越来越多,当项目要结束时又会剧烈地减少。

(2) 在项目开始时,成功的概率是最低的,而风险和不确定性是最高的。随着项目逐步向前发展,成功的可能性也越来越高。

(3) 在项目起始阶段,项目涉及人员的能力对项目产品的最终特征和最终成本的影响是最大的,随着项目的进行,这种影响逐渐削弱了。这主要是由于随着项目的逐步发展,投入的成本在不断增加,而出现的错误也不断得以纠正。

大多数项目生命周期确定的阶段通常会涉及一些技术转移或转让,比如设计要求、操作安排、生产设计。在下阶段工作开始前,通常需要验收现阶段的工作成果。但是,有时候后继阶段也会在它的前一阶段工作成果通过验收之前就开始了。当然要在由此所引起的风险是在可接受的范围之内时才可以这样做。这种阶段的重叠在实践中常常被叫作"快速跟进"。

4. 项目生命周期中的重要概念

项目生命周期中有三个与时间相关的重要概念:检查点(Check Point)、里程碑(Mile Stone)和基线(Project Baseline),描述了在什么时候(When)对项目进行什么样的控制。

检查点指在规定的时间间隔内对项目进行检查,比较实际与计划之间的差异,并根据差异进行调整。可将检查点看作是一个固定"采样"时点,而时间间隔根据项目周期长短的不同而不同，频度过小会失去意义，频度过大会增加管理成本。常见的间隔是每周一次，项目经理需要召开例会并上交周报。

里程碑是完成阶段性工作的标志，不同类型项目的里程碑不同。里程碑在项目管理中具有重要意义。

基线指一个(或一组)配置项在项目生命周期的不同时间点上通过正式评审而正式进入受控的一种状态。基线其实是一些重要的里程碑，但相关交付物要通过正式评审并作为后续工作的基准和出发点。基线一旦建立后，其变化需要受控。

项目生命周期可以分成识别需求、提出解决方案、执行项目和结束项目四个阶段。项目存在两次责任转移，所以开始前要明确定义工作范围。项目应该在检查点进行检查，比较实际和计划的差异并进行调整；通过设定里程碑渐近目标、增强控制、降低风险；而基线是重要的里程碑，交付物应通过评审并开始受控。

1.1.4　项目系统总体描述

在项目管理中，系统方法是最重要的，也是最基本的思想方法和工作方法，这体现在项目和项目管理中的各个方面。在相关联的各个学科中，项目管理与系统工程有最大的交集，任何项目管理者首先必须确立基本的系统观念。这体现在：

(1) 全局的观念。系统地观察问题，解决问题，做全面的、整体的计划和安排，减少系统失误，同时考虑各方面的联系和影响。例如，考虑项目结构各单元之间的联系，各个阶段之间的联系，各个管理职能之间的联系和影响，组织成员之间的联系，而且还要考虑项目与上层系统、环境系统的联系，使它们之间相互协调。为此，项目管理强调综合管理，综合运用知识，并采取综合措施。

(2) 追求项目整体目标的最优化。强调项目的总目标和总体效益，而这常常不仅指整个项目的建设过程，而且指工程的全生命周期，甚至还包括对项目的整个上层系统(如企业、地区、国家)的影响。

(3) 在现代项目管理中，人们越来越强调集成化管理，这要求项目管理有更高层次的系统性，它包括许多方面的含义，如：

① 将项目的目标系统设计、可行性研究、决策、设计和计划、采购(供应)、施工和运行(维护)管理等集成起来，形成一体化的管理过程。

② 把项目的目标、系统、资源、信息、活动及组织单位结合起来，按照计划使之形成一个协调运行的综合体。

③ 将项目管理的各个职能，如成本管理、进度管理、质量管理、合同管理、信息管理等综合起来，形成一个集成化的管理系统。

④ 将业主、承包商、设计单位、项目管理公司的管理集成为一个一体化的管理过程。

项目管理的集成化是目前项目管理研究的热点之一。它要求项目管理者必须进行全生命周期的目标管理，统一计划，综合控制，实现良好的界面管理、组织协调和信息管理。

1.1.5　项目系统的总体框架

项目自身是一个复杂的系统，是技术、物质、组织、行为和信息系统的综合体，可以从各个角度、各个方面进行描述。通常，工程项目最重要的系统角度有项目环境系统、目标系统、对象系统、行为系统、组织系统等，它们从各个方面决定着项目的形象。项目的各个系统之间存在着错综复杂的内在联系，并构成了一个完整的项目系统，如图1-3所示。

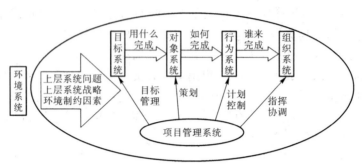

图 1-3 项目管理系统示意图

1. 项目的环境系统

任何项目都处于一定的社会历史阶段，在一定的时间和空间中存在。项目的环境是围绕项目或影响项目成败的所有外部因素的总和，它们构成项目的边界条件。环境对项目有重大影响，这主要体现在：

(1) 项目产生于上层系统和环境的需求，这决定了项目的存在价值。通常，由环境系统的问题，或上层组织新的战略，或环境的制约因素产生项目目标。项目必须从上层系统以及环境的角度来分析和解决问题。

(2) 项目的实施过程又是项目与环境之间互相作用的过程。项目需要外部环境提供各种资源和条件，因而受外部环境条件的制约。环境决定着项目的技术方案和实施方案以及它们的优化。如果项目没有充分地利用环境条件，或忽视环境的影响，必然会造成实施中的障碍和困难，增加实施费用，导致不经济的项目。

(3) 环境是风险产生的根源。项目处在一个迅速变化的环境中，环境的变化形成对项目的外部干扰，会造成项目不能按计划实施，偏离目标，甚至造成整个项目的失败。所以环境的不确定性和环境变化对项目的影响是风险管理的重点。为了充分地利用环境条件，降低环境风险对项目的干扰，必须开展全面的环境调查，获取大量的环境资料，在项目的全过程中注意研究和把握环境与项目的交互作用。

2. 项目的目标系统

目标系统是项目所要达到的最终状态的描述系统。由于项目管理采用目标管理方法，因此在前期策划过程中就要建立目标系统，并将其作为项目实施过程的一条主线。项目目标系统具有如下特点：

(1) 项目目标系统有自身的结构。项目总目标可以分解为系统目标，任何系统目标都可以分解成若干个子目标，子目标又可以分解为可执行目标。

(2) 完整性。项目目标因素之和应完整地反映上层系统及项目相关者对项目的要求，所以项目目标系统通常是由多目标构成的一个完整的体系。目标系统的缺陷会导致技术系统的缺陷、项目计划的失误和实施控制的困难。

(3) 目标的均衡性。目标系统应是一个稳定的、均衡的体系。片面地过分强调某一个目标(子目标)，常常要以牺牲或损害另一个目标为代价，会造成项目的缺陷。特别要注意工期、成本(费用、投资)和质量(功能)之间的平衡。

(4) 动态目标系统有一个动态的发展过程。这个系统是在项目设计、可行性研究、技术设计和计划中逐渐建立起来，并形成一个完整的目标保证体系。

由于环境不断变化，上层组织对项目的要求也随之变化，目标系统在实施中也会产生变更。例如，目标因素的增加、减少，指标水平的调整，都会导致设计方案的变化、合同的变更、实施方案的调整等。项目目标系统是抽象系统，通常由项目任务书、技术规范、合同文件等定义。

3. 项目的对象系统

项目的最终目标是通过项目的建设和运行实现的。系统结果是项目的可交付成果，是项目的对象，通常表现为实体系统形式，有一定的功能、规模和质量要求，有自身的系统结构形式——分解结构。它是由许多相互联系、相互影响、相互依赖的功能面和专业要素组合起来的综合体。项目系统决定着项目的类型和性质，决定着项目的基本形象和本质特征，是由项目的设计任务、技术设计文件等定义的，并通过项目实施完成。项目对象系统的基本要求有：

(1) 空间布置合理，各个功能面和专业工程系统结构合理，没有冗余，协调一致(包括功能协调、生产能力协调等)。

(2) 项目对象系统必须是一个均衡的、简约的，能够安全、稳定、经济、高效率运行的整体，达到预期的设计效果(运行功能)的运营费用(如生产成本)低，资源消耗少。

(3) 各功能面、各专业项目子系统投资比例合理，质量均衡并与设计寿命匹配。

(4) 项目对象与环境协调。项目对象不仅能符合上层系统的要求，还必须与自然环境协调，与当地的交通、能源、水电供应、通信等多方协调，和谐地融合于大系统中。

4. 项目的行为系统

项目的行为系统是由项目目标、完成项目任务所必需的活动构成的，包括各种设计、实施、供应、管理等工作。这些活动之间存在各种各样的逻辑关系，构成一个有序的、动态的工作过程。项目行为系统的基本要求有：

(1) 项目行为系统应包括实现项目目标系统必需的所有工作，并将其纳入计划和控制过程中。

(2) 需保证项目实施过程程序化、合理化，均衡地利用资源(如劳动力、材料、设备)。

(3) 保证各个阶段、各子项目部门和活动之间良好的协调。通过项目管理，将多个项目活动集成为一个有序的、高效率的、经济的实施过程。

(4) 项目的行为系统也属于抽象系统，通常由项目的范围描述文件、工作活动表、项目结构图(WBS)、网络计划、实施计划和管理计划等来描述。

5. 项目的组织系统

项目的组织系统是由项目的行为主体构成的系统。由于社会化大生产和专业化分工，一个项目的参加单位(企业或部门)可能有很多。例如，一个住宅项目的建设，参加单位有业主、承包商、设计单位、监理单位、分包商、供应商等，他们之间通过行政或合同的关

系连接并形成一个庞大的组织体系，为了实现共同的目标承担着各自的任务。项目组织是
一个目标明确，开放、动态、自我形成的组织系统。

1.2　项目管理

1.2.1　项目管理的概念

项目作为一种复杂的系统工程活动，往往需要耗费大量的人力、物力和财力，为了在
预定的时间内实现特定的目标，必须推行项目科学管理。项目管理作为一种管理活动，其
历史源远流长。自从人类开始进行有组织的活动，就一直在执行着各种规模的项目，从事
着各类项目管理实践。如我国的大飞机专项、"嫦娥号"探测器探月工程、"天眼"FAST
工程、北斗卫星等，都是经典的项目管理活动。

项目管理，从字面上理解应是对项目进行管理，即项目管理属于管理的大范畴，同时
也指明了项目管理的对象是项目。"项目管理"一词有两种不同的含义，其一是指一种管
理活动，即一种有意识地按照项目的特点和规律，对项目进行组织管理的活动；其二是指
一种管理学科，即以项目管理活动为研究对象的一门学科，它是探求项目活动科学组织管
理的理论与方法。前者是一种客观实践活动，后者是前者的理论总结，前者以后者为指导，
后者以前者为基础。就其本质而言，二者是统一的。正确理解项目管理，首先必须对其概
念内涵有正确的认识和理解。由于管理主体、管理对象、管理环境的动态性，不同的人对
项目管理有不同的认识。

美国项目管理协会(PMI)对项目管理的定义是：项目管理就是把各种知识、技能、工
具与技术应用于项目活动之中，以满足项目的要求。项目管理是通过合理运用与整合特定
项目所需的项目管理过程得以实现的。项目管理使组织能够有效且高效地开展项目。管理
一个项目包括识别要求，确定清楚而又能够实现的目标，权衡质量、范围、时间和费用方
面互不相让的要求和使技术规定说明书、计划适用于各种各样利益相关者的不同需求与期
望的方法。

哈罗德·科兹纳(2010)认为：项目管理是为一个相对短期的目标(这个目标是为了完成
一个特定的大目标和目的而建立的)去计划、组织、指导和控制公司的资源；项目管理就是
利用系统的管理方法将职能人员(垂直体系)安排到特定的项目中(水平体系)去。

国际知名项目管理专家、《国际项目管理月刊(IJPM)》的主编 J. Rodney Turner 提出不
要试图去定义一个本身就不精确的事物，因此他给出一个很简练的泛泛的定义：项目管理
既是艺术，又是科学，它使远景变成现实。

美国著名的项目管理专家 James Lewis 博士认为：项目管理就是组织实施实现项目目
标所必需的一切活动的计划、安排与控制。

我国《质量管理——项目管理质量指南》(2005)将项目管理定义为："包括一个连续的
过程，为达到项目目标而对项目各方面所进行的规划、组织、监测和控制。"

《中国项目管理知识体系(C-PMBOK 2006)》(2008)对项目管理的定义为："以项目为
对象的系统管理方法，通过一个临时性的专门的柔性组织，对项目进行高效率的计划、组

织、指导和控制，以实现项目全过程的动态管理和项目目标综合协调与优化。"一般来说，项目管理是通过项目组织和项目负责人的努力，运用系统理论和方法对项目及其资源进行计划、组织、协调、控制，旨在实现项目特定目标的管理方法体系。

综合上述定义，项目管理就是以项目为对象的系统管理方法，通过一个临时性的专门的柔性组织，对项目进行高效率的计划、组织、指导和控制，以实现项目全过程的动态管理和项目目标的综合协调与优化。

项目管理贯穿于项目的整个生命周期，对项目的整个过程进行管理。它是一种运用既规律又经济的方法对项目进行高效率的计划、组织、指导和控制的手段，并在时间、费用和技术效果上达到预定目标。

1.2.2　项目管理的特点

项目管理与传统的部门管理相比最大的特点是项目管理注重综合性管理，并且项目管理工作有严格的时间期限。其主要特点总结为：

(1) 普遍性。项目作为一次性的任务和创新活动普遍存在于社会生产活动之中，现有的各种文化物质成果最初都是通过项目的方式实现的，现有的各种持续重复活动是项目活动的延伸和延续，人们各种有价值的想法或建议最终都会通过项目的方式得以实现。由于项目的这种普遍性，项目管理也具有了普遍性。

(2) 目的性。一切项目管理活动都是为实现"满足甚至超越项目有关各方对项目的要求与期望"（池仁勇，2009）。项目管理的目的性不但表现在要通过项目管理活动去保证满足或超越项目有关各方已经明确提出的项目目标，而且要满足或超越那些尚未识别和明确的潜在需要。例如，建筑设计项目中对建筑美学很难定量和明确地提出一些要求，项目设计者要努力运用自己的专业知识和技能去找出这些期望的内容，并设法满足甚至超越这些期望。

(3) 独特性。项目管理的独特性指项目管理既不同于一般的生产运营管理，也不同于常规的行政部门管理，它有自己独特的管理对象和活动，有自己独特的管理方法、技术和工具。虽然项目管理也会应用一般管理的原理和方法，但是项目管理活动有其特殊的规律性，这正是项目管理存在的前提。

(4) 集成性。项目管理的集成性指把项目实施系统的各要素，如信息、技术、方法、目标等有机地集合起来，形成综合优势，使项目管理系统总体上达到相当完备的程度。相对于一般管理而言，项目管理的集成性更为突出。一般管理的管理对象是一个组织持续稳定的日常性管理工作，由于工作任务的重复性和确定性，一般管理的专业化分工较为明显。但是项目管理的对象是一次性工作，项目相关利益者对项目的要求和期望不同，如何将项目的各个方面集成起来，在多个相互冲突的目标和方案中做出权衡，保证项目整体最优化，是项目管理集成性的本质所在。经过半个多世纪的理论总结和千百年的实践探索，现今项目管理已经有固定的管理模式和方法，即按十大知识领域对具体项目进行有效管理。

项目管理必须通过不完全确定的过程，在确定的期限内产出不完全确定的产品，日程管理和进度控制常对项目管理产生很大的压力。具体来讲这表现在以下几个方面：

(1) 项目管理的对象是项目或被当作项目来处理的运作。项目管理是针对项目的特点而形成一种管理方式，因而其适用对象是项目，特别是大型的、比较复杂的项目；鉴于项目管理的科学性和高效性，有时人们会将重复性的"运作"中的某些过程分离出来，加上起点和终点当作项目来处理，以便于在其中应用项目管理的方法。

(2) 项目管理的全过程都贯穿着系统工程的思想。项目管理把项目看成一个完整的系统，依据系统论"整体—分解—综合"的原理，可将系统分解为许多责任单元，由责任者分别按要求完成目标，然后汇总、综合成最终的成果。同时，项目管理把项目看成一个有完整生命周期的过程，强调部分对整体的重要性，促使管理者不要忽视其中的任何阶段以免造成总体效果不佳甚至失败。

(3) 项目管理的组织具有特殊性。项目管理的一个最为明显的特征就是其组织的特殊性。其特殊性表现在以下几个方面：

① 有了"项目组织"的概念。项目管理的突出特点是项目本身作为一个组织单元，围绕项目来组织资源。

② 项目管理组织的临时性。由于项目是一次性的，而项目的组织是为项目的建设服务的，项目终结了，其组织的使命也就完成了。

③ 项目管理组织的柔性化。所谓柔性，即是可变的。项目的组织打破了传统的固定建制的组织形式，而是根据项目生存周期各个阶段的具体需要适时地调制组织的配置，以保障组织的高效、经济运行。

④ 项目管理组织强调其协调控制职能。项目管理是一个综合管理过程，其组织结构的设计必须充分考虑到有利于组织各部分的协调与控制，以保证项目总体目标的实现。因此，目前项目管理的组织结构多为矩阵结构，而非直线职能结构。

1.2.3　项目管理的核心内容

1. 项目管理的三个约束条件

任何项目都会在范围、时间及成本三个方面受到约束，这就是项目管理的三大约束。项目管理，就是以科学的方法和工具，在范围、时间、成本三者之间寻找到一个合适的平衡点，使项目所有相关方都尽可能地满意。项目是一次性的，旨在产生独特的产品或服务，但不能孤立地看待和运行项目。这要求项目经理要用系统的观念来对待项目，认清项目在更大的环境中所处的位置，这样在考虑项目范围、时间及成本时，就会有更为适当的协调原则。

1) 项目的范围约束

项目的范围就是规定项目的任务是什么。作为项目经理，首先必须搞清楚项目的商业利润核心，明确把握项目发起人期望通过项目获得什么样的产品或服务。对于项目的范围约束，容易忽视项目的商业目标，而偏向技术目标，导致项目最终结果与项目相关方期望值之间的差异。

项目的范围可能会随着项目的进展而发生变化，从而与时间和成本等约束条件产生冲突，因此面对项目的范围约束，主要是根据项目的商业利润核心做好项目范围的变更管理。既要避免无原则地变更项目的范围，也要根据时间与成本的约束，在取得项目相关方的一致意见的情况下，合理地按程序变更项目的范围。

2) 项目的时间约束

项目的时间约束就是规定项目需要多长时间完成，项目的进度应该怎样安排，项目的活动在时间上的要求，各活动在时间安排上的先后顺序。当进度与计划之间发生差异时，如何重新调整项目的活动历时，以保证项目按期完成，或者通过调整项目的总体完成工期，以保证活动的时间与质量。

在考虑时间约束时，一方面要研究因为项目范围的变化对项目时间的影响，另一方面要研究因为项目历时的变化对项目成本产生的影响。同时，还需及时跟踪项目的进展情况，通过对实际项目进展情况的分析，提供给项目相关方一个准确的报告。

3) 项目的成本约束

项目的成本约束就是规定完成项目需要花多少钱。对项目成本的计量，一般用花费多少资金来衡量，但也可以根据项目的特点，采用特定的计量单位来表示。关键是通过成本核算，能让项目相关方了解在当前成本约束之下，所能完成的项目范围及时间要求。当项目的范围与时间发生变化时，会产生多大的成本变化，以决定是否变更项目的范围，改变项目的进度，或者扩大项目的投资。

在实际完成的许多项目中，多数项目只重视进度，而不重视成本管理。一般只是在项目结束时，才让财务或计划管理部门的预算人员进行项目结算。一些内部消耗资源性的项目，往往不做项目的成本估算与分析，使得项目相关方认识不到项目所造成的资源浪费。因此，对内部开展的一些项目，也要进行成本管理。

由于项目是独特的，每个项目都具有很多不确定性的因素，项目资源使用之间存在竞争性，因此除了极小的项目，许多项目很难最终完全按照预期的范围、时间和成本三大约束条件完成。项目相关方总是期望用最低的成本、最短的时间，来完成最大的项目范围，这三个期望之间是互相矛盾、互相制约的。项目范围的扩大，会导致项目工期的延长或需要增加加班资源，会进一步导致项目成本的增加；同样，项目成本的降低，也会导致项目范围的限制。作为项目经理，就是要运用项目管理的十大领域知识，在项目的五个过程组中，科学合理地分配各种资源，尽可能地实现项目相关方的期望，使他们获得最大的满意度。

2. 项目管理的五个过程

项目管理的五个过程——启动、计划、实施、控制与收尾，贯穿于项目的整个生命周期。对于项目的启动过程，特别要注意组织环境及项目相关方的分析；而在后面的过程中，项目经理要抓好项目的控制，控制的理想结果就是在要求的时间、成本及质量限度内完成双方都满意的项目范围。

1) 项目的启动过程

项目的启动过程就是一个新的项目识别与开始的过程。一定要有这样一个认识，即在重要项目上的微小成功，比在不重要的项目上获得巨大成功更具意义与价值。从这种意义上讲，项目的启动阶段显得尤其重要，这是决定是否投资，以及投资什么项目的关键阶段，此时的决策失误可能造成巨大的损失。重视项目启动过程，是保证项目成功的首要步骤。

启动涉及项目范围的知识领域，其输出结果有项目章程、任命项目经理、确定约束条件与假设条件等。启动过程的最主要内容是进行项目的可行性研究与分析，这项活动要以商业目标为核心，而不是以技术为核心。无论是领导关注，还是项目宗旨，都应围绕明确的商业目标，以实现商业预期利润为重点，并要提供科学、合理的评价方法，以便未来能对其进行评估。

2) 项目的计划过程

项目的计划过程是项目实施过程中非常重要的一个过程。通过对项目的范围确定、任务分解、资源分析等制订一个科学的计划，能使项目团队的工作有序地开展。也正因为有了计划，在实施过程中，才能有一个参照，并可以通过对计划的不断修订与完善，使后面的计划更符合实际，能更准确地指导项目工作。

以前有一个错误的概念，认为计划应该准确。所谓准确，就是实际进展必须按计划来进行。实际并不是如此，计划是管理的一种手段，仅是通过这种方式，使项目的资源配置、时间分配更为科学合理而已，而计划在实际执行中是可以不断被修改的。

在项目的不同知识领域有不同的计划，应根据实际项目情况，编制不同的计划，其中项目计划、范围说明书、工作分解结构、活动清单、网络图、进度计划、资源计划、成本估计、质量计划、风险计划、沟通计划、采购计划等，是项目计划过程常见的输出，应重点把握与运用。

3) 项目的实施过程

项目的实施，一般指项目的主体内容执行过程，但实施包括项目的前期工作，因此不仅要在具体实施过程中注意范围变更、记录项目信息，鼓励项目组成员努力完成项目，还要在开头与收尾过程中，强调实施的重点内容，如正式验收项目范围等。

在项目实施中，重要的内容就是项目信息的沟通，即及时提交项目进展信息，以项目报告的方式定期检查项目进度，有利于开展项目控制，为质量保证提供手段。

4) 项目的控制过程

项目管理的过程控制，是保证项目朝目标方向前进的重要过程，就是要及时发现偏差并采取纠正措施，使项目进展朝向目标方向。

控制可以使实际进展符合计划，也可以修改计划使之更切合目前的现状。修改计划的前提是项目符合期望的目标。控制的重点有这几个方面：范围变更、质量标准、状态报告及风险应对。基本上处理好以上四个方面的控制，项目的控制任务大体上就能完成了。

5) 项目的收尾过程

一个项目的一个正式而有效的收尾过程，不仅是对当前项目产生的一个完整文档，对项目相关方的交代，更是以后项目工作的重要财富。在笔者经历的很多项目，都更加重视项目的开始与过程，而忽视了项目收尾工作，所以项目管理水平一直未能得到提高。

另外要重视那一类未能实施成功的项目收尾工作。不成功项目的收尾工作比成功项目的收尾更难，也来得更重要，因为这样的项目的主要价值就是项目失败的教训，因此要通过收尾将这些教训提炼出来。

项目收尾包括对最终产品进行验收，形成项目档案，总结吸取的教训等。另外，对项目相关方要做一个合理的安排，这也是容易忽视的地方，简单地打发回去不是最好的处理办法，更是对项目组成员的不负责任。

项目收尾的形式，可以根据项目的大小自由决定，可以通过召开发布会、表彰会、公布绩效评估等手段来进行。形式是灵活的，但一定要明确，并能达到效果。如果能对项目进行收尾审计，则再好不过，当然也有很多项目是无需审计的。

3. 项目管理的十大知识领域

项目管理的十大知识领域指作为项目经理必须具备与掌握的十个方面的重要知识与能力。其中核心的四大知识领域是范围、时间、成本与质量管理。在这些知识领域中还涉及很多的管理工具和技术，用于帮助项目经理与项目组成员完成项目的管理，如网络图法(Network Planning)、关键路径法(Critical Path Method，CPM)、头脑风暴法(Brain Storming)、挣值法(Earned Value Analysis，EVA)等，不同的工具能帮助我们完成不同的管理工作。另外，还有很多项目管理软件，如 Microsoft Project、P3 等，作为项目管理的工具，也可以很好地帮助我们在项目的各个过程中完成计划、跟踪、控制等管理过程。

1) 项目的整体管理

项目的整体管理，或者说是综合管理，是综合运用其他九个领域的知识，合理集成与平衡各要素之间的关系，确保项目成功完成的关键。

项目的整体管理包括三个主要过程：

(1) 项目计划制订：收集各种计划编制的结果，并形成统一协调的项目计划文档。

(2) 项目计划执行：通过执行项目计划的活动，来实施计划。

(3) 整体变更控制：控制项目的变更。

项目经理负责协调完成一个项目所需的人员、计划以及工作，统领全局，带领团队实现项目的目标。当项目目标之间或参与项目的人员之间出现冲突时，项目经理负责拍板定夺。同时，他还负责及时向高层管理人员汇报项目进展信息。总而言之，项目经理主要负责项目的整体管理，这也是项目成功的关键。

在这里主要存在以下问题：未找到项目发起人，或者项目发起人不明确时，项目经理常把自己当成项目发起人；项目交付成果定义不清，以致最后收尾时无法对照计划进行验收；缺少组织结构描述；对项目的控制未能规范化，尤其是项目范围的变更控制；风险管理未得到重视，只是在项目组内讨论，并停留在项目负责人的头脑中；缺乏项目相关方分析；没有规范的进度报告，项目进展报告随意性较大。要有效地开展项目管理，引用项目管理的知识体系与方法工具，先依样画葫芦，通过实践，进一步领会这些内容是必需的。

2) 项目的范围管理

项目范围的不确定，会导致项目范围的不断扩大，作为项目经理，在项目开始时，就要拿出项目相关方都认可的、理解无歧义的项目范围说明文档——项目章程。然后为了保证项目的实施，明确项目组成员的工作责任，项目经理还必须分解项目范围，使之成为更小的项目任务包——工作分解结构(WBS)。最后还要认识到项目本身不是孤立的，因此有时范围的变更也是必需的，关键是当变更发生时，如何加以控制。最重要的是当面临项目时，或不知道具体做什么时，如何进行范围管理。对潜在项目的识别，有四个步骤：确定做一个什么样的项目；业务分析，找出重要的业务过程，分析其中最能从项目中得到好处的过程；形成项目可能的优势，确定范围、好处及约束；选择方案，分配资源。对于从多个项目中选择项目，或从多个方案中选择方案的情况，常见的四种方法是整体需要、分类、NPV 及加权评分模型。

3) 项目的时间管理

项目的时间管理，就是确保项目按期完成的过程。首先要制订项目的进度计划，然后是跟踪检查进度计划与实际完成情况之间的差异，及时调整资源、工作任务等，以保证项目的进度实现。在跟踪过程中，要及时与项目相关方进行交流，以及时发现范围的偏差(即产生时间与进度上的差异)，或项目组成员有意或无意识地虚报了项目完成情况，导致进度的失控。

项目的时间管理具体包括以下内容：活动定义，从 WBS 分解而来；活动排序，明确活动之间的依赖关系；活动历时估算，估算每项活动的时间，可以用 PERT 方法进行；利用 PROJECT 等系列工具软件，协助项目的时间管理；利用甘特图帮助跟踪项目进度；利用网络图及关键路径分析，协助确定完成日期的重要程度或调整工期对项目工期的影响，以及处理关注的焦点活动。

需要注意的是，以前学习项目的时间管理工具及方法以后，就以为可以实现对项目的跟踪控制了，其实不然，这些工具都是通过人来发生作用的，活动也是由人来完成的，因此项目经理不能把太多心思花在工具上，而是学会利用工具来协调人与资源的矛盾冲突。

4) 项目的成本管理

在成本管理方面，项目经理要努力减少和控制成本，满足项目相关方的期望。其过程包括：资源计划，即制定资源需求清单；成本估算，对所需资源进行成本估算；成本预算，将整体成本估算配置到各个单项工作，建立成本基准计划；成本控制，控制项目预算的变化，修正成本的估算，更新预算，纠正项目组成员的行动，进行完工估算与成本控制的分析。

在成本管理中涉及很多财务管理的概念、术语、基础理论及方法与工具的使用，作为项目经理，对这些内容要熟悉，特别是挣值分析的相关术语及简称，如 BCWS、BCWP、ACWP、CV、SV、CPI、SPI 等，不仅要了解这些术语的含义，还要掌握它们的计算公式。

5) 项目的人力资源管理

项目的人力资源管理就是有效发挥每个参与项目的人员的作用的过程。项目的人力资源管理过程包括：组织计划编制，形成项目的组织结构图；获取相关人员，其中重点是业务相关人员；团队建设，明确每个项目相关方的责任，训练与提高其技能，实现团队的合作与沟通。因为此过程将与人产生互动，其中首先是要明确各自的责任，这一点在计划编制时就要明确，可以通过项目管理软件帮助项目经理提高效率，并能及时发现任务分解的合理性，最后形成合理的任务分解表。

同时，要通过有效的激励方法来帮助项目成员实施项目计划，提高效率。项目是通过团队共同努力实现的，要注意充分发挥团队的作用，使团队成员各尽所能是项目经理的职责。在处理过程中，争取做到对事不对人，通过有效的会议来实现沟通、检查以及达成目标。

6) 项目的质量管理

项目的质量，即项目满足客户明确或隐含的要求的一致性程度。注意这里包括明确的要求，也包括隐含的要求。对项目来说，如何满足用户隐含的质量要求，可能是项目质量成败的重要因素。可能所开发的系统符合需求说明中的要求，却与用户实际的要求(包含隐含的需求中)相差很大，结果导致项目的失败。

　　现代质量管理经过了一个发展过程，目前已建立起相对完善的质量体系。国际组织也有相关的质量文件，以评审普通的生产质量，如 ISO2000 系列质量标准。对软件的生产质量，也有一些评价模型，如 SQFD 模型、CMM(软件成熟度模型)等。其中，CMM 分成五个层次：自发的、简单的、有组织的、被管理的及适应的，分别标识为不同的级别。

　　项目管理需要制订质量计划，并应用质量保证的工具确保质量计划的实施。在质量控制的过程中，有许多现成的工具与方法，如帕累托分析、统计抽样和标准差等。要提高项目的质量，必须在领导中形成质量意识，通过建立一个好的工作环境来提高质量，通过形成质量文化来改进质量，这是全面提升项目质量管理的关键因素之一。

　　在笔者以往所经历的项目中，项目的质量管理基本上没有得到重视，公司每年都在开展 QC 活动，该活动的目的就是改进质量，但活动却往往变成了科技创新活动；而在更多的项目实施过程中，质量管理都未能有所体现，这也是值得探讨的问题。

　　7) 项目的沟通管理

　　项目的沟通管理非常重要。对项目经理而言，项目的沟通管理，就如同前线指挥需要情报管理一样，是整个项目组掌握项目信息、实施其他管理手段的基础，所有的控制都要基于沟通。

　　在项目的开始，需要编制沟通计划，包括什么时间、将什么内容、以什么样的格式、通过什么样的方式、向谁传递。在项目的沟通中，可以采用书面报告、口头报告或非正式的交流，各种方式有利也有弊，关键看是否有利于沟通的效果。

　　沟通的复杂程度随着对象的增加而快速增加，因此要通过适当的工具和手段，将面对面的沟通控制在一定范围之内，尽量减少因无效沟通给项目管理带来的负面影响。

　　在沟通中，会议是有效形式之一。很多业务人员喜欢通过会议，以简单的形式化的语言描述项目的进展与项目中碰到的问题，而不喜欢技术化的图表与文档。

　　8) 项目的风险管理

　　因为没有做好项目风险管理，导致项目的风险发生时，项目相关方常难以接受风险发生的事实以及风险所带来的损失，需要用更多的时间来调整心理状态，才能恢复对项目的实施。

　　项目的风险管理在项目进行过程中能有效避免风险的发生。在风险发生时，相关人员需要用正确的心态去面对，才不会手足无措。很多项目的失败，是因为风险发生时，心理上的伤害，导致项目相关方失去主观判断能力，而做出错误的决策。从这种意义上讲，项目的风险计划的制订主要是为提高项目相关方的风险意识，只要有了足够的风险意识，风险识别全面与否，在有些项目中可能重要性反而不是太明显。

　　风险识别可以采用头脑风暴法、经验法则等方法。在识别这些风险因子之后，可以对这些因子加上权重，最后计算出项目成功的概率，并能据此决策项目是否应该开展、继续或停止。识别风险因子之后，紧接着就是制定风险应对措施，根据风险发生的概率、产生的风险成本与收益，决定相应的应对策略，如风险处理、风险接受、风险改善等。

　　实际工作中，可能有可以识别存在的风险，但却不能对其加以正确处理的情况。风险就这样被层层传递，如因用户参与不够，导致需求不正确，进一步产生工期估计的失误，结果是计划的偏差，最后整个项目的结果产生偏差。因此，要注意从风险的源头抓起，防止风险的层层放大。

9) 项目的采购管理知识

采购就是从外界获得产品或服务。对于项目而言，采购变得越来越重要。目前绝大多数的项目都离不开采购管理，而且很多项目的主要内容就是设备采购或咨询采购。对于企业而言，能否做好采购管理是保证项目成功的重点内容。

有效的采购管理包括以下过程：

(1) 编制合理有效的采购计划。这是项目管理的一个重要过程，即确定项目的哪些需求可以通过采购得到更好的满足。在采购计划中，首先决定是否需要采购、如何采购、采购什么、采购多少、何时采购等内容。

(2) 编制询价计划，即编制报价邀请书(RFQ)或招标书。

(3) 询价，进行实际询价.

(4) 开标，评估并选择供应商。

(5) 管理，对采购合同进行管理。

(6) 收尾，对采购合同进行收尾。

在整个过程中，有两个容易被忽视的过程，一是采购计划，二是合同收尾。采购计划的编制，是采购管理整体按需求进行的前提，如果这一步做不好，其他工作可能会受影响；而在采购的合同收尾过程中，最容易忘记或做不到的就是采购审计。在项目中，往往会过分重视技术，而忽略管理与成本。其实，管理与成本是决定合同能否按期保持履行的前提。

10) 项目管理知识体系

项目管理知识体系是一个开放的理论体系，2017 版 PMBOK 将"干系人管理"修改为"相关方管理"，而"干系人管理"这一知识领域是 2012 年版 PMBOK 知识体系初次引入的。项目相关方指能影响项目决策、活动或结果的个人、群体或组织，以及会受项目决策、活动或结果影响的个人、群体或组织。相关方管理具体内容包括以下四个方面：识别相关方、规划相关方参与、管理相关方参与和监督相关方参与。

项目相关方管理的基本内容和过程包括：

(1) 识别相关方：定期识别项目相关方，分析和记录他们的利益、参与度、相互依赖性、影响力和对项目成功的潜在影响的过程。

(2) 规划相关方参与：根据相关方的需求、期望、利益和对项目的潜在影响，制定项目相关方参与项目方式的过程。

(3) 管理相关方参与：与相关方进行沟通和协作，以满足其需求与期望，处理问题并促进相关方合理参与的过程。

(4) 监督相关方参与：监督项目相关方关系，并通过修订参与策略和计划来引导相关方合理参与项目的过程。

1.2.4　项目管理的发展

项目管理作为一种管理活动，其历史源远流长，自从人类开始进行有组织的活动，就一直执行着各种规模的项目。在古代，人们就进行了许多项目管理的实践活动，如我国的长城、古埃及的金字塔、古罗马的供水渠等这样不朽的伟大工程都是历史上运作大型复杂项目的范例。

工程领域的大量实践活动极大地推动了项目管理的发展。传统的项目和项目管理的概念主要源于建筑行业，这是由于传统的实践中建筑项目相对其他项目来说，组织实施过程表现得更为复杂。随着社会的进步和现代科技的发展，项目管理也不断得以完善，同时项目管理的应用领域也不断扩充，现代项目与项目管理的真正发展可以说是大型国防工业发展带来的必然结果。

因此，现代项目管理通常被认为是第二次世界大战的产物，美国研制原子弹的曼哈顿计划、美国海军的北极星导弹计划与美国军方的阿波罗登月计划等，是推动现代项目管理产生与发展的基本背景。

1. 项目管理的演变：1945—2017

20 世纪 40 年代，美国企业部门主管"跨界"参与项目管理。每个部门主管都具有项目经理的头衔，完成所辖部门的项目任务，一旦工作完成，就立即将项目任务交给其他部门。如果项目失败，所有的责任都会落在此时接手项目任务的项目经理身上。这种传递式管理的问题在于，企业没有专人对接客户，信息传递缓慢，浪费了客户与企业的宝贵时间。客户想要一手信息，必须先找到当时负责项目任务的部门主管。如果项目不大，这还行得通，一旦项目规模大并且较为复杂时，这种沟通方式就变得十分困难了。

受第二次世界大战的影响，项目管理主要应用于国防和军工项目。例如，美国把研制第一颗原子弹的任务作为一个项目来管理，命名为"曼哈顿计划"。美国退伍将军莱斯·R.格罗夫斯在后来的回忆录《现在可以说了》中详细记载了这个项目的始末。美国几乎所有的航空航天与国防工业项目都使用了项目管理方法来统筹工作。同时，美国航空航天与国防工业企业也迫使自己的供应商使用项目管理。总体来说，项目管理发展缓慢，只有在航空航天与国防工业领域，项目管理发展迅猛。由于美国航空航天与国防工业企业承包商与分包商的数量十分庞大，美国政府就需要对其进行标准化，尤其是在计划过程和信息传递等方面。美国政府建立了一个全生命周期计划与控制模型以及一个成本监控系统，还组建了一个项目管理审计团队，旨在确保政府资金能够按计划支出。所有超过一定资金额度的政府项目都采用了这种措施。但是，私营企业则将其视为过度管理，会增加成本，认为项目管理没有什么实用价值。

然而，项目管理还是越来越成为企业必须使用的工具而不仅仅是可有可无的方法。它缓慢发展的原因主要是人们对新的管理技术不太接受，对未知事物的天生恐惧阻碍了那些变革的管理者。

20 世纪 50 年代，美国出现了关键路线法(Critical Path Method，CPM)和计划评审技术(Program/Project Evaluation And Review Technique，PERT)，项目管理的突破性成就出现在这个时期。1957 年，美国的杜邦公司，由于市场的需要，必须昼夜连续运行。之前，该公司每年都不得不安排一定的时间，停下生产线进行全面检修，过去的检修时间一般为 125 小时。后来，他们把检修流程精细分解，竟然发现在整个检修过程中所经过的不同路线上的总时间是不一样的。缩短最长路线上工序的工期，就能够缩短整个检修的时间。他们经过反复优化，最后只用了 78 小时就完成了检修，时间节省率达到了 38%，当年生产效益达 100 多万美元。这就是至今项目管理工作者还在应用的"关键路径法"。在同一时期，美国海军开始研制北极星导弹，这是一个军用项目，技术新、项目组织复杂，当时有近三分之一的科学家都参与了这项工作，如此庞大的尖端项目，其管理难度可想而知。当时的项目组织者想出了一个公式，为每个任务估计一个悲观的、一个乐观的和一个最可能情况下的工期，在关键路径法技术的基础上，用"三值加权"方法进行计划编排，最后竟然只用了 4 年时间就完成了预定 6 年完成的项目，节省时间 33% 以上。20 世纪 60 年代这类方法在由 42 万人参加、耗资 400 亿美元的"阿波罗"载人登月计划中应用，取得巨大成功。从此以后，项目管理有了科学的系统方法。现在，CPM 和 PERT 常被称为项目管理的常规"武器"和核心方法。

20 世纪 60 年代，除了航天、国防和建筑领域，大多数企业的高层管理者开始或多或少地采用项目管理方法。在非正式的项目管理中，项目是在非正式的基础上进行管理的，项目经理的权力很小。大多数项目由部门经理管理，项目局限在一条或两条职能线上。正式的沟通要么被认为没有必要，要么由于部门经理间良好的工作关系而被非正式处理。正如我们今天看到的许多组织，如低端技术水平的制造企业，部门经理们并肩战斗了 10 年甚至更长时间。在这种条件下，非正式的项目管理方法可以有效运用于固定设备或设施等制造类项目。

到了 1970 年，环境开始急剧变化。航空、国防和建筑业等行业率先实施了全行业的项目管理，其他行业紧随其后。其中有些是不得已而为之，美国航空航天局(NASA)和国防部"强迫"分包商接受项目管理方法。

20 世纪 70 年代的项目管理在新产品开发领域中扩展到了中型企业，到了 70 年代后期和 80 年代，愈来愈多的中小企业也开始引入项目管理，将其灵活地应用于企业管理的各项活动中，项目管理技术及其方法在此过程中逐步发展和完善。此时，项目管理已经被公认为一种有生命力并能实现复杂的企业目标的良好方法。

20 世纪 70 年代及 80 年代早期，越来越多的公司抛开了非正式的项目管理方法，重构了正式的项目管理程序，这主要是因为他们活动的规模和复杂性都上升到了一定程度，现有结构不再有效。

到 20 世纪 90 年代企业早已明白项目管理的实施势在必行，他们在项目管理上已经没有选择余地、争论的核心也从如何实施项目管理转移到以多快的速度去实施。随着信息时代的来临和高新技术产业飞速发展并成为支柱产业，项目的特点也发生了巨大变化。管理人员发现许多在制造业经济下建立的管理方法，到了信息经济时代已经不再适用。制造业经济环境下，强调的是预测能力和重复性活动，管理的重点很大程度上在于制造过程中的合理性和标准化。而在信息经济环境里，事物的独特性取代了重复性过程，信息本身也是动态的，灵活性成了新秩序的代名词。他们很快发现实施项目管理恰恰是实现灵活性的关键手段，项目管理在运作方式上最大限度地利用了内外资源，从根本上改善了中层管理人员的工作效率，于是纷纷采用这一管理模式。经过长期的探索总结，项目管理逐步发展成为独立的学科体系，成为现代管理学的重要分支。

表 1-1 表明了组织实施项目管理的典型生命周期阶段。

表 1-1 项目管理成长的典型生命周期阶段

萌芽阶段	高层管理者接受阶段	直线管理层接受阶段	发展阶段	成熟阶段
• 意识到必要性	• 高层管理者明显支持	• 直线管理层的支持	• 采用生命周期阶段	• 管理成本或进度计划控制体系的发展
• 意识到好处	• 高层管理者了解项目管理	• 直线管理层的承诺	• 发展项目管理方法	• 综合成本和进度计划控制
• 意识到应用	• 项目发起	• 直线管理层的培训	• 对计划做出承诺	• 发展包含项目管理技术的培训项目
• 意识到必须做	• 乐于改变业务	• 乐于让员工接受	• 范围蔓延最小化	
			• 选择项目追踪体系	

促使企业实施项目管理的原因，主要有以下几个方面。企业当前所面对的情况经常是要么项目资本规模巨大，要么多个项目同时进行，这都对采用常规管理方法构成了挑战。另外，高层管理者也很快意识到项目管理对现金流的影响。此外，运用项目管理中的进度计划可以结束工人散漫的工作状况提高工作效率。总体而言，资本项目、客户期望、竞争、高层管理者的理解、新项目的开发、效率和效果、商务发展的需要等 7 种因素迫使高层管理者认识到项目管理的必要性。

销售产品或为客户提供服务(包括安装)的企业必须建立良好的项目管理机制。这些企业一般是非项目驱动的，却像项目驱动型企业一样运作。实质上，它们并不是向客户出售商品而是向客户提供解决方案。而且，它们也不只是单纯地提供一个完整的解决方案，这些方案还隐含着一个上层的项目管理模式，因为事实上企业出售的是项目管理理念，而非单一的产品。

企业项目管理的成熟程度基本上取决于它们对项目管理重要性的认识程度。非项目驱动型和混合型组织的成熟则需要提高内部效率和效果。最慢的方法就是竞争，因为这些组织机构没有意识到项目管理会直接影响它们的竞争地位。对项目驱动型组织来说，途径恰好相反：竞争只是游戏的名字，竞争的工具就是项目管理。

到 20 世纪 90 年代，企业最终认识到项目管理的好处，表 1-2 表明了项目管理的优点，从中也可以看出对项目管理的看法与原来相比已有很大不同。

2008 年，美国发生了次贷危机，而这个问题也逐步蔓延到其他国家。从 2008 到 2016 年，世界经济增长放缓，许多企业发展停滞不前。一些公司意识到项目管理带来的好处，通过战略上合伙、加盟或组建合资企业，找到了新的发展商机。但现阶段，有些企业局限在传统的项目管理理念中，对文化、政治、宗教对新合伙人的决策影响还没有充分的了解。在未来，要想成为一个全球化的项目经理，必须要对文化、政治、宗教有一定的了解和认识。

表 1-2　项目管理的优点

过去的观点	现在的观点
项目管理会增加人员和企业常规管理费用	项目管理让企业用更少的人力在更短的时间内完成更多的工作
利润会减少	利润会增加
项目管理会增加范围变动的次数	项目管理对范围变化有更好的控制
项目组织导致组织的不稳定性,增加冲突	项目管理通过的组织行为规范,让组织更有效率和效果
项目管理只是为了客户利益的"多此一举"	项目管理会让工作与客户更贴近
项目管理会引发新的问题	项目管理提供了解决问题的方法
只有大的项目才需要项目管理	所有的项目都将从项目管理中受益
项目管理将增加质量成本	项目管理会提高质量
项目管理将带来权力问题	项目管理会减少权力纠纷
项目管理因只注意项目而使决策次优化	项目管理让人们做出良好的公司决策
项目管理是向客户交付产品	项目管理提供解决方法
项目管理的成本会降低竞争力	项目管理会增加业务

在过去的 40 年中,项目管理发展很快,人们对项目管理的态度变化很大,这些变化在 21 世纪仍将持续,尤其是在跨国项目管理领域。项目管理是一种特别适用于那些责任重大、关系复杂、时间紧迫、资源有限的一次性任务的管理方法。目前在世界各国,项目管理不仅普遍应用于建筑、航天、国防等传统领域,而且已经在电子、通信、计算机、软件开发、制造业、金融保险业甚至政府机关和国际组织中成为其运作的中心模式。

项目管理的发展可以从许多不同的角度来回溯,如角色和责任、组织结构、全权代理委派和决策,尤其是企业盈利能力。20 年前,企业有权选择是否采用项目管理的方法。今天,仍有少数企业天真地认为他们有这样的选择权。然而事实胜于雄辩,企业的生死存亡很大程度上取决于以多好和多快的速度来实施项目管理。

2. 变革的阻力

为什么公司接受和实施项目管理会如此困难?在图 1-4 中可以找到答案。从历史上来看,项目管理只存在于市场的驱动型部门中。在这些部门中,项目经理要对盈亏负责,这实际上促使了项目管理的专业化。项目经理被看成企业某部门的管理者,而不是单纯地做项目经理。

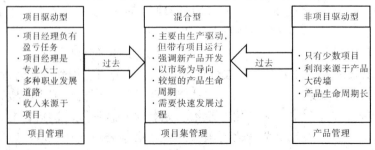

图 1-4　行业分类(按照利用项目管理的情况)

在非项目驱动型部门中，公司的生存取决于产品和服务，而不是一系列的项目。利润在销售中得以实现，很少能从项目看盈亏。这就导致这些企业从不把项目管理看作一个专业的管理手段。

实施上，多数自我定义为非项目驱动的企业是混合驱动型企业。典型的混合型组织通常在一个非项目驱动的企业中有一两个项目驱动的部门。如图 1-4 所示，过去，混合型组织是非项目驱动的，但如今，它们以项目驱动的方式来运营。变化的原因是什么呢？管理者开始意识到通过"分项目的管理"来运营，企业更有效益，这样，他们既从项目管理组织中受益，又从传统组织中受益。在过去的 10 年中，项目管理在非项目驱动型和混合型领域里快速地发挥作用并被接纳。现在，项目管理已不仅局限于项目驱动型部门，它正在市场营销、工程和生产等部门中发扬光大(见图 1-5)。

图 1-5　从混合型到项目驱动型

促使人们接受项目管理的另一因素是经济，尤其是 1979—1983 年和 1989—1993 年的全球经济大衰退。在 1979—1983 年的全球经济大衰退结束时，企业意识到采用项目管理的好处，但并不乐意实施。企业退回到传统管理的"龟壳"里，没有同盟者或可替代的管理方法来促进项目管理的使用。

1989—1993 年的大衰退最终促使了项目管理在非项目驱动型部门的发展。这次大衰退是以白领或管理层的失业为特征的。项目管理有了明显的同盟，并强调了从长远出发解决问题。项目管理开始发展起来。

随后项目管理在全球范围内持续发展和成熟，越来越多的单位和个人开始使用这种理论方法。21 世纪，新兴国家也逐渐意识到项目管理的优点和重要性。项目管理的国际标准也在逐步确立和完善，这个标准在订立过程中也综合考虑到政治、文化和宗教等方面的因素。

尽管人类的项目实践可以追溯到几千年前，但将项目管理作为一门科学来进行分析研究，其历史并不算太长。目前国际专业人士对项目管理的重要性及基本概念已达成初步共识，当前项目管理的发展呈现全球化、多元化、职业化发展趋势。

知识经济时代的一个重要特点是知识与经济发展的全球化，新一代信息技术的变革加速了项目管理的全球化发展，国家之间的合作项目日益增多，国际化的专业活动日益频繁，项目管理专业化信息的国际共享以及项目管理学者的交流日益增多，项目管理知识体系日趋同化。项目管理的全球化发展会为我国项目管理提供新机遇，同时也提出了更高的要求。当代项目管理已深入各个行业，以不同的类型、不同的规模出现，项目无处不在，项目管理也无处不在。项目应用的行业领域及项目类型的多样性，导致了各种项目管理理论和方法的多元化，各类新技术、新方法不断应用到项目管理当中，促进了项目管理的多元化发展。项目管理知识体系(PMBOK)不断发展和完善，各类项目管理软件开发及咨询培训机构接连出现。项目经理的职业化脚步不断加快，各种项目经理的资质考试成为追捧的热点。项目管理职业资质认证也是项目管理学科走向成熟的重要标志。

1.3　项目管理模式

概括起来，项目管理的模式可分为两种：自建和外包。其中，自主建设主要是项目投资者组建项目管理团队，负责项目建设的全部事项。例如，企业的新产品研发(NPD)项目，其核心是在企业内部形成一个跨业务、跨部门、跨专业的项目管理团队。项目外包模式是一种委托外部承担全部项目或部分项目内容的工作管理模式，主要有以下几种模式。

1.3.1　DBB 模式

设计招标建造(Design Bid Build，DBB)模式是一种最传统的工程项目管理模式。以世界银行、亚洲开发银行贷款项目及以国际咨询工程师联合会合同条件为依据的项目多采用此类模式。DBB 模式强调工程项目必须按照设计、招标、建造的顺序方式进行，只有一个阶段结束后另一个阶段才能开始。

设计招标建造模式的优点是通用性强，可自由选择咨询、设计、监理方，标准化的合同条款有利于合同管理、风险管理和减少投资等。其缺点是工程项目周期长、业主管理费用大、前期投入程度强、变更容易引起较多赔偿等。

1.3.2　CM 模式

建设管理(Construction Management，CM)模式，又称阶段发展模式或快速轨道模式。CM 模式是业主委托一个被称为建设经理的人来负责整个工程项目的管理，包括可行性研究、设计、采购、施工、竣工和试运行等工作。它的基本思想是：将项目的建设分阶段进行，并通过各个阶段的设计、招标、施工充分搭接，使施工尽早开始，以加快建设进度。根据 CM 单位在项目组织中合同关系的不同，CM 模式分为 CM Agency(代理型)和 CM Non-Agency(非代理型或风险型)两种。代理型 CM 由业主与各分包商签订合同，CM 单位只是业主的咨询和代理，为业主提供 CM 服务。非代理型 CM 直接由 CM 单位与各分包商签订合同，并向业主保证最大工程费用 (Guaranteed Maximum Price，GMP)。如果实际工程费用超过了 GMP，超过部分将由 CM 单位承担。

其优点是：

(1) 在项目进度控制方面，由于 CM 模式采用分散发包，集中管理，这使得设计与施工充分搭接，有利于缩短建设周期.

(2) CM 单位加强与设计方的协调可以减少因为修改设计而造成的工期延误。

(3) 在造价控制方面，通过协调设计，CM 单位还可以帮助业主采用价值工程等方法向设计单位提出合理化建议，以挖掘节约投资的潜力，还可以大大减少施工阶段的设计变更。如果采用了具有 GMP 的 CM 模式，CM 单位将对工程费用的控制承担更直接的经济责任，因而可以大大降低业主在工程费用控制方面的风险。

(4) 在质量控制方面，设计与施工的结合和相互协调，在项目上采用新工艺、新方法时有利于工程质量的提高。

(5) 分包商的选择由业主和承包人共同决定，因而更为合理。

其缺点是：

(1) 对 CM 经理以及其所在单位的资质和信誉要求都比较高；

(2) 分项招标导致承包费用可能较高；

(3) CM 模式一般采用"成本加酬金"合同，对合同范本要求比较高。

1.3.3　PPP 模式

国家私人合营公司(Private Public Partnership，PPP)模式是国际上新近兴起的一种新型的政府与私人合作建设城市基础设施的形式。

其典型的结构为：政府部门或地方政府通过政府采购形式与中标单位组成的特殊目的公司签订特许合同(特殊目的公司一般由中标的建筑公司、服务经营公司或对项目进行投资的第三方组成的股份有限公司构成)，由特殊目的公司负责筹资、建设及经营。政府通常与提供贷款的金融机构达成一个直接协议，这个协议不是对项目进行担保的协议，而是一个向借贷机构承诺将按与特殊目的公司签订的合同支付有关费用的协议，这个协议使特殊目的公司能比较顺利地获得金融机构的贷款。PPP 模式主要运作思路如图 1-6 所示。

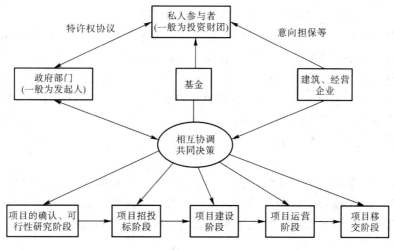

图 1-6　PPP 模式主要运作思路

1. PPP 模式的优点

(1) 在初始阶段，私人企业与政府共同参与项目的识别、可行性研究、设施和融资等项目建设过程，保证了项目在技术和经济上的可行性，缩短前期工作周期，使项目费用降低。

(2) 有利于转换政府职能，减轻财政负担。

(3) 参与项目融资的私人企业在项目前期就参与进来，有利于私人企业一开始就引入先进的技术和管理经验。

(4) 政府部门和民间部门可以取长补短，发挥政府公共机构和民营机构各自的优势，弥补对方的不足。

(5) 使项目参与各方整合组成战略联盟,对协调各方不同的利益目标起关键作用。

(6) 政府拥有一定的控制权。

(7) 应用范围广泛,该模式突破了目前的引入私人企业参与公共基础设施项目组织机构的多种限制,可适用于城市供热等各类市政公用事业及道路、铁路、机场、医院、学校等建设项目。

2. PPP 模式的缺点

(1) 对于政府来说,如何确定合作公司是有一定难度的,而且在合作中要负有一定的责任,增加了政府的风险负担。

(2) 组织形式比较复杂,增加了管理上协调的难度,对参与方的管理水平有一定的要求。

(3) 如何设定项目的回报率可能成为一个颇有争议的问题。

1.3.4　EPC 总承包模式

EPC(Engineering-Procurement-Construction)模式即设计—采购—建造模式,又称设计施工一体模式,是在项目决策阶段,从设计开始,经招标,委托一家工程公司对设计、采购、建造进行总承包。在这种模式下,按照承包合同规定的总价或可调总价方式,由工程公司负责对工程项目的进度、费用、质量、安全进行管理和控制,并按合同约定完成工程。在EPC 模式中,Engineering 不仅包括具体的设计工作,而且可能包括整个建设工程内容的总体策划以及整个建设工程实施组织管理的策划和具体工作;Procurement 也不是一般意义上的建筑设备材料采购,而更多的是指专业设备、材料的采购;Construction 在这里应译为"建设"才更恰当,因为其内容包括施工、安装、试车、技术培训等。EPC 合同条件更适用于设备专业性强、技术性复杂的工程项目,FIDIC《设计采购施工(EPC)/交钥匙工程合同条件》前言推荐此类合同条件:"可适用于以交钥匙方式提供加工或动力设备、工厂或类似设施,或基础设施工程或其他类型开发项目"。

其优点是:

(1) 业主把工程的设计、采购、施工和开工服务工作全部委托给工程总承包商负责组织实施,业主只负责整体的、原则性的、目标的管理和控制,总承包商更能发挥主观能动性,能运用其先进的管理经验为业主和承包商自身创造更多的效益,提高了工作效率,减少了协调工作量;

(2) 设计变更更少,工期更短;

(3) 由于采用了固定总价合同,基本上不用再支付索赔及追加项目费用,项目的最终价格和要求的工期具有很大程度的确定性。

其缺点是:

(1) 业主不能对工程进行全程控制;

(2) 总承包商对整个项目的成本、工期和质量负责,加大了总承包商的风险,总承包商为了降低风险获得更多的利润,可能通过调整设计方案来降低成本,可能会影响长远意义上的质量;

(3) 由于采用固定总价合同,承包商获得业主变更令及追加费用的弹性很小。

1.3.5　PFI 模式

PFI(Private Finance Initiative)，即"私人主动融资"，由英国政府于 1992 年提出，其含义是公共工程项目由私人资金启动并投资兴建，政府授予私人委托特许经营权，政府和项目的其他各参与方通过特许协议分担建设和运作风险。

PFI 模式的优势在于：

(1) 它是一种吸收民间资本的有效手段。

(2) 可减轻政府的财政负担。

(3) 有利于加强管理、控制成本。

(4) 有利于引进先进的设计理念和技术设备。

(5) PFI 不会像 BOT(Build-Operate-Transfer，基础设施投资、建设和经营的一种方式)方式那样使政府在特许期内完全失去对项目所有权或经营权的控制，政府在特许权期间不出让项目的所有权，可随时检查 PFI 的工作进展。

1.3.6　DBM 模式

DBM(Design Build Method)模式即设计建造模式，是在项目原则确定后选定唯一的负责项目设计建造的承包商，完成项目从设计到建造工作的管理模式。此时，设计建造承包商不断对设计阶段的成本负责，而且可用竞争性招标的方式选择分包商或使用本公司的专业人员自行完成项目建设任务。在此类模式下，业主首先选择一家专业咨询结构代替业主研究、拟订将建项目的基本要求，并授权其作为业主代表与设计建造承包商联系。

1.3.7　PMC 模式

PMC(Project Management Contractor)模式即项目承包模式，就是项目业主聘请专业的项目管理公司，代表业主对项目全过程或若干阶段进行管理和服务的一种项目管理模式。由于项目承包商在项目的设计、采购、施工、调试等阶段的参与程度和职责范围不同，项目承包模式可分为以下三种基本应用模式。

(1) 业主选择设计单位、施工承包商、供货商，并与之签订设计合同、施工合同和供货合同，委托项目承包商进行工程项目管理。

(2) 业主与项目承包商签订项目管理合同，业主通过指定或招标方式选择设计段位、施工承包商、供应商(或其中的部分)，由项目承包商与之分别签订设计合同、施工合同和供货合同。

(3) 业主与项目承包商签订项目管理合同，由项目承包商自主选择施工承包商和供货商，并签订施工和供货合同，但不负责设计工作。

1.3.8　伙伴模式

伙伴模式(Partnering)指项目业主与建设各方共同制定项目目标，分担项目费用和风险的一种项目管理模式。其要求业主与参与建设各方在相互信任、资源共享的基础上达成一种短期或长期的协议，工作小组相互合作，及时沟通，共同解决项目建设过程中出现的问题，保证参与各方目标和利益的实现。

伙伴模式的关键是合作协议。它不仅仅是业主与参建单位双方的协议，而且是项目参与各方的共同协议，包括业主、总包商、分包商、设计单位、咨询单位、主要的材料设备供应商等。合作协议主要围绕建设项目的进度、成本、质量目标以及变更管理、争议和索赔管理、安全管理、信息沟通和管理、公共关系等问题做出相应的规定。

1.4　项目管理理论最新进展

项目管理模式正在全球范围内起着越来越重要的作用，广泛应用到建筑、工程、电子、通信、计算机等诸多行业当中。项目管理理论已逐步发展成为独立的学科体系，成为现代管理学的重要分支。近年来项目管理理论和方法也取得了较大的发展。

1.4.1　项目群、项目组合管理

随着项目管理的广泛应用，组织面临同时管理多个项目、实施多项目组合管理的问题。因此，许多项目管理研究者和实践者开始关注多项目协同管理的问题，即项目群管理和项目组合管理问题。

1. 项目群管理

项目群指若干具有内在联系的项目，为了实现总体利益的增加，有必要对其采取统一协调管理。项目群管理(Program Management)是指为了实现组织的战略目标和利益，而对一组项目(项目群)进行的统一协调管理。项目群管理者不直接参与对每个项目的日常管理，其所做的工作侧重于对多个项目在整体上进行规划、控制与协调，以及指导各个项目的具体管理工作。项目群管理以一般项目管理理论为核心和基础，突出在战略目标指导之下的多项目之间的集成管理、协同管理等。而由于项目群中的多重性、高度的复杂性和不确定性，风险管理在项目群管理中占据相当重要的地位。

项目群管理的重点是实现项目群各项目之间对组织、管理要素和全生命周期的集成化管理。

全生命周期集成，即将项目群中各项目的实施从决策、设计、施工、运营到评价，各阶段各环节之间通过充分的交流、协同集成成为一个整体。管理要素集成，即将项目群中各项目的管理领域，如范围、工期、费用、质量、人力资源、采购、风险、沟通等，进行通盘的规划和考虑，通过集成化管理达到对整个项目群的全局化管理。组织集成是指在项目群中各项目组织之间形成集成，破除各自为政，实现资源共享或互补，创造协同机会，提高整体效益和项目管理水平。实践中，建立统一的项目(群)管理办公室是常用的集成方法。项目群管理对于组织发展具有战略意义。

2. 项目组合管理

项目组合(Project Portfolio)指由某一特定组织机构发起或管理的一组项目，这些项目之间不存在逻辑上的必然联系，但存在对特定资源的竞争关系。

项目组合管理(Project Portfolio Management)指对特定的项目组合的管理，是在可利用的资源和组织战略指导下，进行多个项目或项目群投资的选择和支持，其目的是确保组织战略目标的实现，提升组织整体效益。

1.4.2　项目管理技术

在经过甘特图技术、网络计划技术、项目管理信息系统等一些具有里程碑意义的项目管理技术发展之后，国外的研究者曾在很长的一段时间里把精力倾注在对传统方法的改进上，当然也有全新的项目管理方法提出，尤其是项目管理知识体系的提出。

目前，工作分解结构、责任矩阵、甘特图技术、网络计划技术、项目控制技术、项目管理信息系统等传统的项目管理方法已相对成熟。针对上述传统的项目管理方法的缺陷，一些学者对其中具体的技术方法进行了改进，尤其是在资源约束下的项目计划问题的研究方面，已经得出了大量的研究成果。这些成果分为两类：一是对原有模型的改造，二是对算法进行改进，进一步提高计算精度或效率。

思　考　题

1. 什么是项目？
2. 什么是项目管理？
3. 项目管理与一般运营管理相比有哪些不同，为什么会有这些不同？
4. 在项目管理中，你认为哪种一般管理的职能是最重要的？为什么？
5. 随着知识经济和网络化社会的发展，你认为项目管理会有哪些大的变化？
6. 你认为 21 世纪的管理学会出现项目管理和运营管理并重的局面吗？

第2章　项目管理体系框架

本章重点：本章主要介绍国际上具有代表性的项目管理体系框架。首先介绍国际上具有代表性的项目管理知识体系，有 PMI 的 PMBOK、英国的 PRINCE2、PMRC 的 C-PMBOK；其次从项目管理的阶段、过程和知识领域的角度阐述项目管理的核心内容。

本章难点：理解项目管理知识体系的内涵。

项目管理知识体系是由国际权威组织总结和提出，并得到广泛认可的由项目管理知识、项目管理工作内容和项目管理工作流程标准化文件构成的项目管理知识整体。项目管理是我国工程咨询类单位的服务范围之一。项目管理水平的高低直接影响工程项目投资建设的成败。项目管理知识体系确定了项目管理领域的知识基础，规范了项目管理领域的内容和范围，为项目管理的理论研究和实践活动提供了必要的取舍，并且是项目管理专业组织开展项目管理专业人员资格认证活动的依据。目前国际上主要流行的项目管理体系是 PMBOK、PRINCE 和 ICB。

2.1　美国项目管理知识体系

2.1.1　知识体系创建过程

1969 年，美国成立项目管理协会(Project Management Institute，PMI)。1976 年，美国项目管理协会在蒙特利尔召开研讨会期间，与会者开始讨论如何将迄今为止项目管理的通用做法汇集成一个标准。1981 年，美国项目管理协会委员会成立专门的研究小组，系统地整理有关项目管理职业的概念和程序。该研究小组的建议书，提出了三个重点方面：从事项目管理的人员应具备的道德和其他行为(职业道德)、项目管理知识体系的内容与结构(标准)、对从事项目管理职业者成就的评价(评估)。研究小组的工作成果于 1983 年 8 月在美国《项目管理杂志》上以特别报告的形式发表，后来，其研究报告就成为了美国项目管理协会初步评估和认证计划的基础。美国项目管理协会(PMI)于 1983 年对西卡罗莱纳大学的项目管理硕士课程进行了评估，并于 1984 年认证了第一批职业项目管理人员。此后，该协会又对上述资料进行了一系列的修改，最终完成的文件在 1987 年 8 月以"项目管理知识体系"为标题发表，至此，美国项目管理知识体系的雏形正式形成。同时，美国项目管理协会(PMI)于同年正式推出了该知识体系，后经 1991 年、1996 年两次修订，最终形成《项目管理知识体系指南》(Project Management Body of Knowledge，PMBOK)。之后，该指南又分别在 2000 年、2004 年、2008 年、2012 年和 2017 年进行了 5 次修订，形成了不断更新的 6 个版本，使知识体系日臻完善。

2.1.2　PMBOK 的发展完善过程

1983 年，美国项目管理协会(PMI)提出了项目管理的 6 项知识领域：范围管理、时间管理、成本管理、质量管理、人力资源管理、沟通管理。1987 年，在上述知识领域的基础上又增加了风险管理、合同/采购管理两项知识领域，遂形成了项目管理知识体系第 1 版的雏形。

PMBOK1.0 版于 1996 年 12 月首次定型发布，内容包含 9 项知识领域、37 项管理要素。9 项知识领域及其所包含的 37 项管理要素如下：综合管理，包含计划制订、计划实施和整体变更控制；范围管理，包含范围管理启动、范围计划编制、范围定义、范围核实和范围变更控制；时间管理，包含活动定义、活动排序、活动历时估算、进度计划编制和进度计划控制；成本管理，包含资源计划编制、费用估算、费用预算和费用控制；质量管理，包含质量计划编制、质量保证和质量控制；人力资源管理，包含组织的计划编制、人员获取和班子组建；沟通管理，包含沟通计划编制、信息发送、执行情况报告和管理收尾；风险管理，包含风险识别、风险量化、风险应对措施开发和风险应对措施控制；采购管理，包含采购计划编制、询价计划编制、询价、供方选择、合同管理和合同收尾。

PMBOK 第 2 版于 2000 年出版，其中 9 项知识领域未作变动，而管理要素从 37 个增加到 39 个，增加了风险管理中的风险管理计划编制、风险定性分析。

PMBOK 第 3 版于 2004 年出版，9 项知识领域亦未变动，管理要素从 39 个增加到 44 个。增加的 7 个管理要素，即综合管理中的制定项目章程、执行项目初步范围说明书、监控项目工作和项目收尾，范围管理中的制定工作分解结构，时间管理中的活动资源估算，人力资源管理中的项目团队管理。同时，这一版删除了 2 个管理要素，即范围管理中的启动、成本管理中的资源计划编制。

PMBOK 第 4 版于 2008 年出版，9 项知识领域仍未作变动，管理要素从 44 个减少到 42 个。其中，删除了 2 个管理要素，分别为综合管理中的执行项目初步范围说明书和范围管理中的范围规划；新增了 2 个管理要素，分别为沟通管理中的识别干系人和范围管理中的收集需求。同时，采购管理中的 6 个管理要素(采购规划、发包规划、询价、卖方选择、合同管理和合同收尾)被重组为 4 个要素，分别是采购规划、实施采购、管理采购和结束采购。

PMBOK 第 5 版于 2012 年出版，新增了 1 项知识领域，管理要素也从 42 个增加到 47 个。新增加的知识领域是干系人管理，它包含 4 个管理要素，即识别干系人、规划干系人管理、管理干系人参与和控制干系人参与。这一版新增的 3 个管理要素，即范围管理中的规划范围管理、时间管理中的规划进度管理和成本管理中的规划成本管理。减少的 2 个管理要素，是将沟通管理中的识别干系人、规划沟通、发布信息、管理干系人期望和报告绩效 5 个管理要素重组为 3 个要素，即规划沟通管理、管理沟通和控制沟通。

PMBOK 第 6 版于 2017 年发布，是当前最新版本。在此版本中，10 项知识领域未发生增减，但对相应名称及内涵作了调整：时间管理更新为进度管理，人力资源管理调整为资源管理，干系人管理更名为相关方管理。管理要素新增了 3 个，调整了 1 个，删除了 1 个，总数由原来的 47 个增至 49 个。具体地说，在整合管理中新增了"管理项目知识"；在资源管理中新增"获取资源"，并将原进度管理中的"估算活动资源"调至该领域；在风险管理中新增"实施风险应对";在采购管理中删去了"结束采购"。基于以上修订,在进度管理、资源管理以及相关方管理中,有关管理要素的名称也做了相应的修改。目前PMBOK 已经被世界项目管理界公认为一个全球性标准,国际标准化组织(ISO)以该指南为框架,制定了 ISO10006 标准。

　　PMBOK 作为项目管理专业的基本参考资料,并不是包罗万象。PMBOK 只讨论了公认的对单个项目进行管理的良好做法及其项目管理过程,其他诸如组织项目管理能力的成熟度、项目经理的胜任能力以及涉及这些领域属于公认的良好做法的其他题目有其他标准进行讨论。

　　PMBOK 不提供每一方面的所有细节,不能认为 PMBOK 中未提到的方面就不重要、因为该方面可能已列入其他有关标准,可能很一般,不是特别用于项目管理的,或者人们尚未就这一方面取得一致看法。

　　PMBOK 的全部内容不但包括已经被实践证明并得到了广泛应用的传统做法,而且也包括仅在有限范围之内应用的、创新的和较深的做法,不仅包括已发表过的资料,而且也包括未发表过的资料。因此 PMBOK 一直处于不断演进完善之中。

2.1.3　PMBOK 的结构

　　第 1 部分是项目管理框架。这是理解项目管理的基本结构,包括引论、提出制定本标准的基础和目的,对项目进行定义、说明项目管理及项目、项目集与项目组合管理间的关系以及项目经理的角色;项目生命周期与组织,概述项目生命周期及其与产品生命周期的关系,介绍项目阶段与阶段间的关系以及阶段与项目的关系,概述对项目及其管理方式产生影响的组织结构。

　　第 2 部分是单个项目的项目管理标准,定义了项目管理过程以及各过程的输入和输出,定义五大过程组,即启动(Initiating)、计划(Planning)、执行(Executing)、控制(Controlling)和收尾(Closing),以及将项目管理知识领域映射到具体的项目管理过程组中。PMBOK 还使用了"知识领域(Knowledge Areas)"的概念,将项目管理需要的知识分为 10 个相对独立的部分:项目整合管理、项目范围管理、项目时间管理、项目成本管理、项目质量管理、项目人力资源管理、项目沟通管理、项目风险管理、项目采购管理和项目相关方管理。

　　第 3 部分是项目管理知识领域,介绍项目管理知识领域,列出项目管理过程,定义各领域中的输入、工具与技术和输出,表 2-1 反映了项目管理知识领域和项目管理过程概貌(PMBOK 第 4 版)。项目管理知识领域包括:项目整合管理,定义用来整合项目管理各要素域的过程和活动;项目范围管理,确保做且只做成功项目所需的全部工作的各过程;项目时间管理,聚焦于用来保证项目按时完成的各过程;项目成本管理,介绍了为使项目在批准预算内完成而对成本进行规划、估算、预算和控制的各过程;项目质量管理,介绍规划、监督、控制和确保达到项目质量要求的各过程;项目人力资源管理,介绍规划、组建、建设和管理项目团队的各过程;项目沟通管理,识别为确保项目信息及时且恰当地生成、收集、发布、存储并最终处置所需的各过程;项目风险管理,介绍识别、分析和控制等。

表 2-1 美国项目管理知识体系(PMI-PMBOK2017)架构

知识领域	项目管理过程组				
	启动过程组	规划过程组	执行过程组	监控过程组	收尾过程组
整合管理	① 制定项目章程	② 制定项目管理计划	③ 指导与管理项目工作 ④ 项目管理知识	⑤ 监控项目工作 ⑥ 实施整体变更控制	⑦ 结束项目或阶段
范围管理		① 规划范围管理 ② 收集需求 ③ 定义范围 ④ 创建 WBS		⑤ 确认范围 ⑥ 控制范围	
进度管理		① 规划进度管理 ② 定义活动 ③ 排列活动顺序 ④ 估算活动持续时间 ⑤ 制定进度计划		⑥ 控制进度	
成本管理		① 规划成本管理 ② 估算成本 ③ 制定预算		④ 控制成本	
质量管理		① 规划质量管理	② 管理质量	③ 控制质量	
资源管理		① 规划资源管理 ② 估算活动资源	③ 获取资源 ④ 建设团队 ⑤ 管理团队	⑥ 控制资源	
沟通管理		① 规划沟通管理	② 管理沟通	③ 监督沟通	
风险管理		① 规划风险管理 ② 识别风险 ③ 实施定性风险分析 ④ 实施定量风险分析 ⑤ 规划风险应对	⑥ 实施风险应对	⑦ 监督风险	
采购管理		① 规划采购管理	② 实施采购	③ 控制采购	
相关方管理	① 识别相关方	② 规划相关方参与	③ 管理相关方参与	④ 监督相关方参与	

2.1.4 PMBOK 的体系特点

美国项目管理知识体系是世界上第一套具有原创性的项目管理体系。这一体系整体上呈现出逻辑关系清晰、功能指向明了等特点，强调"知识"的结构化特征，并以"知识领域"的面貌呈现。这种以模块化结构设置的管理体系，对项目的目标、过程和结果，对项目管理的职能管理和过程管理以及二者的融合等都给予了整体的关注，突出了应用性。

(1) 逻辑关系清晰。美国项目管理知识体系不但把项目管理知识按职能属性的特点，以模块化形式划分为 10 项知识领域，而且对每个模块内部的每项活动或作业之间的逻辑关系做出了明确的规定，并通过 49 项管理要素来体现。从表 2-1 可以看出，10 项知识领域按照纵向排列，5 个过程组"启动、规划、执行、监控和收尾"按照横向划分，49 项管理要素分别与相应的知识领域和过程组对应，实现了"知识领域"、"过程组"与"管理要素"三者之间的紧密结合。

(2) 知识结构化。美国项目管理知识体系在其创建过程中，大量吸收了传统管理中的理论、方法和技术，同时又将其他相关学科的知识也纳入项目管理知识范畴。然而，这套知识体系是一组结构化的知识，它并不是一般方法论中所言的对各种管理理论知识的简单"综合"，而是基于项目过程管理特征的有机融合。

(3) 模块化设置。美国项目管理知识体系中领域、过程组及要素都以模块化形式设置，便于学习、理解和应用。例如，在项目范围管理中，将收集需求和定义范围做了严格的区分和关系说明，在收集需求时按照工具与技术的链式关系相互区分和联结。收集需求所生成的成果是需求文件，而需求文件则是定义范围的主要依据，但当定义范围工作完成后就生成新的项目需求文件，这一成果又成为收集需求全面更新的依据。依此，项目的各项作业之间用这种链式关系联结起来，从而形成了一条螺旋式上升的实践逻辑，这是该知识体系的一个十分明显的特色。

(4) 职能与过程融合。美国项目管理知识体系中关于项目管理过程组的描述是从实施过程的角度来考虑的，而 10 项知识领域则是从管理职能角度来划分的。从过程组本身来看，5 个具体的过程组构成了一个项目实施的完整周期。各类项目的实施过程都可以按其划分并推进，直至完成项目任务。对于大型的复杂项目，在其生命周期每个重要阶段都应运用这 5 个具体的管理过程，以推动整个项目的完成。这样，美国项目管理知识体系就从职能管理和过程管理两个维度构建了项目管理的行动大纲。

(5) 应用范围广泛。美国项目管理知识体系可以应用于各类项目的管理。它不仅适用于一个完整的项目，也适用于子项目，甚至也适用于项目任务的某一方面或某一阶段。也就是说，在项目管理中，对于不能完整划分清楚的"项目阶段"，可以将其视为"子项目"，并按照知识体系提供的管理方式进行管理。因此，在实际应用中，项目管理者只有深刻理解知识体系的精髓，才能将其运用自如。

2.2　英国项目管理知识体系(PRINCE2)

2.2.1　PRINCE2 的发展历程

PRINCE(Projects IN Controlled Environments)，即受控环境中的项目，是进行有效项目

管理的结构化方法。该方法最初是由 CCTA(Central Computer and Telecommunications Agency，中央计算机与电信局，现为政府商务办公室)于 1989 年在 PROMPT II(Project Resource Organization Management Planning Technique，项目资源组织管理计划技术)的基础上建立起来的。英国政府早在上世纪 70 年代就要求所有政府的信息系统项目必须采用统一的标准进行管理。PROMIPT II 是 Simpact Systems 公司于 1975 年建立的项目管理方法，1979 年 Simpact Systems 公司开发的 PROMPT 项目管理方法被英国政府计算机和电信中心(CCTA)采纳，作为政府信息系统项目的项目管理方法，尤其是在公共部门的信息系统(IS)和信息技术(IT)项目中使用。1989 年 3 月，在引入很多新的特色后，PRINCE 在政府项目中取代了 PROMIPT II，以区分官方版本与其他版本。同时，CTA 正式将出资开发的 PRINCE 替代 PROMPT 成为英国政府 IT 项目的管理标准。

OGC 在 1993 年开始 PRINCE2 的开发，整合现有用户的需求，将 PRINCE 方法提升为面向所有类型的项目的、通用的和最佳实践的项目管理方法。为此，OGC 组织大量的专家和学者组成设计和开发团队，接收了超过 150 家公共和私人组织参加评审委员会，为开发工作提供有价值的输入和反馈意见。整个开发工作于 1996 年 3 月正式结束，并于 2009 年推出 PRINCE2 第五版这整个过程如图 2-1 所示。

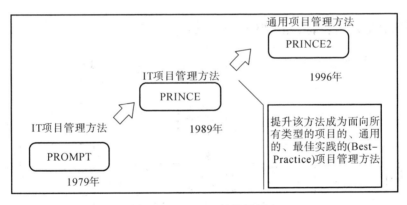

图 2-1　PRINCE 的发展历史

PRINCE2 描述了以一种逻辑性的、有组织的方法，按照明确的步骤对项目进行管理的方法。它不是一种工具也不是一种技巧，而是结构化的项目管理流程。伴随工厂治理的蓬勃兴起，PRINCE2 最初是作为 IT 项目的管理标准，与 PMBOK、Cobit、ITIL、BS7799 等一同成为重要工厂治理支持工具之一。但其很快被证明同样适用于 IT 以外的项目环境，因此该方法已在除英国外的 50 多个国家得到广泛使用，成为通用于各个领域、各种项目的管理方法。

2.2.2　PRINCE2 的过程活动

(1) 项目准备。PRINCE2 的第一阶段，是为了保证满足项目启动的先决条件，先于项目的一个准备过程。此过程比较短，其隐含条件是默认已经存在一个项目任务书，对项目的原因及其产品进行了简单说明。

(2) 项目指导。从"项目准备"阶段结束开始，持续到项目收尾。该过程针对的对象是代表业主、用户和供应商进行决策的项目管理委员会。项目管理委员会通过多种形式对项目进行管理监控，并通过一系列决策点进行决策。

(3) 项目启动。这一过程是获得授权，其主要产品是项目启动文件(PID)。项目启动文件定义了项目的内容、原因、人员、时间和方法等。

(4) 阶段边界管理。本过程是为项目管理委员会提供信息，供其做出项目是否继续进行的决策。

(5) 阶段控制。本过程描述了项目经理在工作分配、保证一个阶段按预定计划进行及应对突发事件方面的监控活动。它是项目经理开展日常管理工作的过程，是项目经理的核心工作。

(6) 产品交付管理。该过程规定了在每个阶段完成时交付高质量产品的途径，以及通过该过程形成或更新的产品。

(7) 项目收尾。该过程的目的是实现受控的项目收尾，包括项目经理在项目结束或在项目提前终止时，为项目收尾所做的工作。这些工作主要都是为项目管理委员会准备信息，使项目收尾获得他们的认可。

(8) 计划。计划是一个可重复的过程，其他过程都涉及计划，包括启动阶段计划、项目计划、阶段计划、更新项目计划、例外计划等。

2.2.3 PRINCE2 过程活动的组成内容

PRINCE2 过程活动所包含的内容包括商业论证、组织、计划、控制、风险管理、项目环境中的质量、配置管理和变更控制八个，如图 2-2 所示。

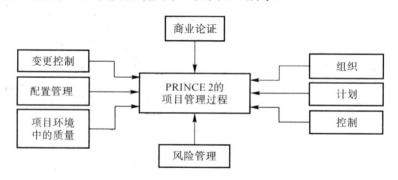

图 2-2　PRINCE2 过程活动的组成部分

(1) 商业论证。PRINCE2 的主要控制条件是存在一个可行的商业论证。项目管理委员会在项目开始前及每个决策点都要对这一商业论证进行检查。无论何种原因导致商业论证不再可行，项目就应终止。

(2) 组织。PRINCE2 提供了项目管理团队的组织结构，并对项目成员的角色职责及其关系进行了界定。根据项目规模和复杂程度的不同，可以对这些角色进行合并或分解。

(3) 计划。PRINCE2 提供了不同层次的项目计划，可以根据项目的规模和需要进行剪裁，同时提供了基于产品而非基于活动的计划方法。

(4) 控制。PRINCE2 提供了一套控制手段，以保证提供进行关键决策所需要的信息，使组织可以对问题进行预防，并在解决问题方面进行决策。对于高层管理者而言，PRINCE2 的控制是基于例外管理的概念，即商定一个计划，并由项目经理执行，除非预见会发生问题。为了进行充分的管理控制，采用将项目分成阶段的方法来定义项目任务的评估点(采用分阶段的方法也能减少项目经理在每个阶段需要做的计划工作)。

(5) 风险管理。风险是项目生命过程中需要考虑的一个主要因素。PRINCE2 规定了风险审核关键点，并概述了风险分析和管理方法。在所有过程中都要对风险进行跟踪。

(6) 项目环境中的质量。PRINCE2 认识到质量的重要性，并在管理和技术过程中融入了质量方法。首先从建立客户对质量的要求出发，接着建立质量检查标准和方法，并对实施情况进行检查。

(7) 配置管理。配置管理指对最终产品的组成部分及其发布的版本进行跟踪。配置管理的方法有多种。PRINCE2 对配置管理方法所需要的基本设施和信息进行了定义，并说明它们应如何与 PRINCE2 的其他组成部分及技术进行衔接。

(8) 变更控制。PRINCE2 强调变更控制的必要性，通过在识别需要进行变更控制过程的基础上应用变更控制技术来加强。

2.3　国际项目管理协会(IPMA)

2.3.1　IPMA 的简介

国际项目管理协会(International Project Management Association，IPMA)是一个在瑞士注册的非营利性组织，它的职能是成为项目管理国际化的主要促进者。

IPMA 创建于 1965 年，是国际上成立最早的项目管理专业组织，它的目的是促进国际项目管理的交流，为国际项目领域的项目经理提供一个交流经验的论坛。IPMA 的成员主要是各个国家或地区的项目管理协会，这些国家或地区的会员组织用他们自己的语言服务于本地项目管理的专业需求，IPMA 则以英语作为工作语言提供有关需求的国际层次的服务。

国际项目管理专业资质认证(International Project Management Professional，IPMP)是 IPMA 在全球推行的四级(特级项目经理、高级项目经理、项目经理、助理项目经理)项目管理专业资质认证体系的总称。IPMP 是对项目管理人员知识、经验和能力水平的综合评估证明，能力证明是 IPMP 考核的最大特点。根据 IPMP 认证等级划分获得 IPMP 各级项目管理认证的人员，将分别具有从事项目管理专业工作或负责大型国际项目、大型复杂项目、一般复杂项目的能力。

2.3.2　ICB 的发展历程

IPMA 在 1987 年就着手进行"项目管理人员能力基准"的开发，在 1999 年正式推出了 ICB。ICB(International Competence Baseline，国际项目管理资质标准)是国际项目管理协会建立的知识体系。IPMA 委员会在 1987 年 7 月 14 日 Ljubljana 会议上，确认了 IPMA 项目管理人员专业资质认证全球通用体系(ICB)的概念。ICB 说明了对项目经理、大型项目计划经理、项目群经理及项目管理人员的知识与经验的要求，包括在一个成功的项目管理理论与实践中用到的基础术语、任务、实践、技能、功能、管理过程、方法、技术与工具等，以及在具体环境中应用专业知识与经验进行恰当的、创造性的、先进的实践活动。IPMA

于 2015 年发布了 ICB 的最新版本——ICB4.0。作为一个全球范围内所有成员国认证机构的通用基础，该版本允许各成员国有一定的空间，通过结合本国特色，制定本国认证国际项目管理专业能力的国家标准(NCB)。

2.3.3　ICB 的基准要素

在 1999 年正式推出的 ICB 这个能力基准中，IPMA 把个人能力划分为 42 个要素，其中有 28 个核心要素，14 个附加要素，当然还有关于个人要素的 8 大特征及总体印象的 10 大方面，如表 2-2 所示。

表 2-2　ICB 的基准要素表

核心要素	附加要素	项目管理人员的个人素质	总体印象
项目和项目管理 项目管理的实施 按项目进行管理 系统方法与综合 项目背景 项目阶段与生命周期 项目开发与评估 项目目标与策略 项目成功与失败的标准 项目启动 项目收尾 项目结构 范围与内容 时间进度 资源 项目费用与融资 技术状态与变化 项目风险 效果量度 项目控制 信息、文档与报告 项目组织 团队工作 领导 沟通 冲突与危机 采购与合同 项目质量管理	项目信息管理 标准和规则 问题解决 谈判、会议 长期组织 业务流程 人力资源开发 组织的学习 变化管理 行销、产品管理 系统管理 安全、健康与环境 法律方面 财务与会计	沟通能力 首创精神、务实、活力、激励能力 联系的能力 敏感、自我控制、价值欣赏能力、勇于负责、个人综合能力 冲突解决、辩论文化、公正 发现解决方案的能力、全面思考 忠诚、团结一致、乐于助人 领导能力	逻辑性 思考的系统性和结构化方法 很少犯错 清晰 普遍的能力 透明度 概括性 权衡的能力 经验水平 技能

IPMP 认证的基准是国际项目管理专业资质标准 ICB，由于各国项目管理发展情况不同，各有各的特点，因此 IPMA 允许各成员国的项目管理专业组织结合本国特点，参照 ICB 在本国制定认证国际项目管理专业资格规则，授权各成员国代表本国加入 IPMA 的项目管理专业组织。

2.4　我国项目管理知识体系

2.4.1　PMRC 的简介

中国项目管理知识体系(Chinese-Project Management Body of Knowledge，C- PMBOK) 的研究工作开始于 1993 年，是由中国优选法统筹法与经济学研究会项目管理研究委员会 (Project Management Research Committee，PMRC)发起并组织实施的。PMRC 成立于 1991 年，挂靠在西北工业大学，1995 年加入了国际项目管理协会，成为唯一代表中国的 IPMA 成员国组织。面对国际项目管理专业化的迅速发展，作为我国唯一的全国性、跨行业的项目管理专业组织，PMRC 意识到自身责任的重大，由 PMRC 常务副主任钱福培教授牵头的课题组在 1993 年向国家自然科学基金委员会提出立项申请，并于 1994 年获准正式开始了"我国项目管理知识体系结构的分析与研究"项目的研究工作。1997 年第三届全国项目管理学术交流会上，钱福培教授做了题为"研究我国项目管理知识体系，提高我国项目管理专业人员水平"的主题报告，并在会上公布了"中国项目管理知识体系框架"。随后，课题组成员与国内外项目管理专家就"中国项目管理知识体系框架"方案进行了广泛的交流。在此基础上，PMRC 成立了专家小组负责起草我国的项目管理知识体系，并于 2001 年 7 月正式公开出版了中国项目管理知识体系，即 C-PMBOK2001，2006 年 10 月推出第 2 版。

C-PMBOK 主要是以项目生命期为基本线索展开的，从项目及项目管理的概念入手，按照项目开发的四个阶段，即概念阶段、开发阶段、实施阶段及收尾阶段，分别阐述了每个阶段的主要工作及其相应的知识内容，同时考虑到项目管理过程中所需要的共性知识及其所涉及的方法工具间。它基本沿用了 PMBOR 模块化的组织形式，对各大知识领域的主要内容和技术方法进行了详尽的介绍和说明。

2.4.2　C-PMBOK 的发展

我国项目管理的发展最早起源于 20 世纪 60 年代华罗庚推广"统筹法"的结果，华罗庚教授引进和推广了网络计划技术，并结合我国"统筹兼顾，全面安排"的指导思想，将这一技术称为统筹法。当时华罗庚组织并带领小分队深入重点工程项目中进行推广应用，取得了良好的经济效益。中国项目管理学科体系是由于统筹法的应用而逐渐形成的。

20 世纪 80 年代，现代化管理方法在我国的推广应用，进一步促进了统筹法在项目管理过程中的应用。此时，项目管理有了科学的系统方法，但当时主要应用在国防和建筑业，项目管理的任务主要强调项目在进度、成本与质量三个目标上的实现。

1984 年，在我国利用世界银行贷款建设的鲁布革水电站引水导流工程中，日本建筑企业运用项目管理方法对这一工程的施工进行了有效的管理，取得了很好的效果。这给当时我国的整个建设领域带来了很大的冲击，人们确确实实看到了项目管理技术的作用。基于鲁布革工程的经验，1987 年国家计委、建设部等有关部门联合发出通知，要求在一些试点企业和建设单位采用项目管理方法施工，并开始建立中国的项目经理认证制度。1991 年建设部进一步提出把试点工作转变为全行业推进的综合改革，全面推广项目管理和项目经理负责制。例如，在二滩水电站、三峡水利枢纽建设和其他大型工程建设中，都采用了项目管理这一有效手段，并取得了良好的效果。

1991 年 6 月，在西北工业大学等单位的倡导下，我国成立了第一个跨地区、跨行业的项目管理专业学术组织——中国优选法统筹法与经济数学研究会项目管理研究委员(Management Research Committee，PMRC)。PMRC 的成立是中国项目管理学科体系开始走向成熟的标志。PMRC 成立至今，为推动我国项目管理事业的发展和学科体系的建立，为促进我国项目管理与国际项目管理专业领域的沟通与交流发挥积极的作用，做了大量工作，特别是在推进我国项目管理专业化与国际化发展方面作用显著。目前，许多行业也纷纷成立了相应的项目管理组织，如中国建筑业协会工程项目管理委员会、中国国际工程咨询协会管理工作委员会、中国工程咨询协会项目管理指导工作委员会等，都是中国项目管理日益得到发展与应用的体现。

2.4.3　C-PMBOK 的特点

与其他国家的 PMBOK 相比较，如《美国项目管理知识体系》《英国项目管理知识体系》《德国项目管理知识体系》《法国项目管理知识体系》《瑞士项目管理知识体系》《澳大利亚项目管理知识体系》等，C-PMBOK 的突出特点是以生命周期为主线，以模块化的形式来描述项目管理所涉及的主要工作及其知识领域。在知识内容、写作结构上，C-PMBOK 的特色主要表现在以下几个方面。

(1) 采用了"模块化的组合结构"，便于知识的按需组合。模块化的组合结构是 C-PMBOK 编写的最大特色，通过 C-PMBOK 模块的组合能将相对独立的知识模块组织成为一个有机的体系，不同层次的知识模块可满足对知识不同详细程度的要求；同时，知识模块的相对独立性，使知识模块的增加、删除、更新变得容易，也便于知识的按需组合以满足各种不同的需要，模块化的组合结构是 C-PMBOK 开放性的保证。

(2) 以生命周期为主线，进行项目管理知识体系知识模块的划分与组织。项目管理涉及多个方面的工作，整个项目管理包含大量的工作环节，基于每个工作环节项目管理所用到的知识和方法都有一定的区别，这些相互联系的工作环节组合起来就构成了项目管理的整个周期。在 C-PMBOK 中的大多数知识模块都是与项目管理的工作环节相联系的。因此，C-PMBOK 按照国际上通常对项目生命周期的划分，以概念阶段、规划阶段、执行阶段和收尾阶段这四个阶段为组织主线，结合模块化的编写思路，分阶段提出了项目管理各阶段的知识模块，便于项目管理人员根据项目的实施情况进行项目的组织与管理。

(3) 体现中国项目管理特色，扩充了项目管理知识体系的内容。C-PMBOK 在编写过程中充分体现了中国项目管理工作者对项目管理的认识，加强了对项目投资前期阶段知识内容的扩展，同时把项目后期评价的问题列入了 C-PMBOK 中，在项目的实施过程中强调了企业项目管理的概念。

从华罗庚推广统筹法以来的 50 年间，中国项目管理无论从学科体系上，还是实践应用上都取得了突飞猛进的发展，归纳起来，主要表现在如下几个方面。

1) 中国项目管理学科体系的成熟

在项目管理的应用实践中，项目管理工作者们感觉到，虽然从事的项目管理项目类型不同，但是仍有一些共同之处，因此就自发组织起来共同探讨这些共性主题，如项目管理过程中的范围管理、时间管理、费用管理、质量管理、人力资源管理、沟通管理、风险管理、采购管理及综合管理等，这些领域的综合就形成了 PMBOK。

PMRC 于 2001 年 7 月正式推出了《中国项目管理知识体系》，并建立了符合中国国情的《国际项目管理专业资质认证标准》(C-NCB)，C-PMBOK 和 C-NCB 的建立标志着中国项目管理学科体系的成熟，与其他国家的 PMBOK 相比较，C-PMNOK 的突出特点是以生命周期为主线，以模块化的形式描述项目管理所涉及的主要工作及其知识领域。C-PMBOK 将项目管理的知识领域共分为 88 个模块。由于 C-PMBOK 模块结构的特点，使其具有了将各种知识组合的可能性，特别是对于结合行业领域和特殊项目管理领域知识体系的架构来说非常实用。

2) 项目管理应用领域的多元化发展

建筑工程和国防工程是我国最早应用项目管理的行业领域，然而随着科技的发展，市场竞争的日益激烈，项目管理的应用已经渗透到各行各业，软件、信息、机械、文化、石化、钢铁等各种领域的企业更多地采用项目管理的管理模式。项目的概念有了新的含义，一切皆项目，按项目进行管理成为各类企业和各行业发展的共识。

3) 项目管理的规范化与制度化发展

一方面中国项目管理为了使用日益频繁的国际交往的需要，中国必须遵守通用的国际项目管理规范，如国际承包中必须遵守的 FIDIC 条款及各种通用的项目管理模式等；另一方面中国项目管理的应用也促使中国政府出台相应的制度和规范，如建设部关于项目经理资质的要求以及关于建设工程项目管理规范的颁布等，都是规范化和制度化的体现。不同的行业领域都相应地出台了相应的项目管理规范，招投标法规的实施大大促进了中国项目管理的规范化发展。

4) 学历教育与非学历教育竞相发展

项目管理学科发展与其他管理学科发展的最大差异是其应用层面上的特点，多数项目经理与项目管理人员是从事各行各业技术的骨干。项目管理通常要花 5～10 年的时间，甚至需要付出昂贵的代价，才能成为一个合格的管理者。基于这一现实及项目对企业发展的重要性，因此项目管理的非学历教育走在了学科教育的前头，在中国这一现象尤为突出，目前各种类型的项目管理培训班随处可见。这一非学历教育的发展极大地促进了学历教育的发展，国家教委 2003 年已经在清华大学等 5 所学校试点了项目管理本科的教育，国家教委批准的项目管理工程硕士培养单位已经超过了 90 家，项目管理方向的硕士点和博士点在许多学校已经设立。

5) 项目管理资质认证如日中天

在我国项目管理资质认证的工作最早应起源于建筑行业推广项目法施工的结果,1991年建设部就提出要加强企业经理和项目经理的培训工作,并将项目经理资格认证工作纳入企业资质管理。经过 10 多年的发展,全国已有 80 万项目经理通过培训,有超过 50 万人取得了项目经理资格证。这应该说是国际上通过人数最多的一种项目管理资质认证。

2000 年 PMI 推出的 PMP 登陆中国在我国掀起了项目管理培训的热潮,2001 年 IPMA 的 IPMP 在 PMRC 的推动下正式登陆中国,掀起了我国项目管理认证的高潮。IPMP 认证是一种符合中国国情,同时又与国际接轨的国际项目管理专业资质认证,在中国获得 IPMP 认证是一种符合中国国情,同时又与国际接轨的国际项目管理专业资质认证,在中国获得 IPMP 证书同时也获得世界各国的承认。2003 年劳动保障部正式推出了"中国项目管理师(CPMP)"资格认证,这标志着我国政府对项目管理重要性的认同,项目管理向职业化方向发展成为必然。

2.4.4　C-PMBOK 的知识模块结构

与其他国家的 PMBOK 相比较,C-PMBOK 的突出特点是以生命周期为主线,以模块化的形式来描述项目管理所涉及的主要工作及其知识领域。中国项目管理知识体系(C-PMBOK 2006 版)划分了 9 个层次:其中第 1 个层次构建了整体框架;第 2 个层次定义了项目管理基础;第 3~6 个层次分别描述了项目概念阶段、开发阶段、实施阶段和结束阶段;第 7 个层次划分了项目管理知识领域;第 8 个层次罗列了项目管理的常用方法与工具;第 9 个层次描述了项目化管理。

中国项目管理知识体系(C-PMBOK 2006 版)将项目管理划分为范围管理、时间管理、费用管理、质量管理、人力资源管理、信息管理、风险管理、采购管理及综合管理等 9 项知识领域,并以项目生命周期为主线,将项目全寿命周期管理分为 115 个模块,其中基础模块 95 个,概述模块 20 个。同时,该体系提出了 4 个过程组,即概念阶段(Conception Phase)、开发阶段(Development Phase)、实施阶段(Execute Phase)和结束阶段(Finish Phase),其基本框架如图 2-3 所示。

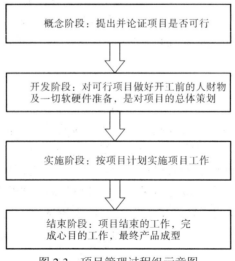

图 2-3　项目管理过程组示意图

思 考 题

1. 比较 PMBOK、PRINCE2、ICB 以及 C-PMBOK 的异同点。
2. 不同国家的项目管理系统是怎样起到管理作用的？
3. C-PMBOK 的特点是什么，包含了哪些知识模块结构？

第3章　项目组织与项目团队

本章重点： 项目组织、项目团队、项目经理等知识体系。
本章难点： 如何在现实生活中实践应用。

3.1　项　目　组　织

3.1.1　项目组织概述

1. 项目组织的含义

项目组织指由一组个体成员为实现具体的项目目标而组织的协同工作的队伍。项目组织是为完成特定的项目任务而建立的，是完成项目任务的组织。项目组织完成的任务和其他组织完成的任务具有很大的不同，这使项目组织具有特殊性。

(1) 一次性，有明确的起止时间。项目组织的这个特点和项目任务的一次性有关。任何一个项目任务都是一次性的，具有明确的起止时间，作为完成该项目任务的组织也随着任务的形成而存在，当项目任务完成，该组织必然面临解散或是重新接受新的任务。

(2) 项目组织的理解多样性。项目参与方众多，因此仅仅说项目组织，从理解上会有两个方面的含义。一是不同的参与方如何组织起来，也就是从项目的整体出发，理解项目组织如何实现各个参与方之间有效的联系和沟通，从而完成任务；二是从单个参与方的角度出发，为完成项目任务而构建的组织。但不论从哪个角度进行理解，项目组织的复杂性是由项目的系统性和复杂性引起的。

(3) 项目组织具有外部开放性和变动性。项目具有外部开放性，随着项目任务的进展，不论从各个参与方的角度还是单个参与方的角度，只要项目组织的目标发生改变，组织的成员也会相应进行局部调整。例如，承包商方的项目组织在投标决策阶段，其项目组织主要是投标组成员，而到了实施阶段，项目组织主要由完成项目任务的人员组成。

2. 项目组织的特点

项目的特点决定了项目组织的特殊性。项目组织有以下特点：

(1) 项目组织具有临时组合性特点，是一次性的、暂时性的。项目组织的寿命与它所承担的任务时间长短有关，即使项目管理班子人员未变，但项目的改变也使得这个组织是一次性的。这是项目组织有别于企业组织的一大特点。

(2) 项目目标和任务是决定项目组织结构和运行的最重要因素。由于项目管理主体来自不同的单位和部门，各自有独立的经济利益和责任，所以必须在保证项目总目标的前提下，按项目合同和项目计划进行工作，完成各自的任务。

(3) 项目的组织管理既要研究项目参与单位之间的相互关系，又要研究某一单位内部的项目组织形式。这是项目组织有别于企业组织的又一大特点。

(4) 项目组织较企业组织更具弹性和可变性。这不仅表现为项目组织成员随项目的进展而不断地调整其工作内容和职责，甚至变换角色，还表现在采用不同的项目管理模式时，会有不同的项目组织形式。

(5) 项目组织管理较一般企业组织管理更为困难和复杂。项目组织的一次性和可变性，以及参与单位的多样化，使其很难构成较为统一的行为方式、价值观和项目组织文化。

3. 项目组织的构成要素

组织由管理层次、管理跨度、管理部门、管理职能四大因素组成，构成上小下大的形式，各因素密切相关、相互制约。

(1) 管理层次，指从组织的最高管理者到最基层的实际工作人员的等级层次的数量。工程项目管理组织的管理层次可分为决策层、中间控制层(协调层和执行层)、操作层三个层次。这三个层次的职能和要求不同，具有不同的职责权限，从最高层到最低层，人数逐层递增，权责递减。

(2) 管理跨度，指一名上级管理人员所直接管理的下级人数。在组织中，某级管理人员的管理跨度的大小取决于这一级管理人员所需要协调的工作量。管理跨度越大，领导者需要协调的工作量越大，管理的难度也越大。一般情况下，管理层次越多，跨度会越小；反之，管理层次越少，跨度会越大。管理跨度的确定应根据管理者的素质、工作的难易程度及相似程度、工作制度和程序等客观因素来决定，并在实践中进行必要的调整，使组织能够高效有序地运行。

(3) 管理部门，指组成整体的部分或单位。组织中各部门的合理划分对发挥组织效应是十分重要的。如果部门划分不合理，会造成控制与协调困难，也会造成人浮于事，浪费人力、财力、物力。管理部门的划分要根据组织目标与工作内容确定，形成既分工明确又相互配合的组织机构。

(4) 管理职能，指管理过程中各项行为的内容的概括，是人们对管理工作应有的一般过程和基本内容所做的理论概括。项目组织机构设计确定各部门的职能，应使纵向的领导、检查指挥灵活，指令传递快、信息反馈及时；还应使横向的各部门间相互联系、协调一致，各部门职责分明、尽职尽责。

4. 项目组织的必要性

项目管理的一切工作都要依托组织来进行，即要在有限的时间、空间和预算范围内将大量物资、设备和人力组织在一起，按计划实施项目目标。故科学合理的组织制度和组织机构是项目成功建设的组织保证，其必要性就体现在以下几点：

(1) 项目的实施过程并非孤立存在的单体运行过程，而是存在于一个非常复杂的环境之中的项目运作过程。在实施的过程中，会产生许多项目管理班子与企业部门、项目经理与其他相关方等交界面，这就决定了要有组织地工作。

(2) 项目管理人员必须编制实施方案，以实现实施过程中的协调，要求有效、科学的组织，这样才能避免因缺乏安排中间断档而造成的工期拖延、进度延误以及管理不利造成的资源浪费和质量问题等。在项目的实施过程中，甲方与乙方是一对必然的矛盾体，具体体现在：甲方总是希望以低成本及短工期来换取高质量，而乙方一般则会希望在质量合格的前提下，实现其利润的最大化。这些实际存在的矛盾只有通过有效的组织协调才能加以缓和。

(3) 项目实施过程涉及施工人员的技能、知识等的合理搭配，还涉及大量的物资流、设备、信息流。要合理有序地组织工作，必然要有科学的组织。

3.1.2　项目组织设计原则

项目的组织机构是依据项目的组织制度支撑项目建设工作正常运转的组织机构体系，是项目管理的骨架。在进行组织机构设置时，应遵循以下原则。

1. 任务目标原则

任何一个组织都有其特定的任务和目标，每一个组织及每一个人都应当与其特定的任务目标相关联；组织的调整、增加、合并或取消都应以是否对其实现目标有利为衡量标准；没有任务目标的组织是没有存在价值的。

根据这一原则，在进行组织设计时，首先应当明确该组织的发展方向、经营战略等，这些问题是组织设计的大前提。这个前提不明确，组织设计工作将难以进行。根据这一原则，首先要认真分析，为了保证组织任务目标的实现，必须做的工作是什么、有多少，设置什么机构、什么职能才能做好这些事。然后，以工作为中心，因工作建机构，因工作设事务，因工作配人员。根据这一原则，就要反对简单、片面地搞"上下对口"，即不顾项目实际工作是否需要，上级设什么部门，项目就设相应的科室；也要反对因人设职、因职找事的做法。

2. 管理跨度原则

管理跨度是一个领导者所直接领导的人员数量。例如，一名经理配备二名副经理和三名"总师"(总工程师、总经济师、总会计师)，那么经理的管理跨度就是"5"。现代管理学家已经证明，管理跨度每增加一个，领导与下级之间的工作接触就会成倍增加。英国管理学家丘格纳斯认定，如果下级人数以算术级数增加时，领导者同下属人员之间的人际关系数将以几何级数增加，其公式为

$$C = N\left(\frac{2^N}{2} + N - 1\right) \tag{3-1}$$

其中，C 为可能存在的人际关系数；N 为管理跨度。

例如，一个领导者直接领导两个人共同工作，其可能存在的人际关系数是 6；如果直接领导下级人数由 2 人增加为 3 人，则其人际关系数就由 6 增加至 18。当然，按此公式计算，管理跨度增为十几人时，人际关系数非常大，实际情况可能并不那样严重。但管理跨度太大，的确常常会出现应接不暇、顾此失彼的现象。那么，管理跨度多少为宜呢？一些研究结果认为，管理跨度大小与相关各因素有关，如表 3-1 所示。

表 3-1　管理跨度与影响因素关系表

决定管理跨度的因素	跨度小	跨度大
一次接触所需时间	长	短
处理例外性事务	多	少
授权程度	大	小
领导者和被领导者的能力	弱	强
业绩的评价	难	易

一般认为，管理跨度的大小应是个弹性指标。上层领导为 3～9 人，管理跨度以 6～7 人为宜；基层领导为 10～20 人，管理跨度以 12 人为宜；中层领导的管理跨度则居中。

为使领导者控制适当的管理跨度，可将管理系统划分为若干层次，使每一层次的领导者可集中精力在其职责范围内实施有效的管理。管理层次划分的多少，应根据部门事务的繁简程度和各层次管理跨度的大小加以确定。如果层次划分过多，信息传递容易发生失真及遗漏现象，可能导致管理失误。但是，若层次划分过少，各层次管理跨度过大，会加大领导者的管理难度，也可能导致管理失误。

科学的管理跨度加上适当的管理层次划分和适当的授权，正是建立高效率组织机构的基本条件。

3. 统一指挥原则

统一指挥原则的实质，是在管理工作中实行统一领导，建立起严格的责任制，消除多头领导和无人负责现象，保证全部活动的有效性和正常进行。统一指挥原则对管理组织的建立具有下列要求：

(1) 确定管理层次时，要使上下级之间形成一条等级链。从最高层到最低层的等级链必须是连续的，不能中断，并明确上下级的职责、权力和联系方式。

(2) 任何一级组织只能有一个负责人，实行首长负责制。

(3) 正职领导副职，副职对正职负责。

(4) 下级组织只接受一个上级组织的命令和指挥，防止出现多头领导的现象。

(5) 下级只能向直接上级请示工作。下级必须服从上级的命令和指挥，不能各自为政、各行其是；如果有不同意见，可以越级上诉。

(6) 上级不能越级指挥下级，以维护下级组织的领导权威，但可以越级进行检查工作。

(7) 职能管理部门一般只能作为同级直线指挥系统的参谋，但无权对下属直线领导者下达命令和指挥。

4. 分工协作原则

分工与协作是社会化大生产的客观要求。组织设计中要坚持分工协作的原则，就是要做到分工合理、协作明确。对于每个部门和每个职工的工作内容、工作范围、相互关系、协作方法等，都应有明确规定。

根据这一原则，首先要解决好分工的问题。分工时，应注意分工的粗细要适当。一般来说，分工越细，专业化水平越高，责任划分越明确，效率也较高，但也容易出现机构增多、协作困难、协调工作量增加等问题。分工太粗，则机构较少，协调可减轻，易于培养"多面手"，但是专业化水平和效率较低，容易产生推诿责任的现象。两者各有千秋，具体要根据人员素质水平、管理难易和繁简程度等实际情况来确定，做到"一看需要，二看可能"。

5. 精干高效原则

精干，就是指在保证工作保质保量完成的前提下，用尽可能少的人力去完成工作。之所以强调用尽可能少的人力，是因为根据大生产管理理论，多一个人就多一个发生故障的因素。另外，人多容易助长推诿拖拉、相互扯皮的风气，造成效率低下，为此，要坚持精干高效的原则，力求"人人有事干，事事有人管，保质又保量，负荷都饱满"。这既是组织机构设计的原则，又是组织联系和运转的要求。

6. 责、权、利相对应原则

有了分工，就意味着明确了职务，承担了责任，就要有与职务和责任相等的权力并享有相应的利益，这就是责、权、利相对应的原则。这个原则要求职务要实在、责任要明确、权力要恰当、利益要合理。

根据这一原则，在设置职务时应当实实在在，要做到有职就有责，有责就有权。因为有责无权和责大权小，都会导致管理人员负不了责任并且会束缚管理人员的积极性、主动性和创造性；而责小权大，甚至无责有权，又难免会造成滥用权力。

3.1.3　项目组织结构形式

项目管理组织机构是表现构成管理组织的各要素(人员、职位、部门、级别等)的排列顺序、空间位置、聚集状态、联系方式及相互关系的一种形式，一般以组织结构图的形式来表达。组织结构图指组织的基本架构，是描述组织中所有部门以及部门之间关系的框图。图中以方框表示各种管理职务及相应的部门，箭线表示权力的指向，通过箭线将各方框连接，以表明各种管理职务或部门在组织结构中的地位以及它们之间的相互关系。

1. 直线式组织结构形式

直线式组织结构是最早也是最简单的组织形式，也称为线性组织结构形式，来源于严格的军事组织系统。它没有职能机构，从组织的最高层到最低层，上下垂直领导。资本主义早期以手工作坊为主的小规模生产都采用这种组织形式。它不适用于经营规模较大、管理工作复杂的项目。其结构如图 3-1 所示。

(1) 直线式组织结构的特点包括：

① 组织中每一位主管人员执行全部管理职能；

② 自上而下执行单一命令原则；

③ 主管人员通晓必需的各种专业知识。

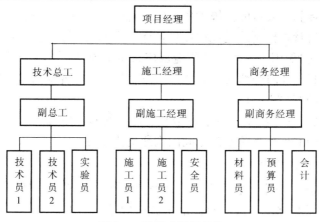

图 3-1　直线式组织结构

(2) 直线式组织结构的优点包括：

① 组织结构设置简单、权责分明、信息沟通快；

② 便于统一指挥、集中管理；

③ 管理费用低。

(3) 直线式组织结构的缺点有：

① 缺乏横向协调，适应性差；

② 没有职能机构当领导的助手，领导负担重，容易产生忙乱现象。

2. 职能式组织结构形式

职能式组织结构形式是一种传统的组织结构模式。在人类历史发展过程中，当手工业作坊发展到一定规模时，一个企业内需要设置对人、财、物和产、供、销管理的职能部门，这样就逐步形成了初级的职能组织结构。

职能式组织结构形式指企业按职能划分部门，如计划、采购、生产、营销、财务、人事等职能部门。项目的全部工作作为各职能部门的一部分工作进行，各职能部门根据项目的需要承担本职能范围内的工作，每一个职能部门根据它的管理职能对其直接和非直接的下属工作部门下达工作指令。职能式组织结构的特点是采用按职能实行专业化的管理办法，即上层主管下面设立职能机构和人员，把相应的管理职责和权力交给这些机构，下级既要服从上级主管人员的指挥，也要听从上级各职能部门的指挥。

(1) 职能式组织结构的优点包括：

① 在资源利用上具有较大的灵活性。各职能部门主管可以根据项目的需要灵活调配人力等资源的强度，待所分配的工作完成后，可做其他日常工作，降低了资源闲置成本。

② 有利于提高企业技术水平。职能式组织结构形式是以职能的相似性来划分部门的，同一部门人员之间可交流经验，共同研究，有利于提高业务水平，也有利于提高企业的整体技术水平。

③ 有利于协调企业的整体活动。由于职能部门主管只向企业领导负责，企业领导可以从全局出发，协调各职能部门的工作。

(2) 职能式组织结构形式的缺点包括：

① 工作中常会出现交叉和矛盾的工作指令。在职能式组织结构形式中，每一个工作

部门可能得到其直接和非直接的上级工作部门下达的工作指令,这样就会形成多头领导,可能会严重影响项目管理机制的运行和项目目标的实现。

② 责任不明,协调困难。由于各职能部门只负责项目的一部分,没有一个人承担项目的全部责任,各职能部门内部人员责任也比较淡化,而且各部门常常只从其局部利益出发,对部门之间的冲突很难协调。

③ 跨部门之间的沟通困难。由于各个职能部门的本位主义思想,各个部门之间沟通困难。对于技术复杂的项目,跨部门之间的沟通更为困难。

3. 直线职能式组织结构

现阶段,我国施工企业一般采用直线职能式的组织形式。直线职能式是由直线式与职能式演变而成的一种组织形式。直线职能式吸收了二者的优点,将它们结合起来。其组织特点是公司负责人一方面通过职能部门对公司承揽的工程项目实行横向领导,另一方面又通过职能部门实行纵向(直线)领导。在施工企业中,主要有两种直线职能式组织形式。

1) 混合工作队式

混合工作队在国外称为特别工作组,其结构如图 3-2 所示。

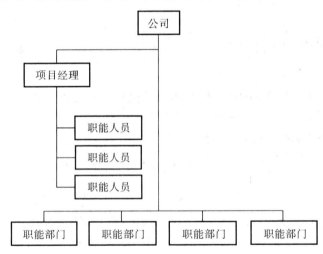

图 3-2 混合工作队式组织结构图

(1) 特点。企业任命项目的项目经理,该项目经理在企业内招聘或抽调职能人员组成项目管理机构(混合工作队),由项目经理领导,独立性很大。项目管理班子成员在工程建设期间与原所在部门断绝领导与被领导关系。原单位负责人员负责业务指导及考察,但不能随意干预其工作或调回人员。项目管理组织与项目同寿命。项目结束后机构撤销,所有人员仍回原所在部门和岗位。

(2) 适应范围。这是一种按照对象原则组织的项目管理机构,可独立地完成任务,相当于一个"实体"。企业职能部门处于服从地位,只提供一些服务。这种项目组织类型适用于大型项目、工期要求紧迫的项目、需多工种多部门密切配合的项目。因此,它要求项目经理素质要高,指挥能力要强,有快速组织队伍及善于指挥来自各方人员的能力。

(3) 优点。项目经理从职能部门抽调或招聘了一批有专业技术特长的人员,他们在项目管理中配合，协同工作，可以取长补短，有利于培养一专多能的人才并充分发挥其作用。各专业人才集中在现场办公，减少了扯皮和等待时间，办事效率高，解决问题快；项目经理权力集中，干扰少，故决策及时，指挥灵活。

(4) 缺点。

① 各类人员在同一时期内所担负的管理工作任务可能有很大差别，因此很容易产生忙闲不均，可能导致人员浪费。

② 特别是稀缺专业人才，难免会在企业内调剂使用。人员长期离开原部门，即离开了自己熟悉的环境和工作配合对象，容易影响其积极性的发挥。而且，由于环境变化，人员容易产生临时观点和不满情绪。

③ 职能部门的优势无法发挥作用。

④ 由于同一部门人员分散，交流困难，也难以进行有效的培养、指导，削弱了职能部门的工作。当人才紧缺而同时又有多个项目需要按这一形式组织时，或者对管理效率有很高要求时，不宜采用这种项目组织类型。

2) 部门控制式

(1) 特点。这是一种按职能原则建立的项目组织。它并不打乱现行的建制，而是把项目委托给企业某专业部门或委托给某一施工队，由被委托的部门(施工队)领导负责项目的组织和实施。

(2) 适用范围：这种形式的项目组织机构一般适用于小型的、专业性较强而不需涉及众多部门的工程项目。

(3) 优点：

① 人才作用发挥较充分，这是因为由熟人组合办熟悉的事，人事关系容易协调；

② 从接受任务到组织运转启动，时间较短；

③ 职责明确，职能专一，关系简单；

④ 项目经理无需专门训练便容易进入状态。

(4) 缺点：

① 不能适应大型项目管理需要，而真正需要进行项目管理的工程正是大型项目；

② 不利于对计划体系下的组织体制(固定建制)进行调整；

③ 不利于精简机构。

4. 矩阵式组织结构

一个企业同时承担多个项目的情况下，各项目对专业技术人才和管理人员都有较大量的需求，同时项目的复杂程度不同，要求多部门、多技术、多工种配合实施，且在不同阶段对不同人员有不同数量和搭配各异的需求。简单的组织结构形式不能适应以上要求，因此这时一般采用矩阵式组织结构形式。矩阵组织结构是一种较新型的组织结构模式。在矩阵组织结构中最高指挥者下设纵向和横向两种不同类型的工作部门。纵向工作部门可以是计划管理、技术管理、合同管理、财务管理和人事管理部门等；横向工作部门可以是项目部。矩阵式项目管理组织形式可以充分利用有限的人力资源同时对多个项目进行管理，特别有利于发挥稀有人才的作用，适用于大型、复杂的项目。

(1) 矩阵式组织结构的特点包括：

① 项目组织机构的职能部门和企业的职能部门相对应，多个项目与企业职能部门结合成矩阵形状的组织机构。

② 职能原则与对象原则相结合，既发挥项目组织的横向优势，又发挥职能部门的纵向优势。

③ 企业职能部门是永久性的，项目管理组织机构是临时的。职能部门负责人对参与项目管理班子的成员有调动、考察和业务指导的责任，项目经理则将参与项目组织的人员有效地组织起来，进行项目管理的各项工作。

④ 项目管理班子成员接受企业原职能部门负责人和项目经理的双重领导。职能部门侧重业务领导，项目经理侧重行政领导。项目经理对参与项目组织的成员有使用、奖惩、增补、调换或辞退的权力。

(2) 矩阵式组织结构的优点包括：

① 兼有直线和职能两种项目组织结构形式的优点，将职能原则和项目原则结合融为一体，实现企业长期例行性管理和项目一次性管理的统一。

② 能通过对人员的及时调配，实现以最少的人力资源实现多个项目管理的高效率。

③ 项目组织具有弹性和应变能力。

(3) 矩阵式组织结构的缺点包括：

① 矩阵式项目组织的结合部门多，组织内部的人际关系、业务关系、沟通渠道等都较复杂，易造成信息量膨胀，引起信息流失或失真，需要依靠有力的组织措施和规章制度规范管理。

② 项目组织成员接受原部门负责人和项目经理的双重领导，难以统一命令，出现问题也难以查清责任。

矩阵式组织结构对企业的管理水平、项目的管理水平、领导者的素质、组织机构的办事效率、信息沟通渠道的畅通等，都有较高的要求。在组织协调内部关系时，必须要有强有力的组织措施和协调办法。

5. 事业部式组织结构

事业部式项目管理组织，是指在企业内部组建机构作为派驻项目的管理班子，对企业外具有独立法人资格的项目管理组织，如图 3-3 所示。事业部对企业来说是内部的职能部门，对企业外具有相对独立的经营权，也可以是一个独立的法人单位。事业部可以按地区设置，也可以按工程类型或经营内容设置。

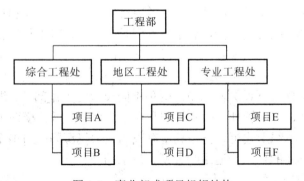

图 3-3　事业部式项目组织结构

事业部式项目管理组织，能迅速适应环境变化，提高企业的应变能力和决策效率，有利于延伸企业的经营管理职能，拓展企业的业务范围和经营领域。事业部式项目组织适用于大型经营性企业的工程承包，特别适用于远离公司本部的工程承包项目。

(1) 事业部式组织结构的优点包括：

① 事业部式项目组织能充分调动和发挥事业部的积极性和独立经营作用，便于延伸企业的经营职能，有利于开拓企业的经营业务领域。

② 事业部式项目组织形式，能迅速适应环境变化，提高公司的应变能力，既可以加强企业的经营战略管理，又可以加强项目管理。

(2) 事业部式组织结构的缺点包括：

① 企业对项目经理部的约束力减弱，协调指导机会减少，以致有时会造成企业结构松散。

② 事业部的独立性强，企业的综合协调难度大，必须加强制度约束和规范化管理。

3.2 项 目 经 理

3.2.1 项目经理概述

项目管理是以个人负责制为基础的管理体制，项目经理就是项目的负责人，有时也称为项目管理者或项目领导者，他或她负责项目的组织、计划及实施全过程，保证项目目标的成功实现。成功的项目无一不反映了项目管理者的卓越管理才能，而失败的项目同样也说明了项目管理者的重要性。项目管理者在项目及项目管理过程中起着关键的作用，因而项目经理就是一个项目全面管理的核心和焦点。

项目经理是项目的管理者，因此他也具有管理者的角色特点。加拿大管理学者亨利·明茨伯格提出的经理角色理论充分说明了管理者在实际工作中的角色特点，它比以往的管理职能说更加具体、生动，利于人们对于管理者工作的理解。按照明茨伯格的研究，企业领导者的职责涉及人际关系、信息交流和决策过程三个方面的 10 种职责。

(1) 在人际关系方面起到的作用有：

① 头面人物的作用，完成若干礼仪性的职责。

② 领导人的作用，即用人的职责。

③ 联络人的作用，和同行或者有关单位保持个人或组织的横向联系。

(2) 在信息交流方面的作用有：

① 监督人的作用，掌握企业内部和外部环境所发生的变化。

② 传播人的作用，综合分析各种信息并传达给内部各部门。

③ 发言人的作用，代表本企业向上级汇报和向有关部门通报情况。

(3) 在决策方面的作用有：

① 企业家的作用，作为企业各种重大变革的创始者和设计者，以适应不断变化的环境。

② 应急人员的作用，及时处理各种危机事件。

③ 资源分配者的作用，涉及对资金、时间、材料、设备、人力分配以及质量和信誉

保证体系的决策。

④ 谈判人的作用，为企业的巩固和发展寻求资源或资源交换。

项目经理尽管也是一个管理者，但与其他管理者有很大的不同。首先项目经理与部门经理的职责不同，在矩阵组织形式中可以明显看到项目经理与部门经理的差异。项目经理对项目的计划、组织、实施负全部责任，对项目目标的实现负终极责任。而部门经理只能对项目涉及本部门的部门工作施加影响，如技术部门经理对项目技术方案的选择、设备部门经理对设备选择的影响等。因此项目经理对项目的管理比起部门经理更加系统全面，要求其具有系统思维的观点。其次，项目经理与项目经理的经理或公司总经理职责不同，项目经理是项目的直接管理者，是一线的管理者，而项目经理的经理或公司的总经理是通过项目经理的选拔、使用、考核等来间接管理一个项目的。在一个实施项目管理的公司中往往项目经理的经理或总经理也是从项目经理做起来的。

具体来讲，项目经理应该做哪些工作呢？

由于项目所处行业、规模、复杂度各异，因此很难给出一个统一的且详细的责任描述。下面以一个建筑行业项目经理的职责为例说明。

1. 计划

(1) 对所有的合同文件完全熟知；

(2) 为实施和控制项目制订基本计划；

(3) 指导项目程序的准备；

(4) 指导项目预算的准备；

(5) 指导项目进度安排的准备；

(6) 指导项目的基本设计准则及总的规范的准备；

(7) 指导现场建筑活动的组织实施和控制计划的准备；

(8) 定期对计划和相关程序进行检查评价，在必要的时候对项目的计划和程序进行修改。

2. 组织

(1) 开发项目组织图；

(2) 对项目中的各职位进行描述，列出项目主要监管人员的职责、范围；

(3) 参与项目主要监管人员的挑选；

(4) 开发项目所需的人力资源；

(5) 定期对项目组织进行评价，必要的时候对项目组织结构及人员进行变动。

3. 指导

(1) 指导项目合同中规定的所有工作；

(2) 在项目组中建立决策系统，以便在适当的层次做出决策；

(3) 促进项目主要监管人员的成长；

(4) 设立项目经理目标，并为主要监管人员建立绩效标准；

(5) 培养团队精神；

(6) 辅助解决存在于承担项目的不同部门或小组之间的分歧或问题；

(7) 对项目总体进展情况保持了解，以避免或减少潜在问题的发生；

(8) 对关键问题确立书面的战略指导原则，清楚定义责任和约束。

4. 控制

(1) 监督项目的活动，使项目的进展与项目目标及公司总体政策相一致；

(2) 监督项目的活动，使项目的进展与合同、计划、程序及顾客的要求相一致；

(3) 对人员进行控制，保证其遵守合同条款；

(4) 密切监督项目的有关活动，建立有关"变更"的沟通程序，对有关项目范围可能的变更进行必要的评价和沟通；

(5) 对成本、进度及质量进行监控，保证及时报告；

(6) 与顾客及有关组织保持有效沟通。

3.2.2　项目经理的责任和权力

项目经理作为项目管理组织的核心，其职责和权力都是多方面的。

1. 项目经理的责任

作为项目的负责人，项目经理有相应的责任。简而言之，他的责任就是通过一系列的领导及管理活动使项目的目标成功实现并使项目利益相关者都满意。这里的项目利益相关者包括一切参加或可能影响项目工作的所有个人或组织，主要有顾客(项目产品的接受者)、消费者(项目产品的使用者)、业主(发起该项目的人)、合伙人(项目的合作者)、提供资金者(金融机构)、承包商(为项目组织提供产品的组织)、社会(司法、执法机构及社会大众)、内部人员(项目组织成员)。

项目经理的责任可以粗略分为对于所属上级组织的责任和对于所管项目及项目小组的责任。

1) 项目经理对于所属上级组织的责任。

项目经理对所属上级组织的责任包括资源的合理利用，及时、准确的通信联系，认真负责的管理工作。必须强调的是：让所属上级组织的高级主管了解项目的地位、费用、时间表和进程是非常有用的，必须让高级主管了解未来可能发生的情况。项目经理应注意到项目推迟和出现赤字的可能，并了解减少此类问题的方法，向上级的报告必须准确、及时，这样才能得到上级的信任，使公司不冒大的风险，及时得到高级主管的帮助。项目经理对于所属上级组织的责任主要表现在以下几个方面：

(1) 保证项目目标符合上级组织的目标。项目往往从属于更大的组织，项目与组织的其他工作一起配合协调完成组织的目标。因此在项目目标的确定、目标的分解以及计划制订、实施的全过程都要有利于总目标的实现。

(2) 充分利用和保管上级分配给项目的资源。组织的资源是有限的，保证资源的有效利用是任何管理者的责任。一方面要充分有效利用上级分配给项目的资源，使资源的效能得到最大发挥，另一方面要从企业总体角度出发优化资源的使用。如企业往往不止一个项目，如何使资源在一个项目内部及项目间有效利用是项目经理的责任。

(3) 及时与上级就项目进展进行沟通。项目与上级组织目标的实现息息相关，及时将项目的进展信息，如进度、成本、质量等向上级汇报，企业就可以从宏观角度进行项目群的管理，同时可以取得上级对本项目的各方面的支持。

2) 项目经理对所管项目的责任

项目经理对所管项目应承担的责任具体表现在以下两个方面：

(1) 对项目的成功与否负有主要责任。

(2) 保证项目的完整性。项目经理要使项目不受在项目中有合法性的当事人不同要求的影响。项目经理应该关心由于委托人的影响而使工程部门做出的变动。同时，合同(或法律代理人)应指出委托人无权提出变动，生产部门也无法适应这种变动。

3) 项目经理对项目小组的责任

项目经理对项目小组的责任主要表现在以下几个方面：

(1) 项目经理有责任为项目组成员提供良好的工作环境与氛围。项目经理作为项目的负责人及协调人，应该保证项目组成员形成一个良好的工作团队，成员之间密切配合，相互合作。项目经理还应该适时鼓励团队成员，使其能够全身心地投入到目前的项目活动中。

(2) 项目经理有责任对项目小组成员进行绩效考评。项目经理要建立一定的考评制度以便对成员的绩效进行监督与考评。绩效考评应该关注组织和个人的当前表现，还应该考虑组织和个人未来的发展，不仅要对当前业绩有所激励，还应该对未来的发展产生推动作用。

(3) 由于项目小组是一个临时的集体，项目经理在激励其成员时还应考虑他们的将来，让他们在项目完成之后有一个好的归属。

2. 项目经理的权力

权责对等是管理的一条原则，权大于责可能导致乱拍板，无人承担相应的后果，而责大于权又会使管理者趋于保守，没有创新精神。通常情况下，项目经理该被授予以下几方面的权力。

1) 项目团队的组建权

项目团队的组建权包括两个方面：一是项目经理班子或者管理班子的组建权；二是项目团队队员的选择权。项目经理班子是项目经理的左膀右臂，因此，授予项目经理组建班子的权力至关重要。这包括：项目经理班子人员的选择、考核和聘用；对高级技术人才、管理人才的选拔和调入；对项目经理班子成员的任命、考核、升迁、处分、奖励、监督指挥甚至辞退等。建立一支高效、协同的项目团队是保证项目成功的另一关键因素，这包括：专业技术人员的选拔、培训、调入，管理人员、后勤人员的配备，团队队员的考核、激励、处分甚至辞退等。

2) 财务决策权

拥有财务权并使其个人的得失和项目的盈亏联系在一起的人，才能够较周详地顾及自己的行为后果，因此，项目经理必须拥有与该角色相符的财务决策权。否则，项目就难以展开。一般来讲，这一权力包括以下几个方面：

(1) 具有分配权，即项目经理有权决定项目团队成员的利益分配，包括计酬方式、分配的方案细则。项目经理还有权制定奖罚制度。

(2) 拥有费用控制权，即项目经理在财务制度允许的范围内拥有费用支出和报销的权力，如聘请法律顾问、技术顾问、管理顾问的费用支出，工伤事故、索赔等的营业外支出。

(3) 项目经理还应拥有资金的融通、调配权力。在客户不能及时提供资金的情况下，资金的短缺势必影响工期，对于一个项目团队来说时间也具有价值。因此，还应适当授予项目经理必要的融资权力和资金调配权力。

3) 项目实施控制权

在项目的实际实施过程中，由于资源的配置可能与项目计划书有所出入，有时项目实施的外部环境会发生一定的变化，这使项目实施的进度无法与预期同步，这就要求项目经理根据项目总目标，将项目的进度和阶段性目标与资源和外部环境平衡起来，做出相应的决策以便对整个项目进行有效的控制。

授予项目经理独立的决策权对于项目经理乃至项目目标的实现都至关重要。除了少数重大的战略决策外，大部分问题可以让项目经理自行决策、自行处理。许多问题和商业机会都具有时效性，冗长、费时的汇报批示可能会导致错过时机，甚至可能导致无法挽回的损失。

3.2.3　项目经理的素质和能力要求

实践证明并不是任何人都可以成为合格的项目经理，项目及项目管理的特点要求项目经理要具备相应的素质与能力才能圆满地完成项目任务。通常，一个合格的项目经理应该具备良好的道德素质、健康的身体素质、全面的理论知识素质、系统的思维能力、娴熟的管理能力、积极的创新能力以及丰富的项目管理经验。

1. 良好的道德素质

人的道德观，决定着人行为处事的准则。项目经理必须具备良好的道德品质。这种道德品质大致可以分为两个方面：一方面是社会的道德品质；另一方面是个人行为的道德品质。

(1) 社会的道德品质。项目经理应有良好的社会道德品质，必须对社会的环境、安全、文明、进步和经济发展负有道德责任。有些投资项目虽然自身的预期经济效益较为可观，但有可能是建立在牺牲社会利益基础之上的。例如，某一客户欲委托项目经理在风景区投资兴建一稀有金属的开采项目。该自然风景区此种稀有金属含量很多，国内外市场奇缺，有着广阔的市场前景，该项目的投建势必有很高的经济效益。但是从社会的利益、公众的利益角度考虑，该项目的投建必然破坏风景区的整体效果，必然要造成环境污染、生态环境的破坏。虽然项目经理并不能阻碍客户的投资动机，但具有高度社会责任的项目经理可以通过项目规划和建议，将此类项目的社会负效应降到最低限度，最终保证社会利益、客户利益和自身利益的统一。

(2) 个人行为的道德品质。个人行为的道德品质决定着个人行为的方式和原则。在当今市场经济和商品经济体制下，人们往往利欲熏心，在利益的驱动下，有的项目经理也会置道德与法律而不顾。在现代的项目管理中，项目经理在大型复杂的工程项目中控制着巨大的财权和物权，如果项目经理的个人道德品质不纯良，很容易出现贪赃枉法、以权谋私的行为。为了假公济私，有的项目经理往往对工程项目进行偷工减料，导致项目最终的失败，影响组织的整体目标和声誉，造成不可挽回的重大损失。因此，好的项目经理必须要保证自己的项目经理班子以及项目团队成员严格遵纪守法，坚决抵制和杜绝贪污、挪用公款、逃税、漏税、瞒报等各种不法行为，绝不能因小失大，既害自己，又害社会。好的项目经理还应遵循各种法律、规章和准则，以身作则，树立良好的模范榜样。

2. 健康的身体素质

项目管理是在一定的约束下达到项目的目标，它的工作负荷要求项目经理要有相应的身体素质。例如，一个复杂的、大规模的项目，从项目计划的制订到执行过程中冲突的解决等，是非常大的工作负荷，没有健康的体魄是不行的。健康的身体素质不仅指生理素质，也指心理素质。一般项目经理应该性格开朗、豁达，易于同各方人士相处；有坚定的意志，能经受挫折和暂时的失败；既有主见，不优柔寡断，能果断行事，又遇事沉着、冷静，不冲动、不盲从；既有灵活性和应变能力，又不失原则等。当然，金无足赤，人无完人，尤其对人的性格不能过于苛求。

3. 全面的理论知识素质

在当今时代要对项目进行有效的管理，就必须懂得项目及项目管理相关的理论知识。

首先，项目经理是项目管理者，要具备系统的项目管理理论知识。成熟得已经成为一门学科的项目管理为项目经理提供了完善的理论知识体系，如美国项目管理协会的项目管理知识体系、欧洲国际项目管理协会制定的项目管理知识体系及我国项目管理研究会制定的中国项目管理知识体系等。

其次，项目经理是相关行业(或项目类型)的专家，一些大型复杂的工程项目，其工艺、技术、设备的专业性要求很强，对项目经理的要求也就很高。不难想象，作为项目实施的最高决策人的项目经理，如果不懂技术，就无法决策，无法按照工程项目的工艺流程施工的阶段性来组织实施，更难以鉴别项目计划、工具设备及技术方案的优劣，进而对项目实施中的重大技术决策问题也就没有自己的见解，没有发言权。不懂专业技术往往是导致项目经理失败的主要原因之一。项目经理如果自己缺少基本的专业知识，要对大量错综复杂的专业性任务进行计划、组织和协调就将十分困难。在沟通交流中，项目的有关当事人经常用到一些专业知识和术语，如果项目经理不具备一定的专业知识，沟通也是困难的，更不用说做出正确的决策了。当然由于项目经理作为项目的管理者，一般并不需要亲自去做一些较为具体的工作，在知识深度方面并不刻意要求越深越好，但是知识的全面性及广度是必需的。

4. 系统的思维能力

人们解决问题的能力固然和其经验和知识有密切关系，但是两者并不是一回事。没有全面系统的知识肯定不能设计出解决项目与项目管理中的问题的方案，但是不具备系统的思维能力，即使有了相应的知识，也不能有效地运用知识，自然不能保证问题得到圆满解决。实际中常见这样的案例，有些人知识丰富，思维敏捷，多谋善断且善于解决问题，而有些人尽管"学富五车"，然而头脑迟钝不能将所学用于解决问题。项目经理要对项目及项目管理全面负责，系统思维能力是非常重要的。

系统的思维能力指项目经理要具备良好的逻辑思维能力、形象思维能力及将两种思维能力统一于项目管理活动中的能力。系统的思维能力还要求项目经理具有分析能力和综合能力，具有从整体上把握问题的系统思维能力。系统思维的核心就是把研究对象看作由两个或两个以上相互间具有有机联系、相互作用的要素所组成的具有特定结构和功能的整体，而且其中各个要素可以是单个事物，也可以是一群事物构成的子系统。

在运用系统的概念与观点分析处理问题时要注意：

(1) 把研究对象作为一个整体来分析。既要注意整体中各部分的相互联系和相互制约关系，又要注意各要素间的协调配合，服从整体优化的要求。

(2) 综合考察系统的运动和变化，以保证科学地分析和解决问题。研究系统所处的外界环境的变化规律以及其对系统的影响，使系统适应环境变化。

5. 娴熟的管理能力

所谓管理能力，就是把知识和经验有机地结合起来运用于项目管理的本领。对于项目经理，知识和经验固然重要，但归根结底还要靠能力。项目经理应该具有娴熟的管理能力，主要有：

(1) 决策能力。项目从开始到结束会出现各种各样的问题，如项目的确定、方案的选择等，问题的解决就是一个决策过程，包括与问题解决相关的情报活动、设计解决问题方案、评价与抉择方案并利用选择的方案去解决问题的过程。而且，在项目中会有各种各样的决策问题要求用不同的决策方法去解决，因此项目经理必须有很强的决策能力。

(2) 计划能力。计划工作对于任何工作的重要性已经人所共知了。项目与项目管理也一样，要在一定的约束下达到项目的目标，必须有细致周密的计划，对项目从开始到结束的全过程作一个系统的安排，而计划的制订是在项目经理的领导与参与下进行的。项目经理应了解并运用计划制订的方法和步骤。同时，项目经理还必须懂得如何运用计划去指导项目工作，也就是不仅会计划，还要会控制。

(3) 组织能力。项目经理的组织能力指设计团队的组织结构、配备团队成员以及确定团队工作规范的能力。显然，拥有较高组织能力的项目经理一方面能建立起科学的、分工合理的、高效精干的组织结构，另一方面能了解团队成员的心理需要，善于做人的工作，使参加项目的成员为实现项目目标而积极主动地工作，还能建立一整套保证团队正常工作的有效规范。

(4) 协调能力。项目经理的协调能力指能正确处理项目内外各方面关系，解决各方面矛盾的能力。一方面，项目经理要有较强的能力协调团队中各部门、各成员的关系，全面实施目标；另一方面，项目经理要能够协调项目与社会各方面的关系，尽可能地为项目的运作创造有利的外部环境，减少或避免各种不利因素对项目的影响，争取项目得到最大范围的支持。在协调活动中，对项目经理而言最为重要的是沟通能力。

(5) 激励能力。项目经理的激励能力就是调动团队成员积极性的能力。项目团队成员有其自身的需求，项目经理要进行需求分析，制定并实施系统的激励与约束制度，对员工的需求进行管理，调动团队成员的工作积极性，从而有效地完成团队任务。

(6) 人际交往能力。项目经理的人际交往能力就是与团队内外、上下、左右人员打交道的能力。项目经理在工作中要与各种各样的人打交道，只有正确处理、与这些人的关系才能使项目进行顺利。人际交往能力对于项目经理而言特别重要，人际交往能力强、待人技巧高的项目经理，就会赢得团队成员的欢迎，形成融洽的关系，从而有利于项目的进行，为团队在外界树立起良好的形象，赢得对项目更多的有利因素。

6. 积极的创新能力

项目的一次性特点使项目不可能有完全相同的以往经验可以参照，加上激烈的市场竞争，要求项目经理必须具备一定的创新能力。一方面，创新能力要求项目经理在思维能力上创新。曾任美国心理学会主席的吉尔福特指出创新思维包括以下五个方面：对问题的敏感性；思维的流畅性；思维的灵活性；发挥创见的能力；对问题的重新认识能力。

另一方面，创新能力要求项目经理要敢于突破传统的束缚。传统的约束主要表现为社会障碍和思想方法障碍。社会障碍指一些人会自觉不自觉地向社会上占统治地位的观点或主流思想看齐，这些观点和风尚已经进入管理者的经验之中。如果完全被已有框架束缚住，真正的创新是不可能实现的。思想方法障碍指思想上的片面性和局限性。

7. 丰富的项目管理经验

项目管理是实践性很强的学科，项目管理的理论方法是科学，但是如何把理论方法应用于实践是一门艺术。通过不断的项目及项目管理实践，项目经理会增加其对项目及项目管理的悟性，而这种悟性是通过运用理论知识与项目实践的反省得来的。要提高项目管理经验不能只局限在相同或相似的项目领域中，而是要不断变换从事的项目类型，这样一来才能成为卓越的项目管理专家。

一个项目经理的职业道路经常是从参加小项目开始，然后是参加大项目，直到被授权管理小项目到大项目。例如，其职业道路可能是小项目 U 的工具管理，较大项目 V 的技术管理，大项目 W 的生产管理，大项目 X 的执行项目管理，小项目 Y 的项目经理，大项目 Z 的项目经理。如果顺利的话，项目经理可以升任公司的执行主管、生产副经理、经理直至总经理。

3.3　项 目 团 队

3.3.1　项目团队的概述

团队指在工作中紧密协作并相互负责的一小群人，他们拥有共同的目的、绩效目标以及工作方法，且以此自我约束。或者说，团队就是指为了达到某一确定目标，既有分工与合作又拥有不同层次的权力和责任的人群。团队的概念包含以下内容：

(1) 团队必须具有明确的目标。任何团队都是为目标而建立和存在的。目标是团队存在的前提。

(2) 没有分工与合作也不能称为团队；分工与合作的关系是由团队目标确定的。

(3) 团队要有不同层次的权力与责任。这是由于分工之后，每个人就要被赋予相应的权力和责任，以便团队成员能充分发挥自己的价值并实现团队目标。

团队是相对部门或小组而言的。部门和小组的一个共同特点是：存在明确内部分工的同时，缺乏成员之间的紧密协作。团队则不同，队员之间没有明确的分工，彼此之间的工作内容交叉程度高，相互间的协作性强。团队在组织中的出现，根本上是组织适应快速变化的环境要求的结果，"团队是高效组织应付环境变化的最好方法之一"。为了适应环境变化，企业必须简化组织结构层级和提供客户服务的程序，将不同层级中提供同一服务的人员或服务于同一顾客的不同部门、不同工序人员结合在一起，从而在组织内形成各类跨部门的团队。

项目团队，就是为了项目的实施及有效实施而建立的团队。项目团队的具体职责、组织结构、人员构成和人数配备等方面因项目性质、复杂程度、规模大小和持续时间长短而异。项目团队的一般职责是项目计划、组织、指挥、协调和控制。项目组织要对项目的范围、费用、时间、质量、风险、人力资源和沟通等进行多方面管理。由以上定义可知，简单地把一组人员调集在一个项目中一起工作，并不一定能形成团队，就像公共汽车上的一群人，不能称为团队一样。项目团队不仅仅指被分配到某个项目中工作的一组人员，更是指一组互相联系的人员同心协力地进行工作，以实现项目目标和个人目标，满足客户需求。要使这些人员发展成为一个有效协作的团队，一方面需要项目经理做出努力，另一方面需要项目团队中每位成员积极地投入到团队中。一个有效率的项目团队不一定能决定项目的成功，而一个效率低下的团队则注定要使项目失败。概括来讲，项目团队的特点有：共同的目标、合理的分工与协作、成员相互信任、有效的沟通、高度的凝聚力。

3.3.2　项目团队的精神

(1) 团队特性。团队的特性包括：
① 目的性——完成某特定任务；
② 临时性——任务中止或完成时，团队会解散；
③ 团队性——强调团队精神与合作；
④ 双重领导性——影响团队绩效的重要特性；
⑤ 渐进性和灵活性——项目团队成员的多少。
(2) 培养团队精神。培养团队精神的关键是项目经理要率先垂范，倡导和推动团队精神的形成，也可以是通过少数核心人员的行动来带动团队精神的形成，并使之影响和扩展到整个团队。

3.3.3　项目团队的建设

团队建设是把一组人员组织起来实现项目目标，是一个持续不断的过程，是项目经理和项目团队的共同职责。团队建设能创造一种开放和自信的氛围，成员有统一感，强烈希望为实现项目目标做出贡献。

团队成员社会化会促进团队建设，团队成员之间相互了解得越深入，团队建设得就越出色。项目经理要确保个体成员能经常相互交流沟通，并为促进团队成员间的社会化创造条件。团队成员也要努力创造出这样的条件。

项目团队可以要求团队成员在项目过程期间，在同一个办公环境下进行工作，这样他们就会有许多机会走到彼此的办公室或工作区进行交流。同样，他们会在走廊这样的公共场所更经常地碰面，从而有机会在一起交谈，交谈的内容未必总是围绕工作。团队成员很有必要在不引起反感的情况下，了解彼此的个人情况并熟悉个人的工作风格和习惯，这样也可以发展许多个人的友谊。安排整个团队在一起工作，就不会出现因为团队一部分成员在大楼或工厂的不同地方工作而产生"我们对他们"的思想。这种情形导致项目团队成为一些小组，而非一个实际的团队。

项目团队可以举办社交活动庆祝项目工作中的事件。例如，取得重要的阶段性成果、系统通过测试或与客户的设计评审会成功，也可以是为放松压力而定期举办活动。团队为促进社会化和团队建设，可以组织各种活动。例如，下班后的聚餐或聚会、会议室的便餐、周末家庭野餐、观看一场体育活动或剧院演出等。一定要让团队中每个人都参加这类活动。也许有些成员无法参加，但一定要邀请到每个人并鼓励他们参加。团队成员要利用这个机会，尽量与其他团队成员(包括参加活动的家庭成员)相互结识增进了解，这便于大家快速融入这个团队当中。快速融入团队的一个基本方法是与不太熟悉的人在一起聊天，提出一些问题，听别人谈论，并在此过程中发现共同兴趣。要尽量避免形成几个人的小团体，防止小团体在每次活动中总是聚集在一起。参加社会化活动，不仅有助于培养忠诚友好的情感，也能使团队成员在项目工作中更容易进行开放、坦诚的交流沟通。

除了组织社交活动外，团队还可以定期召开团队会议。相对项目会议而言，团队会议的目的是广泛讨论下面这些类似问题：作为一个团队，我们该怎样工作？有哪些因素妨碍团队工作(如工作规程、资源利用的先后次序或沟通)？我们如何克服这些障碍？我们怎样改进团队工作？如果项目经理参加团队会议，对他应一视同仁。团队成员不应向经理寻求解答，经理也不能利用职权否决团队的共识，因为这是团队会议，不是项目会议，只讨论与团队相关的问题而与项目无关。

3.3.4　项目团队的发展过程

项目团队的形成发展需要经历一个过程，有一定的生命周期，这个周期对有的项目来说可能时间很长，对有的项目则可能很短。但总体来说都要经过形成、磨合、规范、表现与休整几个阶段。

1. 形成阶段

团队的形成阶段主要是组建团队的过程。在这一过程中，主要是依靠项目经理来指导和构建团队。团队形成的基础有两种：一是以整个运行的组织为基础，即一个组织构成一个团队的基础框架，团队的目标为组织的目标，团队的成员为组织的全体成员；二是在组织内的一个有限范围内为完成某一特定任务或为一共同目标等形成的团队。在项目管理中，这两种团队的形式都会出现。

在构建项目团队时还要注意建立起团队与外部的联系，包括团队与其上一级或所在组织的联系方式和通道、与客户的联系方式和通道，同时明确团队的权限等。

2. 磨合阶段

磨合阶段是团队从组建到规范阶段的过渡过程。在这一过程中，团队成员之间，成员与内外环境之间，团队与所在组织、上级、客户之间都要进行一段时间的磨合。

(1) 成员与成员之间的磨合。由于成员之间文化、教育、家底、专业等各方面的背景和特点不同，其观念、立场、方法和行为等都会有各种差异。在工作初期成员相互之间可能会出现不同程度和不同形式的冲突。

(2) 成员与内外环境之间的磨合。成员与环境之间的磨合包括成员对具体任务的熟悉和对专业技术的掌握与运用，成员对团队管理与工作制度的适应与接受，成员与整个团队的磨合及与其他部门关系的重新调整。

(3) 团队与其所在组织、上级和客户之间的磨合。一个团队与其所在组织之间有一个衔接、建立、调整、接受和确认的过程。同样，团队与其上级和客户之间也有一个类似的磨合过程。

在以上的磨合阶段中，可能有的团队成员因不适应而退出团队。为此，团队要进行重新调整与补充。在实际工作中应尽可能缩短磨合时间，以便使团队早日形成合力。

3. 规范阶段

经过磨合阶段，团队进入了规范阶段。在这一阶段，团队的工作开始进入有序化状态，团队的各项规则经过建立、补充与完善，成员之间经过认识、了解与相互定位，形成了自己的团队文化、新的工作规范，培养了初步的团队精神。

这一阶段的团队建设要注意以下几点：

(1) 团队工作规则的调整与完善。工作规则要在使工作高效率完成、工作规范合情合理、成员乐于接受之间寻找最佳的平衡点。

(2) 团队价值取向的倡导，创建共同的价值观。

(3) 团队文化的培养。注意鼓励团队成员个性的发挥，为个人成长创造条件。

(4) 团队精神的奠定。团队成员相互信任、互相帮助、尽职尽责。

4. 表现阶段

经过上述三个阶段，团队进入了表现阶段，这是团队呈现最好状态的时期。团队成员彼此高度信任、相互默契，工作效率有大的提高，工作效果明显，这时团队已比较成熟。

这一阶段团队建设需要注意的问题有：

(1) 牢记团队的目标与工作任务。不能单纯为团队的建设而忘记了团队的组建目的。要时刻记住，团队是为项目服务的。

(2) 警惕出现一种情况，即有的团队在经过前三个阶段后，在第四阶段很可能并没有形成高效的团队状态，团队成员之间迫于工作规范的要求与管理者权威而出现一些成熟的假象，使团队没有达到最佳状态，无法完成预期的目标。

5. 休整阶段

休整阶段包括休止与整顿两个方面的内容。

(1) 团队休止指团队经过一段时期的工作，任务即将结束，这时团队将面临着总结、表彰等工作，所有这些暗示着团队前一时期的工作已经基本结束。团队可能面临马上解散的状况，团队成员要为自己的下一步工作进行考虑。

(2) 团队整顿指在团队的原工作任务结束后，团队也可能准备接受新的任务。为此团队要进行调整和整顿，包括工作作风、工作规范、人员结构等各方面。如果这种调整比较大，实际上是构建一个新的团队。

3.3.5　项目团队的学习

团队学习是提高团队成员互相配合、整体搭配与实现共同目标的能力的学习活动及其过程。当团队真正在学习的时候，不仅团队整体产生出色的成果，个别成员成长的速度也比采用其他的学习方式成长的速度更快。当需要深思复杂的问题时，团队必须学习如何萃取出高于个人智力的团队智力；当需要具有创新性而又协调一致的行动时，团队能创造出一种"运作上的默契"，如在一流爵士乐队中，乐队成员既有自我发挥的空间，又能协调一致。杰出团队也会发展出同样"运作上默契"的关系，每一位团队成员都非常留意其他成员，而且相信人人都会采取互相配合、协调一致的方式；当团队中的成员与其他团队发生作用时，能培养团队之间相互配合的能力。虽然团队学习涉及个人的学习能力，但基本上是一项集体的修炼。

团队可以从理论上学习，也可从实践中学习，而优胜基准也是一种学习方法，它最早应用于企业的学习，项目团队采用此法有利于提高项目团队竞争力，有助于项目的顺利完成。

1. 优胜基准学习法概述

20 世纪 70 年代末 80 年代初，美国施乐公司总裁发现日本的复印机与自己的产品功能相同，但价格却大大低于施乐的产品，而且当时施乐的市场占有率从 20 世纪 70 年代中的 80% 降到了 70 年代末的 30%。他不是简单地以压低原材料及产品价格来解决问题，而是派了一个考察团去日本参观学习，了解日本厂商从原材料供应到生产制造的全过程，想从中找到一个"参照点"，从而明确自己的水平以及自己与"参照点"的差异，确定自己的行动。施乐通过"了解自己，了解自己的对手以及那些行业中的一流企业，研究他们并向他们学习，利用他们的有益经验"的活动，使质量问题减少了 2/3，制造成本降低了 1/2，生产周期缩短了 2/3，并且在提高产量的同时减少一线工人 50% 以及职员 35%。这种由施乐公司率先采用并迅速推广扩散到全球范围的绩效改善优化活动(过程)就是优胜基准(Benchmarking)。

Benchmarking 是对产生最佳绩效的行业最优经营管理实践的探索，也就是以行业中的领先团队为标准或参照，通过资料收集、分析比较、跟踪学习等一系列规范化的程序，改进绩效，赶上并超过竞争对手，成为市场中的领先者。Benchmarking 在英语词典中的意思为"以……为测量或判断的基准"，因此国内一些学者将 Benchmarking 活动或过程译作"优胜基准"。

2. 优胜基准学习法对项目团队的作用

在激烈的市场竞争中，项目团队采用"优胜基准"学习法往往可以得到以下好处：

(1) "优胜基准"可以评价项目的绩效。"优胜基准"是一个辨别最优项目实践并向它们学习的过程。通过这样的过程，进行"优胜基准"的项目团队可以知晓自己与其他项目团队相比所处的位置，处于劣势的项目团队可以发现本项目团队存在的问题以及相应的解决方法。也就是说，采用"优胜基准"的项目团队可以对自己的绩效做出评价。

(2) "优胜基准"建立了项目团队赶超的对象。"优胜基准"的一个核心就是在现实中找出比自己优秀或在一定范围优秀的项目团队，以它们为参照进行项目团队的优化活动并争取赶超这些优秀项目团队。

(3) "优胜基准"可以提高品质、降低成本、改善绩效。"优胜基准"不仅是明确自己位置(评价)、确定赶超对象的过程，而且是通过比较自己的业务流程与赶超对象的业务流程，取长补短，重新优化自己的业务流程而使自己的绩效大大提高，使自己处于市场中领先位置的过程。

(4) "优胜基准"是一种学习的方法。要使项目团队不断发展壮大,建立学习型团队是非常重要的。项目团队的学习方法多种多样,而"优胜基准"就是其中之一。"优胜基准"的程序实际上是一种学习的方法步骤,它给项目团队指出了向谁学、怎样学等问题。

(5) "优胜基准"可以使项目团队形成外向型团队文化。"优胜基准"在市场中寻找那些最佳的满足用户的项目团队并以之为榜样,长期不懈地坚持"优胜基准",就会形成与过去那种视野仅局限于项目团队内的内向型文化相对立的、更有发展前途的,面向市场、面向未来的外向型项目团队文化。

(6) "优胜基准"提高了工作满足感。在"优胜基准"的过程中,项目团队内的"优胜基准"伙伴及项目团队外的"优胜基准"伙伴形成一个团体,共同分享"优胜基准"获得的方法以及在极富挑战性的"优胜基准"中遇到的成功和失败,从而产生较高的工作满足感。

思　考　题

1. 项目组织结构有哪些形式?如何选择项目组织结构?它们对项目绩效有何影响?
2. 结合项目团队的发展阶段,谈谈你对项目团队建设的理解。
3. 如果你是项目经理,将如何管理跨职能团队?
4. 项目经理应该具备哪些素质和技能?

第4章 项目管理技术

本章要点：本章主要介绍项目管理技术，包括项目利益相关者管理、项目范围管理、项目时间管理、项目成本管理、项目质量管理、项目采购与合同管理、项目风险管理、项目沟通管理、项目信息管理及项目集成管理，并对每个部分的相关概念、主要内容和计划与控制进行了详细阐述。

本章难点：项目利益相关者管理、项目范围管理、项目时间管理、项目成本管理、项目质量管理、项目采购与合同管理、项目风险管理、项目沟通管理、项目信息管理及项目集成管理的具体实践运用。

4.1 项目利益相关者管理

项目利益相关者(又称项目相关方)是在项目全过程中与项目有某种利害关系的人或组织。

在一个项目中，项目利益相关者会直接或间接影响项目。一条决策的变动，一个人心情的好坏，一个人所处地位的改变等，都可能会影响项目的进展。遗漏某个重要的相关者，或者对相关者的要求没有识别清楚，通常会造成项目执行困难，甚至完全失败。尽管项目经理无法控制项目利益相关者，但是可以通过影响相关者，使他们清楚地了解项目情况，如项目能给他们带来的利益以及项目面临的风险等，提高相关者对项目的正面作用。正是因为每个项目利益相关者对项目是否成功具有直接影响，因此，项目经理需要对项目相关者进行管理。

为了成功地管理项目利益相关者，项目经理或项目团队需要完成以下工作，如表 4-1 所示。

表4-1 项目利益相关者管理主要过程

过 程	定 义	主 要 作 用	其 他 描 述
识别相关者	识别能够影响项目决策、活动或结果的个人、群体或组织，以及被项目决策、活动或者结果影响的个人、群体或组织，并分析和记录他们相关信息的过程。这些信息包括他们的利益、参与度、相互依赖关系及程度、影响力及对项目成功的潜在影响等	帮助项目经理建立对各个相关者或相关者群体的适度关注	项目利益相关者是积极参与项目，或者利益可能由项目实施或完成情况受积极或消极影响的个人或组织，如客户、发起人、执行组织和有关公众

续表

过　程	定　　义	主　要　作　用	其　他　描　述
规划相关者管理	基于对项目利益、相关者需要、利益及对项目成功的潜在影响的分析，制定合适的管理策略，以及有效调动项目利益相关者参与整个项目生命周期的过程	为与项目利益相关者的互动提供清晰且可操作的计划，支持项目利益	在分析项目将如何影响相关者的基础上，规划相关者管理过程可以帮助项目经理制定不同方法，有效调动相关者参与项目，管理相关者期望，从而最终实现项目目标。
管理相关者参与	在整个项目生命周期中，与项目利益相关者进行沟通和协作，以满足其需要与期望，解决实际出现的问题，并促进项目利益相关者合理参与项目活动的过程	帮助项目经理提升来自相关者的支持，并把相关者的控制降到最低，尽量提高项目成功的机会	通过管理相关者参与，确保相关者清晰地理解项目目的、目标、收益和风险，提高项目成功的概率。相关者对项目的影响能力通常在项目启动阶段最大，而后随着项目的进展逐渐降低
控制相关者参与	全面监督项目利益相关者之间的关系，调整策略和计划，以调动相关者参与的过程	随着项目进展和环境变化，维持并提升相关者参与活动的效率和效果	应该对相关者参与进行持续控制

项目管理团队必须清楚谁是利益相关者，确定他们的要求和期望，然后根据他们的要求对其影响尽力加以管理，确保项目取得成功。项目利益相关者在参与项目时的责任与权限大小各不相同，并且在项目生命周期的不同阶段也会变化。项目利益相关者也是不完全理性的，有时候项目的目标很难清晰定义出时间、成本和质量标准。在这种情况下，项目利益相关者对于项目的满意程度则取决于项目的价值。置责任与权限于脑后的利益相关者可能会严重影响项目的目标，同样忽视利益相关者的项目经理也会对项目的结果造成破坏性影响。

4.1.1　项目利益相关者的识别

识别每个相关者对项目的需求、期望和对项目的贡献、影响及其制约作用等，在条件允许的情况下，让他们尽早参与到实际的项目中来。项目管理要求识别出项目的所有相关者，但是在实际的项目中，可能无法完全识别，不过项目经理或项目团队还是要尽可能地识别项目利益相关者。

项目管理的目的包括既要满足项目利益相关者对项目已经表达出来的各种利益诉求，也要满足他们对项目尚未表达出来的利益期望。项目利益相关者具有复杂性，这是因为：第一，项目通常是基于多用户的，并且每个用户都有不同的需求；第二，一般情况下，用户并不完全清楚他们需要的是什么，因为他们不知道实现需求有何种选择；第三，项目的出资人可能并不是实际上享受项目成果的人，并且出资人可能并不完全了解使用者的需求；第四，当第三方出资时，一些用户可能会产生额外的要求，出现耗资、耗时的现象；

第五，除了用户之外，许多相关者都会享有不同的利益。

在项目启动阶段就应该识别相关者，并分析他们的利益层次、个人期望、重要性和影响力。由于总会存在一些不明显甚至隐藏的项目利益相关者，所以全面识别他们并不容易。在项目开始时，要认识到隐藏的项目相关者也会对项目产生重要影响。不要担心识别出的相关者太多，因为可以在其后通过分析进行排序，划分重要、次要甚至不需要加以管理的相关者。如果被识别的某些相关者对项目不会产生实质性的影响，只需加以观察即可。任何一个被遗漏的相关者都可能会给项目带来意想不到的影响。识别项目利益相关者的方法如下：

(1) 根据项目章程、采购文件、项目的制约因素和组织积累的相关资料来识别相关者。

(2) 项目经理和项目核心团队(常常与发起人进行沟通)可以根据表 4-2 所示的相关者识别表识别潜在相关者。按照内外部以及受项目过程或结果所影响的分类标准可将识别对象分为四个部分。值得注意的是，受项目实施过程影响的相关者可能多于受项目结果影响的相关者，外部相关者可能多于内部相关者。

表 4-2　项目利益相关者识别表

受到的影响	内　部	外　部
受项目过程影响	业主 负责人 项目经理 职能经理 竞争项目 资金来源 项目核心团队 主题事务专家 雇员 股东	供应商 合作者 债权人 政府机构 特别兴趣小组 邻里 客户 职业团队 媒体 纳税人 联盟 竞争对手
受项目结果影响	内部客户 项目发起人 使用者	客户 公众 特别兴趣小组

项目利益相关者与项目存在各种利益关系。针对各个潜在的相关者，列出与其利益相关的项目过程和成果。当列明相关者及其利益后，就应该将他们划分为不同的利益团体。

(3) 头脑风暴法。基于现有项目人员，采用头脑风暴法的方式生成一份潜在相关者名单，可以在一块白板或者挂图的工作表上绘制表格，将名单填在表格的第一列。关键相关者一般很容易识别，其包括所有受项目结果影响的决策者或管理者，如发起人、项目经理、主要客户。通常可通过与已识别的相关者进行访谈，来识别其他相关者，扩充相关者名单，直至列出全部潜在相关者。另外，在可能的情况下，也可以通过姓名识别相关者。

值得注意的是，项目管理要求尽早识别和正视负面相关者，并且一视同仁，如同对待正面相关者一样，力争将负面影响转换为正面支持，忽视和冷漠负面相关者会在某种程度上提高项目失败的可能性。

最后需要强调的是，识别相关者是一个持续性的过程，并且随项目生命周期的进展而变化。不同的项目阶段，项目利益相关者会有所不同，不同相关者在项目中的责任和职权各不相同，有些只偶尔参与项目调查或焦点小组的活动，有些正为项目提供全力支持，包括资金和行政支持等。因此，持续识别相关者是项目经理或项目团队重要的工作组成部分。当相关者发生变动时，要重新对相关者进行识别和评估，并主动进行沟通和交流，力争新的相关者是为项目服务的。

4.1.2　项目利益相关者分析

项目利益相关者分析是系统地收集和分析各种定性和定量信息，以便确定在整个项目中应该考虑哪些人利益的过程。通过利益相关者分析，识别出利益相关者的利益、期望和影响，并把他们与项目目标联系起来。利益相关者分析也有助于了解利益相关者之间的关系，进而利用这些关系建立联盟和伙伴合作，从而提高项目成功的可能性。

1. 项目利益相关者重要性分析

很多项目存在大量的利益相关者，导致不能对每个利益相关者都付出足够多的时间和精力，因此对利益相关者划分优先级非常重要。虽然不能忽略任何一个项目利益相关者，但仍然应该将重点集中在最重要的利益相关者上。比较常用的分析工具是基于以下标准对项目利益相关者进行打分，排定优先级的：

(1) 职权(权限)；

(2) 顾虑(利益)；

(3) 积极参与(利益)；

(4) 影响变更的能力(影响)；

(5) 直接影响的需要(紧急)；

(6) 适当的参与(合法性)。

每条标准分成 1～3 共 3 个等级，其中 3 代表最高优先级。例如，能够责令停止项目或者对项目产生重大影响的利益相关者得 3 分，不能对项目产生重大影响的利益相关者得 1 分。将所有的得分汇总形成一个总的优先级评分，如表 4-3 所示，就是为项目利益相关者进行优先级排序的模板。

表 4-3　项目利益相关者重要性分析

项目利益相关者	重要程度							
	职权	利益	影响	效果	紧急	合法性	总分	优先级

另外，还可以根据利益相关者权力的大小和利益高低建立权力或利益方格，如图 4-1 所示。这个矩阵指明了项目需要与利益相关者之间建立的关系种类。首先应关注处于 4 区的利益相关者，他们对项目有很高的权力，也很关注项目的结果，项目经理应该"重点管理，及时报告"，尽量让其满意，如项目的客户和项目经理的主管领导等。其余的 1、2、3 区应分别按图 4-1 所示的方法去管理。

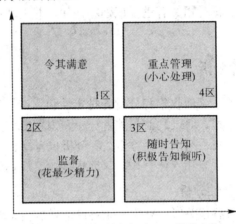

图 4-1 利益相关者权力——利益方格

还有一种分析方法是凹凸模型，如图 4-2、图 4-3 所示，按权力的高低、紧急程度的高低和合法性的高低划分，可分为 A1、B1、C1、D1、A2、B2、C2、D2 等 8 种情况。

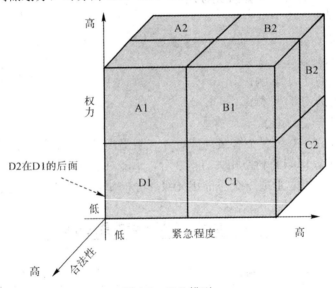

图 4-2 凹凸模型

以 B2 区的利益相关者为例：这类利益相关者权力高，但合法性低，所涉及的事项很紧急。例如，市信息中心正在为市政府的电子政务项目布设光缆，此时电力公司问询后紧急叫停了光缆的施工，叫停的理由是：光缆离他们的设施过近。但光缆和市政电力设施有多远？其实没有一个确切的说法，电力公司内部的标准也没有得到信息中心的认可。为了赶工期，信息中心继续施工，此时电力公司威胁断电。如果你是项目经理，如何处理此类棘手的问题？

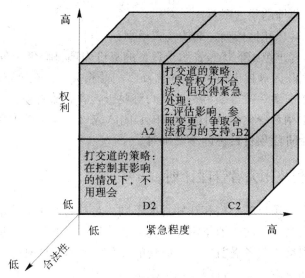

图 4-3 低合法性的凹凸造型

根据图 4-3 中的建议，对 B2 区的利益相关者应该：

(1) 尽管权力不合法，但还得紧急处理；

(2) 评估影响，参照变更，争取合法权力的支持。

因此，项目经理要报告单位，由单位出面，由"单位对单位"进行协商进行解决。

总之，在对利益相关者分类制定出对策后，还应该让项目利益相关者尽可能早地参与项目，比如在启动阶段就介入，这有助于改善和提高分享项目所有权、认同可交付成果、满足利益相关者要求的可能性，也有利于争取他们在项目管理过程中的支持，从而提高项目成功的可能性。

2. 利益相关者登记册

通过利益相关者识别过程，找到所有的利益相关者，收集他们的基本信息和需求，对他们进行分类、初步拟订沟通策略，然后把这些成果计入《利益相关者登记册》。

编制《利益相关者登记册》或《利益相关者清单》，记录各相关者的名称、地址、联系方式等基本信息以及对相关者的初步评价。这是项目利益相关者识别过程得到的主要文件。

项目利益相关者清单是针对相关者进行识别、评估与分类的项目文档。项目团队可以据此制定策略，充分利用项目相关者的支持或者削减他们对项目的阻力。项目利益相关者清单有助于与每个项目相关者建立关系并了解他们的要求，这是明确项目范围的基础。此外，项目利益相关者清单是一项随着需求不断变化的动态文档。

3. 利益相关者分析的作用

通过识别项目利益相关者，以及分析每个利益团体的需求，项目经理能有效地实施以下工作：

(1) 明确远期项目的计划、控制和实施方向；

(2) 划分各个相互冲突的目标的优先级；

(3) 进行复杂的权衡，识别每一个利益相关者的期望；

(4) 制定和实施必要的决策；

(5) 建立共同的风险意识；

(6) 建立与客户监理的紧密联系；

(7) 建立同事、客户和供应商之间的授权模型；

(8) 以总公司和客户组织的优秀资源管理员的身份为项目提供服务。

接下来，项目团队应该挑出前 10～15 名项目利益相关者，在余下的计划中重点考虑。总得分最高的利益相关者通常被认为是项目的首要影响者。随着项目的进展，利益相关者对项目的影响会发生相对变化，项目经理和核心团队应该定期审查项目利益相关者优先级清单，尤其是在初始阶段项目目标尚不明确时。

4.1.3　编制项目利益相关者管理计划

每个利益相关者对项目的态度和认知程度不同，对项目产生的影响也不同，或许是积极正面的，或许是消极负面的。利益相关者既可以看到项目的积极结果，也可能看到项目的消极结果。有些利益相关者受益于一个成功的项目，而另一些利益相关者则看到项目成功给他们带来的负面影响。对项目抱有积极期望的相关者，可通过帮助项目取得成功来最好地实现自己的利益。而消极相关者则会通过阻碍项目进展，来保护自己的利益。这时候项目团队需要考察各个相关者对项目影响的作用、对项目的态度等，并以此为依据对项目相关者进行综合评定和分类管理。

1. 编制利益相关者管理计划

在编制利益相关者管理计划时，利益相关者参与评估矩阵是一个极为重要的工具，如表4-4 所示。项目经理在使用这个矩阵之前，先通过相关者分析技术把利益相关者分为如下几类：

(1) 不了解，对项目和潜在影响不知晓；

(2) 抵制，了解项目和潜在影响，抵制项目；

(3) 中立，了解项目，既不支持，也不反对；

(4) 支持，了解项目和潜在影响，支持项目；

(5) 领导，了解项目和潜在影响，积极致力于保证项目成功。

然后在这个矩阵中标出需要每个重要相关者支持的力度以及这个相关者目前给予的支持力度，从而可以很直观地观察到所需的支持力度是否足够，如果不够则需要请教专家，必要的话还要与相关者做进一步沟通，采取进一步行动，使他们达到所需的参与程度。

表 4-4　项目利益相关者利益权衡矩阵表

编制：　　　　　　　审核：　　　　　　　批准：　　　　　　　日期：

序号	姓名	职位	所需参与程度	当前参与程度	沟通需求	需要的信息及报告周期	备注
1							
2							
3							
...	...						

注：程度可分为 1、2、3、4、5 级，5 级最高。

2. 管理相关者参与

管理相关者参与的过程，就是依据相关者管理计划，解决项目实施中出现的问题，推进相关者参与。

考虑到在整个项目生命周期中，相关者的参与对项目的成功至关重要，应该比较所有相关者的当前参与程度与计划参与程度(为项目成功所需的)。这可以通过表 4-5 的矩阵来实现，参与程度可以由低到高依次分类为不了解、抵制、中立、支持、领导。项目团队应该基于可获取的信息，确定当前阶段所需要的相关者参与程度。通过分析，识别出当前参与程度与所需参与程度之间的差距，并通过沟通等方式消除这个差距。

表 4-5　项目利益相关者参与评估矩阵

项目利益相关者	不了解	抵制	中立	支持	领导
相关者 1	C			D	
相关者 2		C	D		
相关者 3			C	D	
相关者 4				C D	
相关者 5				C	D
...					

注：C 表示每个相关者目前的参与程度，D 表示项目团队希望他们的参与程度。

项目发起人、项目经理与核心团队通过兑现所有的承诺、平等相待、创造自豪感和培养项目激情，可以与关键项目相关者建立紧密的关系。这就需要我们先了解每个相关者的激励动因是什么。可以用"这么做对我有什么好处？"来描述每位相关者想要什么。相关者如果感觉受到威胁，认为他们最终不会从项目中获益，就会干扰项目进程。相关者不满意是项目失败的标志。另外，从项目规划开始，项目团队要为他们提供参与的机会，使相关者成为合作伙伴。通过向项目团队讲述他们的需求，及时做出决策，相关者更可能在项目中主动承担责任。反过来，他们也能感受到项目团队的计划符合他们的期望。这样他们所做的不仅仅是检查结果和签发支票。项目相关者可以在早期就参与到项目中来，当他们了解的信息是有意义的时候，就会感到项目是成功的。项目经理必须记住，项目早期就要在所有相关者之间建立互相尊重与信任，并将其持续贯穿于整个项目过程中。

4.1.4　监控项目利益相关者参与

"监控项目利益相关者参与"过程，就是依据项目利益相关者管理计划，全面监控相关者之间的关系，如有需要就要调整策略和计划，调动和发挥相关者的积极性。

1. 与项目利益相关者建立关系

有效的项目计划是进行项目实施、监控和支付的基础，而创建良好的项目团队与相关者之间的关系，使之相互信任是取得项目成功的关键。

项目经理有必要尽早与所有关键相关者建立积极关系，原因有两个：第一，这样做能使相关者为项目提供积极的支持，或至少不对项目造成干扰；第二，为项目沟通奠定基础，通过与项目关键相关者建立有效的沟通渠道，后期的项目计划和实施过程就能得到显著的巩固。

项目经理和项目团队要设法与重要的相关者建立紧密的工作关系，这是贯穿于整个项目生命周期的持续过程。事实上，项目经理甚至会在项目结束后仍然继续维持与相关者的关系，以便增加获得未来项目工作的机会。当然，这里首先要建立好项目团队内部的关系。在与项目核心团队以及其他相关者建立关系时，项目经理需要时刻牢记相互尊重与充分信任，这会增加项目成功的可能性。

通常来说，在项目规划过程中建立关系效果最好。完整有效的项目利益相关者关系建立活动包括以下内容：

(1) 公开各自的目标；

(2) 鼓励开放式沟通；

(3) 共同建立议程；

(4) 使用分享信息；

(5) 定期庆祝成功；

(6) 分享项目中的乐趣；

(7) 正确制定决策和解决问题。

2. 让相关者为项目"付出"

在项目启动阶段应识别出重要的项目利益相关者，并尽可能给该相关者安排一个正式的岗位。前期要明确向该相关者汇报项目情况的方式，包括形式、工具、频率等。项目实施过程当中，要按计划定期向相关者汇报项目进展，适当时候可以就某个业务问题向该相关者征求意见，这样可增加相关者对项目的投入感。

3. 平衡不同相关者的利益

项目经理的重要职责之一就是管理相关者的期望，但由于相关者的期望往往差别很大，甚至相互冲突，所以这项工作困难重重。项目经理的另一项职责就是平衡相关者的不同利益，并确保项目团队以合作的方式与相关者打交道。

在众多的相关者中，有些相关者或许会因为项目的成功获得升职或利益，受益于项目，而有的相关者则看到的是项目的成功对自己带来的负面影响，如选拔干部时，A、B 两个人都是候选人，但是 A 主持建设的项目成功了，得到了升迁，那么这个项目对于 B 而言就具有一定的负面影响和威胁；因此项目经理或项目团队需要通过各种手段和途径，尽量多地组织有利因素，尽力去化解负面影响，平衡相关者之间的不同利益要求。满足相关者的期望是项目经理的重要职责，使相关者最大程度地为项目尽心尽力。

项目经理还应该考虑到不同相关者的利益关系可能会相互冲突。例如，财会人员会担心现金流的超额，但是客户却希望项目尽早完工。此外，还应该考虑到选择某个项目是为了支持特定的商业目标，该目标有助于判断相关者的相对重要程度。通常情况下，如果产生利益冲突，按照 PMBOK 指南的要求，应该按有利于客户(项目产品、服务或成果的使用者)的原则进行处理。如果有众多客户，又应该以最终客户的利益至上为原则。如果项目团队编制相关者识别和优先级矩阵时明确考虑项目发起人，那么就应该立刻与项目发起人进行沟通，并要求反馈。此外在相关者优先级存在冲突时，发起人要能够提供帮助。

在项目团队进行如下活动时，应首先考虑高级别的项目利益相关者：

(1) 编制沟通计划(见 4.8.1)；

(2) 确定项目范围(见 4.2.1)；

(3) 识别威胁与机会(见 4.7.2)；

(4) 确定质量标准(见 4.5.2)；

(5) 划分成本、进度、范围和质量目标的优先级(见表 4-6)。

表 4-6　项目利益相关者利益权衡矩阵表

	条件	标准	代价
成本			提前 10 天的话增加成本 5000 元
进度	提前 10 天		
质量		必须达到	
范围		必须达到	

项目管理需要满足重要相关者的利益，并做出适当平衡，如表 4-2 所示，要想优先完成某项目目标时可能会以牺牲另一项目目标为代价，比如将进度提前可能要增加成本。

4. 对利益相关者管理的主要过程和内容

对利益相关者管理的主要过程和内容包括以下几点：

(1) 识别利益相关者的利益及其优先等级。

(2) 分析利益相关者的利益及需求。

(3) 与利益相关者沟通，分析他们的需求在项目中是否可以得到满足。

(4) 开发有效应对利益相关者的策略。

(5) 将利益相关者的利益和期望包容在项目管理计划的需求、目标、范围、交付物、时间进度和费用中。

(6) 将利益相关者提出来的威胁和机会，作为风险管理。

(7) 在项目团队与利益相关者之间建立自动调整的决策过程。

(8) 在每个项目阶段中确保利益相关者的满意度。

(9) 实施利益相关者的管理计划。

(10) 执行、沟通和管理利益相关者计划的变更。

(11) 记录得到的经验教训并将其应用到将来的项目中去。

在对相关者管理时，应特别注意以下几个方面：

(1) 尽早以积极态度面对负面的相关者。面对消极的相关者，应如同面对积极的相关者一样，尽早积极地寻求解决问题的方法，充分理解他们，设法把项目对他们的负面影响降低到最低程度，甚至可以设法使项目也为他们带来一定的正面影响。直接面对问题要比拖延、回避更加有效。

(2) 让利益相关者满意是项目管理的最终目的。让相关者满意并不是被相关者限制，而是切实弄清楚相关者的利益追求并加以适当引导，满足他们合理的利益追求。项目管理要在规定的范围、时间、成本和质量下完成任务，最终还是要让相关者满意。因此，不要忽视相关者，项目管理团队必须完整列出他们的利益追求，并以适当方式请他们确认。

(3) 要特别注意相关者之间的利益平衡。由于各相关者之间或多或少地存在利益矛盾，我们无法同时同等程度地满足所有相关者的利益，但应该尽量缩小各相关者满足程度之间的差异，达到一个相对平衡。项目利益相关者管理的一个核心问题，就是在众多项目利益相关者之间寻找利益平衡点。我们要及时面对利益差别甚至是冲突，并进行协商。

(4) 依靠沟通解决相关者之间的问题。通过沟通，不仅能及时发现项目利益相关者之间的问题，而且能够达到相互理解、相互支持，直至解决问题的目的。对于沟通，我们要建立良好的沟通机制和计划，并加以管理。

(5) 在项目收尾阶段，项目产品、服务或成果应该得到主要利益相关者或使用者的认可。因此在项目中，当相关者的利益发生冲突时，通常应按照有利于客户的原则进行处理，提取出共同的利益，找到平衡点。如果实际的项目中客户众多，应以相关方话语权、决定权较大的客户利益至上，尽量满足其利益。

4.2　项目范围管理

项目范围管理是项目管理的一部分，是其他所有管理的基础，其核心是工作内容的设定和取舍。只有工作内容设定了，工期计划才有基准，成本预算才有根据，质量体系才有主体，权责分配才有目标。因此，正确地界定项目范围并对项目进行中产生的变更进行有效控制对于项目成功至关重要。其管理的目的是：

(1) 按照项目目标、用户及其他相关者的要求确定应完成的活动，并详细定义、计划这些活动；

(2) 在项目过程中，确保在预定的项目范围内有计划地进行项目的实施和管理工作，完成规定要做的全部工作，既不多余又不遗漏；

(3) 确保项目的各项活动满足项目范围定义所描述的要求。

4.2.1　项目范围管理的概念

1. 项目范围的概念

在项目管理中，范围的概念主要针对如下两个方面：

(1) 产品范围，指项目的可交付成果(即产品或服务)要包括的性质和功能，是项目的对象系统的范围。

(2) 项目范围，指为了成功达到项目的目标，完成项目可交付成果而必须完成的工作的集合，即项目行为系统的范围。

2. 范围管理的作用

在现代项目管理中，范围管理是项目管理的基础工作，是项目管理十大知识体系之一。人们已经在这方面做了许多研究。

(1) 项目的范围是确定项目费用、时间和资源计划的前提条件和基准。范围管理对组织管理、成本管理、进度管理、质量管理和采购管理等都有约束性。

(2) 项目范围管理有助于分清项目责任，对项目任务的承担者进行考核和评价。

(3) 项目范围是项目实施控制的依据。

正确地确定项目范围对项目成功非常重要，如果项目的范围确定得不好，有可能造成最终项目费用的提高。因为项目范围确定得不好会导致意外的变更，从而打乱项目的实施节奏，造成返工，延长项目完成时间，降低劳动生产率，影响项目组成员的士气。

3. 项目范围管理的内容

范围管理涉及整个项目过程，包括以下七个方面的工作：

(1) 项目范围的确定。项目范围的确定就是明确项目的目标和可交付成果，确定项目的总体系统范围并形成文件，以作为项目设计、计划、实施和评价项目成功的依据。

(2) 范围管理组织责任。范围管理已逐渐成为一项职能管理工作，在有些项目组织中设立专职人员负责范围管理工作，编制范围控制程序，落实范围管理组织责任，对可能发生的变更进行监测和调整。

(3) 范围定义。范围的定义是对项目系统范围进行结构分解(工作结构分解)，用可测量的指标定义项目的工作任务，并形成文件，以此为分解项目目标、落实组织责任、安排工作计划和实施控制的依据。范围定义的结果是工作分解结构(WBS)以及相关的说明文件。工作分解结构的每一项活动应在工作范围说明文件中表示出来。

(4) 项目范围预期稳定性的评价。它实质上属于风险管理的内容，即预测在项目实施过程中发生范围变更的可能性、程度和状况。项目范围变更通常取决于项目目标的科学性、项目本身的复杂性、实施方案的可行性、环境条件的变化和用户(包括业主)要求的确定性等。

(5) 实施过程中的范围控制：

① 活动控制。控制项目实施过程，保证在预定的范围内实施项目。

② 落实范围管理的任务。审核设计任务书、工作实施任务书、承包合同、采购合同、会议纪要以及其他的信函和文件等，掌握项目动态，并识别所分派的任务是否属于项目(或合同)范围，是否存在遗漏或多余。

③ 项目实施状态报告。通过这些报告了解项目实施的中间过程和动态，识别是否按项目范围定义实施，以及任务的范围(如数量)和标准(如质量)有无变化等。

④ 定期或不定期地进行现场访问。通过现场观察，了解项目实施状况，控制项目范围。

(6) 范围变更管理。项目范围变更是项目变更的一个方面，是在项目实施期间对原已确定的，并已通过审批的工作分解结构中活动的改变与调整，如增加或删除某些工作等。项目中的许多变更最终都会归结到范围的变更。项目范围变更又常常伴随着对成本、进度、质量或项目其他目标进行调整的要求，伴随着设计和计划文件的更新。所以，范围变更管理应该符合变更管理的一般程序。

(7) 范围确认。在项目结束阶段或整个项目完成时，在将项目最终交付成果移交之前，应对项目的可交付成果进行审查，检查项目范围内规定的各项工作或活动是否已经完成，可交付成果是否完备和令人满意。范围确认需要进行必要的测量、考察和试验等活动。

4.2.2　项目范围的确定

1. 项目范围确定的依据

(1) 项目目标的定义和批准的文件，如项目建议书、可行性研究报告、项目任务书和招标文件等。

(2) 项目系统描述文件，如功能描述文件、规划文件、设计文件、规范和可交付成果清单(如设备表、工程量表等)。

(3) 环境调查资料，如法律规定、政府或行业颁布的与本项目有关的各种技术标准、现场条件和周边组织的要求等。

(4) 项目的其他限制条件和制约条件，如项目的总计划、上层组织对项目的要求和总实施策略等。它们决定了项目实施的约束条件和假设条件，如预算的限制、资源供应的限制和时间的约束等。

(5) 其他，如其他项目的相关历史资料，特别是过去同类项目的经验教训的资料。

2. 项目范围确定的过程

项目范围的确定，以及项目的范围文件是一个相对的概念。项目建议书、可行性研究报告、项目任务书、以及设计和计划文件、招标文件、合同文件都是定义和描述项目范围的文件，并为项目的进一步实施提供了基础。他们是一个前后相继，不断细化和完善的过程。前期文件作为后面范围确定的依据。例如，起草招标文件就是确定项目的范围(招标范围)，它的依据是项目任务书和设计文件、计划文件；而项目任务书又是按照可行性研究报告和项目建议书确定的一份项目范围文件。

通常，项目的范围确定需经过如下过程：

(1) 项目目标的分析。

(2) 项目环境的调查与限制条件分析。

(3) 项目可交付成果的范围和项目范围确定。

(4) 对项目进行结构分解工作。

(5) 项目单元的定义。将项目目标和任务分解落实到具体的项目单元上，从各个方面(质量和技术要求、实施活动的责任人、费用限制、工期、前提条件等)对它们做详细的说明和定义，这个工作应与相应的技术设计、计划和组织安排等工作同步进行。

(6) 项目单元之间界面的分析，包括界限的划分与定义、逻辑关系的分析和实施顺序的安排，将全部项目单元还原成一个有机的项目整体。

3. 项目范围说明书

项目范围确定的最后一步是范围描述，即用简洁的话语概括为了创造项目交付成果而需要完成的工作，并得到项目范围说明书。相较于项目章程中的初步范围说明，这里的项目范围说明书更为具体和明确。

项目范围说明书详细描述项目的可交付成果，以及为完成这些可交付成果而必须开展的工作。项目范围说明书也表明项目相关方之间就项目范围所达成的共识。为了达到项目相关方的期望，项目范围说明书可明确指出哪些工作不属于本项目范围。有了项目范围说明书，项目团队就能够以此为依据开展更详细的规划，并可在执行过程中指导项目成员的工作。此外，项目范围说明书和能够为评价变更请求或额外工作是否超出项目边界提供基准。

详细的项目范围说明书应包括以下内容：

(1) 项目基本信息：包括项目名称、项目性质、项目负责人、编写日期等。

(2) 项目描述：简要描述项目所要解决的问题，重点在于功能、特性。

(3) 项目目标(验收标准)：对项目时间期限、费用预算及质量要求等进行指标量化。

(4) 项目主要可交付成果：可交付成果既包括组成项目产品或服务的各项成果，也包括各种辅助成果，如项目管理报告和文件等。

(5) 项目制约因素：列出并说明与项目范围有关且限制项目团队选择的具体项目制约因素，如执行组织事先确定的预算、强制性日期或强制性进度里程碑。如果项目是根据合同实施的，那么合同条款通常也是制约因素。

(6) 项目假设前提：列出并说明与项目范围有关的具体项目假设条件，以及万一不成立而可能造成的后果。在项目规划过程中，项目团队应该经常识别、记录并验证假设条件。

(7) 项目的除外责任：通常需要识别出什么是被排除在项目之外的，明确说明哪些内容不属于项目范围，有助于管理相关者的期望。

项目范围说明书应该得到审批，最好让主要项目利益相关者在范围说明书上签字。因此，编制项目范围说明书通常有三个步骤：

(1) 起草一份范围说明；

(2) 检查说明；

(3) 获得审批。

表 4-7 即为一个项目范围说明书示例。

表 4-7 示例：某医院内部项目范围说明书

项目名称：减低医院内感染发病率	项目开始时间：2017 年 6 月
负责人：张某	结束时间：2018 年 10 月

项目目的：
寻找 HAI 病因
项目描述：
我们将设计一套完整的体系防止病原体进入医院以及在医院内传播
预期的结果：
将被 HAI 感染的患者比例从 9% 降低到 4%，治疗每例 HAI 将花费医院 10 000 元
排除项：
我们将集中治理主要发病区，在病情得到控制后再决定是否继续治理其他相关区域
沟通需求：
每周向主要项目相关者汇报进展
审批条件：
6 月 13 日签署法律文件
6 月 16 日获得预算审批

续表

局限项: 1. 预算:预计将使用 200 000 元 2. 团队成员:于刚、顾荣、王源、顾问、律师、护士 3. 技术:目前有充足的分析设备		
批准:		
主要项目利益相关者	访谈日期	审批
于刚医生		
财务部		
护士长		
王源医生		
顾荣		
医院负责人		

项目范围说明书指导项目团队的后续规划和项目的执行,在一些非常小型的项目中,编制好的项目章程也可以作为范围说明书使用。在大多数项目中,详细的项目范围说明书应该在编制工作分解结构之前完成。

4.2.3　项目的结构分解

项目是由许多互相联系、互相影响和互相依赖的活动组成的行为系统,它具有系统的层次性、集合性、相关性和整体性的特点。按系统工作程序,在具体的项目工作,如设计、计划和实施之前必须对这个系统作分解,将项目范围规定的全部工作分解为管理的独立活动。通过定义这些活动的费用、进度和质量,以及它们之间的内在联系,并将完成这些活动的责任赋予相应的部门和人员,建立明确的责任体系,达到控制整个项目的目的。在国外人们将这项工作的结果称为工作分解结构,即 WBS(Work Breakdown Structure)。

项目结构分解是项目管理的基础工作,又是项目管理最得力的工作。实践证明,没有科学的项目系统结构分解,或项目结构分解的结果得不到很好的利用,则不可能有高水平的项目管理。因为项目管理必须是分层次的、精细的目标管理。项目的设计、计划和控制不能仅以整个系统的项目为对象,而必须考虑各个部分,考虑具体的工程活动。

1. 项目结构分解的依据

(1) 项目范围说明书。它可以帮助项目利益相关者就项目范围达成共识,为项目实施提供基础。

(2) 需求文件。

(3) 组织过程资产。可能影响范围分解的组织过程资产主要包括:

① 用于创建工作分解结构的政策、程序和模板;

② 以往项目的项目档案;

③ 历史资料。

2. 项目结构分解的过程

对于不同种类、性质和规模的项目，从不同的角度，其结构分解方法和思路有很大的差别，但分解过程却很相近。其基本思路是：以项目目标体系为主导，以项目系统范围和项目的实施过程为依据，按照一定的规则由上而下、由粗到细地进行。项目结构分解一般经过如下几个步骤：

(1) 分析项目的主要组成部分，将项目分解成单个定义且任务范围明确的子部分(子项目)；

(2) 研究并确定每个子部分的特点和结构规则，它的实施结果以及完成它所需的活动，以做进一步的分解；

(3) 确定该级别的每一单元是否分解得足够详细，可以方便地估算费用和工期；

(4) 将各层次项目单元(直到最低层的工作包)收集于检查表上，用系统规则将项目单元分组，构成项目的工作分解结构图(包括子结构图)；

(5) 分析评价各层次的分解结果的正确性、完整性，是否符合项目结构分解的原则；

(6) 由决策者决定结构图，并做相应的说明文件；

(7) 建立项目的编码规则，对分解结果进行编码。

目前项目的结构分解工作主要由管理人员承担，常常被作为一项办公室的工作。但是，任何项目单元都是由实施者完成的，所以在结构分解过程中，甚至在整个项目的系统分解过程中，应尽可能让相关部门的专家、将来项目相关任务的承担者参加，并听取他们的意见，这样才能保证分解的科学性和实用性，同时才能保证整个计划的科学性。

项目结构分解是一个渐进的过程，它随着项目目标设计、规划、详细设计和计划工作的进展而逐渐细化。

3. 项目结构分解的方法

1) 项目中常用系统分解方法

系统分解是将复杂的管理对象进行分解，以观察内部结构和联系，它是项目管理最基本的方法之一。在项目管理中常用的系统分解方法有以下两种。

(1) 结构化分解方法。任何项目系统都有它的结构，都可以进行结构分解。例如：

① 工程技术系统可以按照一定的规则分解成功能区、专业工程系统和子系统；

② 项目的目标系统可以分解成系统目标、子目标和可执行目标；

③ 项目的总成本可以按照一定的规则分解成成本要素。

此外组织系统、管理信息系统也都可以进行结构分解。分解的结果通常为树型结构图。

(2) 过程化方法。项目由许多活动组成，活动的有机组合形成过程。该过程可以分为许多互相依赖的子过程或阶段。在项目管理中，可以从如下几个角度进行过程分解：

① 项目实施过程。根据系统生命周期原理，把项目科学地分为若干发展阶段，每一个阶段还可以进一步分解成工作过程。

② 管理工作过程。例如，整个项目管理过程，或某一种职能管理(如成本管理、合同管理、质量管理等)过程都可以分解成许多管理活动，如预测、决策、计划、实施控制和反馈等。它们形成一个工作过程。

③ 行政工作过程。例如，在项目实施过程中有各种申报和批准的过程、招标投标过程等。

④ 专业工作的实施过程。这种分解对工作包内工序(或更细的项目活动)的安排和构造工作包的子网络是十分重要的。

在这些过程中项目实施过程和项目管理过程对项目管理者是最重要的过程，他必须十分熟悉这些过程。项目管理实质上就是对这些过程的管理。

2) 工作分解结构样板

工作分解结构是项目管理中的一种基本方法。它按照项目发展的规律。依据一定的原则和规定，进行系统化的、相互关联和协调的层次分解。结构层次越往下层则项目组成部分的定义越详细。WBS 最后构成一份层次清晰的结构，可以具体作为组织项目实施的工作依据。

一个组织过去所实施项目的工作分解结构常常可以作为新项目的工作分解结构的样板。虽然每个项目都是独一无二的，但仍有许多项目彼此之间都存在着某种程度的相似之处。许多应用领域都有标准的或半标准的工作分解结构作为样板，如图 4-4 所示。

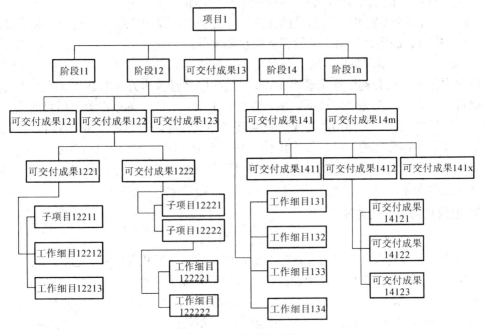

图 4-4　工作结构样板

3) 工作分解技术

(1) 项目分解的思路。

① 识别主要的项目要素或项目提交成果。

② 项目要素的构成分解，以便项目绩效度量和责任分配。

③ 检查分解结果的正确性，可以从必要和充分性检查、完整和模糊性检查、可计划和控制性检查(分配工期、预算、资源和责任人)几个方面进行。

(2) 项目分解的步骤：

步骤一：识别项目的主要组成部分。

问题：要实现项目目标需要完成哪些主要工作？

方法：可以按照项目生存周期的阶段、项目的主要提交成果、产品、系统或者专业。

层次：在 WBS 中处于第二层上，并在结构图形上标示出来。

步骤二：判断。

在已经分解的基础上，判断能否快速方便地估算各个组成部分各自所需的费用和时间，以及责任分配的可能性与合理性。如果不可以，进入第三个步骤；如果可以，则进入第四个步骤。

步骤三：识别更小的组成部分。

问题：要完成当前层次上各个部分的工作，需要做哪些更细的工作？这些工作是否可行？可核查？它们之间的先后顺序怎样？

层次：在 WBS 上标示出来，第三、四层；

判断：能否快速方便地估算该层的各个组成部分各自所需的费用和时间，以及责任分配的可能性与合理性。如果不行继续第三步；如果可以则进入第四个步骤。

步骤四：检查工作。

问题：如果不进行这一层次的工作，上一层的各项工作能否完成？完成了该层的所有工作，上一层次的工作就一定能完成吗？

方法：根据检查，对该当前层的工作进行增加、删除或者修改，或者对上层工作进行适当的整理。

判断：本层各项工作的内容、范围和性质是否都已经明确？如果回答肯定，则需要写出相应的范围说明书；如果否定，进行必要的修改和补充。

(3) 编制 WBS 的几种思路。

① 基于功能(系统)的分解结构，如图 4-5 所示。

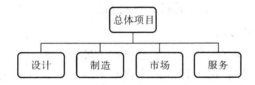

图 4-5　基于功能(系统)的分解结构

② 基于成果(系统)的分解结构，如图 4-6 所示。

图 4-6　基于成果(系统)的分解结构

③ 基于工作过程的分解结构，如图 4-7 所示。

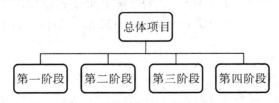

图 4-7　基于工作过程的分解结构

4) 项目结构分解的成果——工作分解结构

(1) 工作分解结构(WBS)是一种为了便于管理和控制而将项目工作任务分解的技术，是以可交付成果为对象，由项目团队为实现项目目标并创造必要的可交付成果而执行的工作分解之后得到的一种层次结构。工作分解结构每下降一个层次就意味着对项目工作更详尽的定义。

项目成员的工作从识别要创建的可交付成果开始，应不断地考虑为了创造这个可交付成果，我们应该实施怎样的工作，最重要的是必须创造什么，其次是识别为创造这些可交付成果而要进行的工作。工作分解结构组织并定义项目的总范围，代表着现行项目范围说明书所规定的工作。

(2) 工作分解结构词典。工作分解结构词典是在创建工作分解结构过程中产生并用于支持工作分解结构的文件。工作分解结构词典对工作分解结构组成部分进行更详细的描述。其内容包括(但不限于)：账户编码标志号，工作描述，负责的组织，进度里程碑清单，相关的进度活动，所需的资源，成本估算，质量要求，验收标准，技术参考文献，合同信息。

(3) 项目范围说明书(更新)。如果制作工作分解结构过程中有批准的变更请求，则将被批准的变更纳入项目范围说明书，使之更新。

(4) 范围基准。范围基准是项目管理计划的一部分，由得到批准的项目范围说明书、工作分解结构和用于描述每个工作包具体内容的工作分解结构词典组成。范围基准规定和描述了项目工作的准确边界，将其与实际结果比较，以决定是否有必要进行变更、采取纠正措施或预防措施。如果变更请求影响了这个边界，必须经过变更控制委员会的审核与批准(涉及基准的变更，项目经理个人无权进行决策)。

5) 项目分解结构编码的设计

对每个项目单元进行编码是现代化信息处理的要求。为了计算机数据处理的方便，在项目初期，项目管理者应进行编码设计，建立整个项目统一的编码体系，确定编码规则和方法，并在整个项目中使用。这是项目管理规范化的基本要求，也是项目管理系统集成的前提条件。

通过编码给项目单元以标识，使它们互相区别。编码能够标识项目单元的特征，使人们和计算机可以方便地"读出"这个项目单元的信息，如属于哪个项目或子项目、实施阶段、功能和专业工程系统等。在项目管理过程中网络分析，成本管理，数据的储存、分析和统计，都靠编码识别。编码设计对项目的整个计划、控制和管理系统的运行效率都有重大影响。

项目的编码一般按照结构分解图，采用"父码＋子码"的方法编制。例如，在图 4-4 中，项目编码为 1，则属于本项目次层子项目的编码在项目的编码后加子项目的标识码，即为 11、12、13、14……1n，而子项目 12 的分解单元分别用 121、122 和 123 等表示。则从一个编码中就可"读"出它所代表的信息，如 132 表示项目 1 的第三个可交付成果的第二个工作细目。

4.2.4　项目范围控制

项目范围控制指对造成项目范围变更的因素施加影响，并控制这些变更造成的后果。

范围控制确保所有请求的变更与推荐的纠正，并通过项目整体变更控制过程进行处理。项目范围变更及控制不是孤立的，因此在进行项目范围控制时，必须同时全面考虑对其他因素或方面的控制，特别是对时间、成本和质量的控制。

1. 范围控制的前提

(1) 进行工作分解。

(2) 提供实施进展报告。提供项目实施报告可以提供与项目范围变化有关的信息，还能提醒项目团队哪些问题将要发生，以及他们将会怎样影响到项目的范围变化。

(3) 提出变更请求。

2. 范围控制的主要依据

(1) 项目范围说明书。

(2) 工作分解结构。

(3) 项目范围管理计划。

(4) 批准的变更请求。

3. 项目范围控制的方法

(1) 范围控制系统。该系统是用来定义项目范围变更处理程序的，包括计划范围文件、跟踪系统、偏差系统与控制决策机制。

(2) 偏差分析。所谓偏差分析，就是将项目实施结果测量数据与范围基准相比较，判断评价偏差的大小并判断造成偏差范围基准的原因，以及决定是否应当采取纠正措施，是项目范围控制的重要工作。

(3) 进度报告。

(4) 计划调整。很少有项目能严格按计划实施，在充分认识这一客观事实的基础上，为了有效进行项目范围的变更和控制，要不断进行项目工作再分解，并以此为基础，建立多个可选的、有效的计划更新方案。

4. 项目范围控制的结果

(1) 更新的项目范围说明书。

(2) 更新的工作分解结构。

(3) 更新的范围基准。

(4) 变更请求。变更请求可包括预防措施、纠正措施或缺陷补救。变更请求需要由实施整体变更控制过程来审查和处理。

(5) 更新的项目管理计划。

4.2.5　项目范围变更控制

项目范围作为未来项目各阶段起始工作的决策基础和依据，它的萎缩或蔓延有时会带来非常严重的后果，项目范围失去控制是项目不能达到目标的最常见原因之一。因为项目的产品、成果或服务事先不可见，所以在项目逐渐明细化的过程中范围一定会产生相应的变更。大多数时候，对变更申请的默认答案是："拒绝"，除非能够证明变更是必要的，同时，要明确规定用于评审变更的标准。因此，如何对项目范围变更进行有效控制成为项目经理需要掌握的基本硬技能之一。

1. 项目范围变更的原因

项目范围变更的原因可能因项目而异，但通常情况下，造成项目范围变更的主要原因有：

(1) 客户对项目、项目产品或服务的要求发生变化；

(2) 项目外部环境发生变化，如政府政策的变更；

(3) 项目范围确定得不够周密详细，有遗漏或错误；

(4) 项目实施组织本身发生变化，如项目团队人事发生变化；

(5) 市场上出现了或设计人员提出了新技术、新手段或新方案。

同时，项目范围变化还受项目经理素质的影响。高素质项目经理善于在复杂多变的项目环境中应付自如，正确决策，从而使项目范围的变化不会对项目目标造成不利影响。反之，在这样的环境中，项目经理往往难以驾驭和控制项目的进展。

2. 项目范围变更控制的内容及程序

项目范围变更控制指当项目范围发生变化时对其采取纠正措施的过程，以及为使项目朝着目标方向发展而对某些因素进行调整所引起的项目范围变化的过程。

在项目执行时，进度、费用、质量以及各种管理要素的变化都会导致项目的变化，同时项目范围的变化又会要求对上述各方面做出相应调整，因此必须对项目范围的变更进行严格的管理和控制，根据项目的实际情况、项目的变更要求和项目范围确定等，运用项目范围变化控制系统和各种变更的应急计划等方法，按照集成管理的要求去控制和管理好项目范围的变更。

在项目范围变更控制中，主要工作包括：

(1) 分析和确定影响项目范围变更的因素和环境条件；

(2) 管理和控制那些能够引起项目范围变更的因素和条件；

(3) 分析和确认各方面提出的项目变更要求的合理性和可行性；

(4) 分析和确认项目范围变更是否已实际发生及其风险和内容；

(5) 当项目范围发生变动时，对其进行管理和控制；

(6) 设法使这些变动朝有益的方向发展。

设定严格的计划变更控制程序，是范围控制的基本方法。一方面，守住范围的边界，尽量减少范围的轻易变更；另一方面，即使迫不得已必须变更范围，也可以做到步步为营，进退有序。图4-8展示了范围变更控制程序。

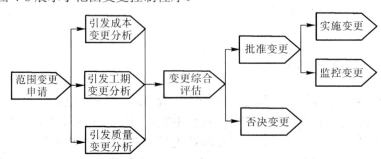

图 4-8　范围变更控制程序

值得注意的是，当项目范围发生变更时，项目经理要对其进行严格管理和控制，设法使变更朝有益的方向发展，或努力消除项目范围变更造成的不利影响。而且，项目范围变更控制必须与项目管理的其他控制很好地结合，特别是要与项目时间(工期)控制、预算(造价)控制、项目产生物质量控制等结合起来。

3. 项目范围变更控制的方法

为了规范化项目范围变更控制，需要制定明确的变更控制流程，其主要内容是识别并管理项目内外引起超出或缩小项目范围的所有因素。它包括三个主要过程：

(1) 对引起工作范围变更的因素进行识别；

(2) 确定确实需要发生变更并施加影响以保证变更是有益的；

(3) 管理那些实际发生的变更。

变更请求的形式多种多样，分析变更和提出变更可按表 4-8 进行。

表 4-8　项目范围变更申请及审批表

变更申请编号：　　　　　　　　　　　　　　　　　　　　　日期：

项目名称：		项目编号：	
项目经理：		项目发起人：	
变更提出者：		所属部门：	
变更内容：			
变更的原因：			
若不变更的后果：			
变更对项目产生的影响：			
变更申请结果：			
接受或拒绝的理由：			
审查人签字：			
变更登记人：		登记日期：	

通常，项目范围变更控制的方法和技术主要有以下几种：

(1) 项目范围变更控制系统。项目范围变更控制系统是开展项目范围控制的主要方法。这一系列包括文档化工作系统、变更跟踪监督系统以及项目变更请求的审批授权系统。在项目的实施过程中，项目经理或项目实施组织利用所建立的项目实施跟踪系统，定期收集有关项目范围实施情况的报告，然后将实际情况与计划的工作范围相比较，如果发现差异，则需要决定是否采取纠偏措施。如果决定采取纠偏措施，那么必须将纠偏措施及其原因写成相应的文件，作为项目范围管理文档的一部分。同时，要将项目范围的变更情况及时通知项目所有相关利益者，在获得他们一致的认可之后，才可以采取项目范围变更的行动。

当项目范围发生变更时，项目其他方面必然也会受到影响，因此项目范围变更行动应该被集成到整个项目的变更控制系统之中。尤其是在适当的地方与项目控制的其他系统相结合，以便协调和控制项目的范围。

(2) 项目实施情况的度量。项目实施情况的度量技术也是项目范围变更控制的一种有效的技术和方法。这一方法有助于评估已经发生项目范围变更的偏差大小。项目范围变更控制的一个重要内容就是识别已发生变更的原因，以及决定是否要对这种变更或差异采取纠偏行动，而这些都需要依赖项目实施情况度量技术和方法。

(3) 追加计划法。几乎没有项目能够完全按照项目初始计划的要求精确地实施和运作，项目范围的变更可能要求对项目工作分解结构进行修改和更新，甚至会要求重新分析和制定替代的项目实施方案。因此，项目范围的变更会引起项目计划的变更，即项目范围的变更会要求项目组织针对变更后的情况制定新的项目计划，并将这部分计划追加到原来的项目计划中去。

4. 项目范围变更控制的成果

项目范围变更管理与控制的成果有两个：一是促进了项目工作绩效的提高；二是生成了一系列项目范围变更控制文件。这些文件包括更新调整后的项目工期、项目成本、项目质量、项目资源和项目范围文件，以及各种项目变更行动方案和计划文件。

(1) 项目范围变更控制文件。项目范围变更控制文件是在项目范围的全面修订和更新中所生成的各种文件总称。项目范围通常是由项目业主或客户与项目组织双方认可的，所以项目范围的变更同样需要双方认可，并要有正式文件予以记录。项目范围变更通常还要求对项目成本、工期、质量以及其他一些项目目标进行全面的调整和更新。这些范围变更都需要在项目计划中得到及时反映，而且相关的项目技术文件也需要进行相应的更新。此外，项目经理应该将项目范围变更的信息及时告知项目的相关利益者。

(2) 项目变更控制中的纠偏行动。项目变更控制中的行动包括根据批准后的项目变更要求而采取的行动和根据项目实际情况的变化所采取的纠偏行动。这两种行动都属于项目变更控制的范畴，因为它们的结果都使实际的项目范围与计划规定的项目范围保持一致，或者与更新后的项目范围相一致。

(3) 从项目变更中学到的经验与教训。不管是何种原因，项目的变更都属于项目计划管理中的问题。因此，在项目范围变更控制中，项目成员特别是项目经理可以发现问题，并学到经验与教训。这些经验与教训应该形成文件，成为项目历史数据的一部分，既可作为本项目后续工作的指导，也可用于项目组织今后开展的其他项目。项目经验总结或评估会议应在项目团队内部与项目业主或客户之间分别召开，其目的是评估项目绩效，确认项目收益是否已经达到，并总结本项目的经验和教训。

4.2.6　项目范围的确认

项目范围确认指项目利益相关者(项目提出方、项目承接方、项目使用方等)对于项目范围的正式认可和接受的工作过程。项目范围确认要明确所有与项目有关的工作均已包括在项目范围中，并且与项目无关的工作均未包括在项目范围中。不仅要确认项目的整体范围，还要对分解后的子工作范围进行确认。

1. 范围确认的依据

(1) 项目范围说明书；

(2) 项目工作分解结构图；

(3) 工作分解结构词典；

(4) 需求文件；

(5) 确认的可交付成果。确认的可交付成果指已经完成并经实施质量控制过程检验合格的可交付成果。

2. 项目范围确认的主要方法和工具

项目范围确认的主要方法和工具是项目范围核检表和项目工作分解结构的核检表。前者从整体上对项目范围进行核检，如目标是否明确，目标因素是否合理，约束和假定条件是否符合实际等。后者主要以工作结构分解图为依据，检查项目交付物描述是否清楚，工作包分解是否到位，层次分解结构是否合理等。

3. 项目范围确认工作的成果

最后应有正式的项目确认文件，表明项目范围已被项目所有的利益相关者确认，同时这是项目沟通管理中的正式文件之一。

4.3　项目时间管理

项目时间管理指在规定的时间内,拟定出合理且经济的进度计划(包括多级管理的子计划)。在执行该计划的过程中，经常要检查实际进度是否按计划要求进行，若出现偏差，便要及时找出原因，采取必要的补救措施或调整、修改原计划，直至项目完成。

4.3.1　项目进度计划概述

1. 项目进度计划的概念

项目进度计划指在确保合同工期和主要里程碑时间的前提下，对项目中计划实施的全部活动，包括规划、决策、准备、实施、终止等各个过程的具体活动，进行时间和逻辑上的合理安排，以达到合理利用资源、降低费用支出和减少干扰的目的。

项目进度计划的对象是活动。活动是"在项目进程中所实施的工作单元"。根据其具体的内容，活动可以是一个消耗人力、物力、财力及时间的工作过程，也可以是一个只消耗时间的等待过程，如刷漆之后等待自然通风干燥的过程。活动应具有以下特点：

(1) 明确的起点和终点；
(2) 可证实的有形产出；
(3) 可理解和控制的不可再分最小单元；
(4) 便于估算和控制所需的资源(人员)、成本和工时；
(5) 每项活动都有具体的单人负责。

2. 项目进度计划的目的

进度计划的目的是确定项目的总工期，各个层次项目单元的持续时间、开始和结束时间，它们在时间上的机动余地(即时差)。进度计划是项目计划体系中最重要的组成部分，是其他计划的基础。目前许多项目管理软件包都以工期计划为主体。

3. 项目进度计划的限制

理解项目进度计划编制之前，需要理解限制项目快速完成的四个方面，如表4-9所示。在清楚限制项目进度计划的四个方面后，可以开始进行项目进度计划编制。

表 4-9　项目进度计划限制举例

项目进度计划的限制	举　　　例
活动的逻辑顺序	在铺瓷砖之前需要先将地面找平
活动工期	三个房间一个粉刷匠需要多长时间才能完成
资源可用数量	如果六个房间需要同时粉刷，而没有六个粉刷匠，进度就要推迟
强制日期	与政府签订合同的项目也许不能在会计年度之前开始

4. 项目进度计划发展历史

　　了解项目进度计划的发展历史能够帮助我们更好地学习项目进度计划。历史上许多早期项目比如欧洲的大教堂，花了数十年才完成。竞争迫使项目尽快完成，同时也促进了项目进度计划系统理论的发展。

　　网络技术产生于 1957 年，当时 Remington Rand Univac 公司的 J. E. Kelley 和 Du Pont 公司的 M.R.Walker 在探讨计划的编排问题时，提出关键路径法(Critical Path Method，CPM)。Du Pont 公司将该方法用于某化工厂土建工程建设的计划安排上，使工期缩短了 2 个月，效果良好。关键路径法用于确定完成项目的总工期，它使项目管理者能够询问像"如果项目提前三个星期完成，哪些活动需要加快，需要多花费多少"的问题。这种方法在建筑行业非常实用，比如，如果天气预报说之后几天会下雨，那么位于关键路径上的室外活动就必须加快进行。

　　20 世纪 50 年代后期，海军上将 Raborn 采用了汉密尔顿公司及洛克菲勒公司提出的计划评审技术(Program Evaluation and Review Technique，PERT)。当时，美国海军部正在建造北极星导弹核潜艇，这个系统非常庞大、复杂，为了尽可能快地实现这个项目，许多活动需要同步进行。另外，北极星计划的许多方面利用了非成熟技术，新技术的发展耗时多少具有相当大的不确定性。计划评审技术不仅有助于项目管理者估计完成项目的时间，而且有助于估计基于特定时间的置信水平，这特别适用于难以精确估算活动的研发项目。据说采用此方法使该项目制造时间缩短了 3 年。

　　PERT 和 CPM 最初均使用活动箭线表示法(Arrow On Arrow，AOA)来展示活动。后由于经常混淆而且难以准确地制定出 AOA 网络图，使用者开发出一种替代方法将其称为节点表示法(Activity On Node，AON)。AON 用节点表示工作活动，箭线连接表示正在完成的活动。目前，AON 已经得到了广泛的应用。

　　尽管 CPM 和 PERT 是彼此相互独立和先后发展起来的两种方法，但它们的基本原理是一致的。两种方法都是建立在活动的识别、明确的逻辑关系和对每项活动估算的时间基础上。基于活动的网络图的提出，体现了所具有的强于其他方法的能力。

4.3.2　项目进度计划的编制

　　项目进度计划的编制是根据对项目工作的界定、项目工作顺序的安排、工作时间和所需资源的估算而进行的，以保证项目能够在满足其时间约束条件的前提下实现其总体目标。项目进度计划是项目进度控制的基准，是确保项目在规定的合同工期内完成的重要保证。

1. 进度计划编制的基本要求

(1) 运用现代科学管理方法编制进度计划，以提高计划的科学性和质量。

(2) 充分落实编制进度计划的条件，避免过多的假定而使计划失去指导作用。

(3) 大型、复杂、工期长的项目要实行分期、分段编制进度计划的方法，对不同阶段、不同时期，提出相应的进度计划，以保持指导项目实施的前锋作用。

(4) 进度计划应保证项目实现工期目标。

(5) 保证项目进展的均衡性和连续性。

(6) 进度计划应与成本、质量等目标相协调，既有利于工期目标的实现，又有利于成本、质量、安全等目标的实现。

项目进度计划的编制通常是在项目经理的主持下，由各职能部门、技术人员、项目管理专家及参与项目工作的其他项目人员等共同参与完成。

2. 进度计划编制的步骤

项目进度计划的编制是一项复杂的任务，它需要一系列相关的步骤。制订一个实际的进度计划其实是一个反复的过程。项目进度计划的制订过程如图 4-9 所示。

图 4-9　项目进度计划的制订过程

首先，需要确定所有活动，然后确定活动之间的逻辑关系。确定逻辑关系后，再分配资源到每个活动，同时估算出活动持续时间。若某一时刻无法为活动分配合适的资源，则需对资源或者活动做出调整。在以上这些信息的基础上，便可以制订初始进度计划。其次，将进度计划中估算的活动工期与客户或业主期望完工的日期进行比较。如估算的活动工期比客户或业主期望的完工时间长，则需要对进度计划进行压缩以满足期望。在进度计划制订过程中，通常还需要考虑其他一些因素，如项目预算、流动资金、质量要求和风险因素对活动持续时间的影响。所有这些都计划好后，最终的进度计划便制订好了。

1) 定义活动

制订项目进度计划是基于活动的，定义所有工作活动是制订项目进度计划的第一步。

在采用工作分解结构对项目进行工作分解之后，得到了一个个工作包，即最低水平的交付。为了完成项目的各项交付，必须将工作包分解为活动。表 4-10 所示为一个工作分解结构的交付成果，共有 4 个工作包，将这些工作包进一步分解就得到 8 个项目活动。

表 4-10　应用软件项目的工作包及活动交付列表

活动序号	工作包	活动
A	软件设计	功能设计
B		系统设计
C	软件定义与编码	模块定义
D		程序编码
E		接口定义
F	软件测试	内部测试
G		集成测试
H	软件安装	软件安装

定义活动时的注意事项：

(1) 组织定义活动时避免遗漏任何一项。项目中存在多余的活动比遗漏活动要好，因为活动可以随时添加。如果进度计划最终确定后再发现遗漏活动会增加项目实施的时间和资金，可能会导致项目超出预算、项目进度计划延长。因此，在前期花费大量的时间来确保尽可能的无遗漏活动是非常值得的。

(2) 尽量参考类似项目的活动定义。若正在计划的项目和已有项目类似，则可以参考已有项目的活动定义和其他计划部分。一些组织对于某种类型的项目会有样板和清单，可以借鉴并以此作为定义活动的起点。值得注意的是，由于项目具有一次性的特点，新的项目会包含一些独有的活动，所以组织成员需要将新项目与以往项目进行比较。

(3) 在活动列表上应列出里程碑。项目进度计划中的里程碑(Milestones)非常重要，发起人和管理者将它作为检查点。里程碑在项目中有其特殊的重要性，它是会触发某些事先定义功能的一类事件。一般来说，里程碑显示了项目各阶段或各部门间的衔接点。项目里程碑会出现在项目章程中，而更多的项目里程碑则在制订项目进度计划时就得以确定。里程碑通常设置在主要可交付成果或关键活动完成或要投入大量资金之前的时点。里程碑作为项目进度计划中确定的少数几个关键点，通常要按计划进行检查，项目管理者可以据此来判断项目是否按照项目进度计划进行。

2) 活动排序

在项目计划中，最能体现项目管理者决策水平的是活动排序。例如，田忌赛马，当双方拥有相当的资源和机会时，取胜的关键就在于排序。

活动排序指识别与记载活动之间的逻辑关系。在活动排序之前应进行活动分析，活动分析的内容是通过分析产品特征描述、约束条件、假设前提来确定活动间的关系。有些活动是初始活动或紧前活动(Predecessor Activity)，它是"进度安排中应在相关活动之前完成的活动"。有些活动是后面的活动称为紧后活动(Successor Activity)，它是"进度安排中在另一活动之后进行的活动"。只有全面定义了活动之间的逻辑关系才能将项目的静态结构(项目分解结构)演变成一个动态的实施过程。在按照逻辑关系安排计划活动顺序时，可考虑适当的依赖关系，也可加入适当的时间提前量与滞后量，只有这样才能制定出符合实际和可以实现的项目进度表。

(1) 逻辑关系的类型。一般情况下，相关活动间的逻辑关系一般分为三类：

① 硬逻辑关系，这是一种客观依存关系，它是由自然规律决定的，不可改变。例如，挖完沟才能布管，木制品做完了才能刷漆等。

② 软逻辑关系，这是一种主观依存关系，这种关系可以由主观意志来确定活动间的前后依存关系。例如，木制品先拼装后刷漆，也可以先刷漆后拼装。到底如何做，取决于主观判断，看怎么样才能使效率更高，效果更好。

③ 间接依存关系，或称第三方依存关系。若干相关活动之间逻辑关系的建立，既不能由客观规律所决定，也不能由主观判断所决定，而是取决于第三方的活动结果。例如，建筑规划和建筑设计之间能否顺利衔接，取决于政府的规划审批。

(2) 逻辑关系的表达。表 4-11 说明了前后活动间的基本逻辑依赖关系。

表 4-11　活动依赖关系说明

依赖关系	说　　　明
完成对开始	紧后活动的开始要等到紧前活动的完成
完成对完成	紧后活动的完成要等到紧前活动的完成
开始对开始	紧后活动的开始要等到紧前活动的开始
开始对完成	紧后活动的完成要等到紧前活动的开始

还有两种特殊的关系：

① 滞后(Lag)。例如，活动 A 结束两天之后，活动 B 才开始。

② 提前(Leading)。例如，活动 A 结束两天之前，活动 B 就要求开始了。

3) 网络图表达法

活动排序的常用工具是网络图，主要包括如下两种表达形式：

(1) 单代号网络图。单代号网络图，或称 AON，是一种用方格或矩形(叫做节点)表示活动，以表示逻辑关系的箭线连接节点构成的项目进度网络图。在 AON 图中，完成对开始是最常用的逻辑关系。图 4-10 就是一个单代号网络图的例子。

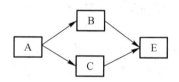

图 4-10　单代号网络图

(2) 双代号网络图。双代号网络图，或称 AOA，是一种以箭线作为活动，箭线两端用编上号码的圆圈连接的项目进度网络图。箭线上表示工作名称，箭线下表示持续时间。通常双代号网络只能表示两个活动之间完成对开始的关系，因此有时可能要使用"虚活动"才能正确定义所有的逻辑关系。由于"虚活动"并非实际上的计划活动(无工作内容)，其无持续时间、不耗用资源，如图 4-11 中的 D 工序就是"虚活动"，用虚线表示。

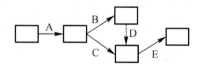

图 4-11　双代号网络图

4) 项目活动排序工作的结果

项目活动排序工作的结果是一系列有关项目活动排序的文件，主要有：

(1) 项目网络图。项目网络图是有关项目各项活动和它们之间逻辑关系说明的示意图。项目网络图既可人工绘制，也可用计算机绘制。它可以包括项目的所有具体活动，也可以只包括项目的主要活动。

(2) 更新后的项目活动清单。在项目活动界定和项目活动排序的工作过程中，通常会发现项目工作分解结构中存在各种问题，而在项目网络图的绘制过程中，通常也会发现项目活动排序中存在的问题。为了正确反映项目活动间的逻辑关系就必须对前期确定的项目活动进行重新分解、界定和排序，以改正存在的问题。当出现这种情况时，就需要更新原有的项目活动清单，从而获得更新后的项目活动清单，而且有时还需要进一步更新原有的项目工作分解结构等文件，如表 4-12 所示。

表 4-12　更新后的项目活动清单

活动名称	A	B	C	D	E	F	G	H
紧前活动			A	A，B	B	C，D	D，E	F，G
持续时间	2	4	10	4	6	3	4	2

3. 项目活动持续时间估算

项目活动持续时间估算是对项目已确定的各种活动的持续时间的估算工作，这包括对每一项完全独立的项目活动持续时间的估算和对整个项目工期的估算。这项工作通常应由项目团队中对项目中各种活动的特点都非常熟悉的人来完成，也可以由计算机进行模拟和估算，再由专家审查确认这种估算。对项目活动所需时间的估算，通常要考虑项目活动的作业时间和延误时间。例如，"混凝土浇筑"会因为下雨、公休而出现延误时间。通常，在输入各种依据参数之后，绝大多数项目计划管理软件都能够处理这类时间估算问题。

1) 估算活动持续时间的依据和建议

在估算活动持续时间时，可依据如下信息：

(1) 项目活动清单；

(2) 项目的约束和假设条件，如时间、空间、环境的要求等；

(3) 项目资源的数量要求，如所需要的资源种类、数量，资源的可获得性等；

(4) 项目资源的质量要求，如单位时间内可提供的资源量(资源强度)、资源的工作效率等；

(5) 历史信息，以往类似工作或活动时间的时间信息、工期定额等；

(6) 可能存在的风险。

在实际估算时间的过程中，还需要注意下面的时间限制：

(1) 计划外的会议；

(2) 工作指示的误差；

(3) 学习曲线；

(4) 中断；

(5) 竞争优先权；

(6) 资源或信息不及时；

(7) 假期；

(8) 改编。

2) 活动持续时间估算的方法

(1) 专家判断法。由于影响活动持续时间的因素太多，如资源的水平或生产率，所以常常难以估算活动的持续时间。如果项目团队有相关历史信息，就能以历史信息为根据进行专家判断。同时，各项目团队成员也可以提供持续时间估算的相关信息，或根据以前类似的项目经验提出有关持续时间的建议。这种方法，常在项目的早期阶段使用。如果无法请到这类专家，则持续时间估算中的不确定性和风险就会增加。

(2) 类比估算法。类比估算法就是以之前类似计划活动的实际持续时间为根据，估算

将来计划活动的持续时间。在项目的早期阶段，当有关项目的详细信息数量有限时，项目
负责人就经常使用这种办法估算项目的持续时间。当以前的活动不仅是表面上类似，而且
使用该估算方法的项目团队成员具备必要的专业知识时，类比估算最可靠。

(3) 模拟法。模拟法是以一定的假设条件为前提去进行项目活动持续时间估算的一种
方法。常见的这类方法有蒙特卡洛模拟、三角模拟等。这种方法既可以用来确定每项项目
活动持续时间的统计分布，也可用来确定整个项目工期的统计分布。其中，三角模拟法相
对比较简单，这种方法的具体做法如下：

① 单个活动持续时间的估算。对于持续时间存在不确定性的项目活动，需要给出活
动的三个估计时间：乐观时间 t_o(非常顺利的情况下完成某项活动所需时间)、最可能时间
t_m(正常情况下完成某项活动最经常出现的时间)、悲观时间 t_p(最不利情况下完成某项活动
的时间)，以及这些项目活动时间所对应的发生概率。通常对于设定的这三个时间还需要假
定它们都服从贝特概率分布。然后，用每项活动的三个估计时间确定每项活动的期望(平均
数或折中值)持续时间，计算公式如下：

$$t = \frac{t_o + 4t_m + t_p}{6}$$ (4-1)

② 总工期期望值的计算方法。在项目的实施过程中，有些项目活动花费的时间会比
它们的期望持续时间少，有些会比它们的期望持续时间多。对于整个项目而言，这些多于
期望持续时间和少于期望持续时间的项目活动耗费的时间有很大一部分是可以相互抵消
的。因此，所有期望持续时间与实际持续时间之间的净总差额值同样符合正态分布。这意
味着，在项目活动排序给出的项目网络图中，关键路径(工期最长的活动路径)上的所有活
动的总概率分布也是一种正态分布，其均值等于各项活动期望持续时间之和，方差等于各
项活动的方差之和。依据这些就可以确定出项目总工期的期望值了。

③学习曲线。活动持续时间估算不得不考虑学习曲线的概念。学习曲线(The Learning
Curve)指越是经常地执行一项任务，每次所需的时间就越少。美国康纳尔(Cornell)大学的
莱特博士发表了关于学习曲线的文章，被美国飞机制造厂商和订货商所接受。美国一家飞
机装配工厂的研究证明：生产第 4 架飞机的人工工时，比第 2 架所花的时间减少了 20%左
右，第 8 架飞机只花费了第 4 架飞机工时的 80%，第 16 架飞机是第 8 架飞机工时的 80%，
如表 4-13 所示。此后，学习曲线理论得以不断地补充与完善，并得到广泛应用。

表 4-13　飞机架构加工制造直接人工工时表

产品生产累计数	单件直接人工工时/h	累计直接人工工时/h	累计平均直接人工工时/h	产品生产累计数	单台产品按人工工时/h	累计直接人工工时/h	累计平均直接人工工时/h
1	100 000	100 000	100 000	32	32 768	1 467 862	45 871
2	80 000	180 000	90 000	64	26 214	2 362 453	37 382
4	64 000	314 210	78 553	128	20 972	3 874 395	30 269
8	51 200	534 591	66 824	256	16 777	6 247 318	24 404
16	40 960	892 014	55 751	512	13 422	10 241 505	20 003

将学习效果数量化绘制于坐标纸上，横轴代表练习次数(或数量)，纵轴代表学习的效

果(单位产品所耗时间)，这样绘制出的一条曲线，就是学习曲线，如图 4-12 所示。

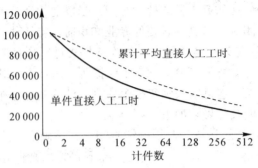

图 4-12　学习曲线

　　学习曲线表示了经验与效率之间的关系，一个人花费在某项活动上的时间越多，完成的速度就越快，质量就越高。因此，如果项目的某些活动已经完成过很多次，项目计划人员就可以通过学习效率预测出这些活动的持续时间。

　　3) 项目活动持续时间估算的工作结果

　　项目活动持续时间估算的工作结果主要包括如下几个方面的内容。

　　(1) 估算出的项目活动持续时间。项目活动持续时间估算是对完成一项活动所需时间及其可能性做定量计算，根据项目各项活动的持续时间估算可以进一步估算出整个项目所需工期。估算出的项目活动持续时间应包括对项目活动持续时间可能变化范围的评估。例如，"项目活动所需要 2 周±2 天的时间"，这表示项目活动的时间最少需要 8 天，最多不会超过 12 天，最可能的是 10 天(每周 5 天工作日)。

　　(2) 项目工期估算的支持细节。在项目工期估算的依据与支持细节的说明文件中，项目工期估算的依据给出了项目工期估算中所使用的各种约束条件和假设前提条件、各种参照的项目历史信息，以及项目活动清单、资源需求数量和质量等方面的依据资料和文件。项目工期估算的支持细节包括所有与项目工期估算结果有关的文件与说明。

　　(3) 更新后的项目活动清单和项目工作分解结构。在项目活动估算的过程中可能会发现项目工作分解结构和项目活动清单中存在的各种问题，因此需要对它们进行修订和更新。如果有这种情况发生就需要更新原有的项目活动清单，从而获得更新后的项目活动清单和工作分解结构，并且要将其作为项目工期估算的工作文件与其他项目工期估算正式文件一起作为项目工期估算的工作结果而输出。

　　4. 制订进度计划

　　项目进度计划制订是"根据项目活动界定、项目活动顺序安排、各项活动工期估算和所需资源所进行的分析和项目计划的编制与安排"。制订项目进度计划要定义出项目的起止日期和具体的实施方案与措施。在制订出项目进度计划之前必须同时考虑这一计划所涉及的其他方面问题和因素，尤其是对于项目工期估算和成本预算的集成问题必须予以考虑。

　　1) 编制项目进度计划的依据

　　在开展项目进度计划制定以前的各项项目进度管理工作所生成的文件，以及项目其他计划管理所生成的文件都是项目进度计划编制的依据。其中主要包括以下内容：

　　(1) 项目网络图。项目网络图是在"活动排序"阶段所得到的项目各项活动以及它们之间逻辑关系的示意图。

(2) 项目活动工期的估算文件。项目活动工期的估算文件是项目时间管理前期工作得到的文件，是对已确定项目活动的可能工期估算文件。

(3) 项目的资源要求和共享说明。项目的资源要求和共享说明包括有关项目资源质量和数量的具体要求以及各项目活动以何种形式与项目其他活动共享何种资源的说明。

(4) 项目作业制度安排。项目作业制度安排会影响项目的进度计划编制。例如，一些项目的作业制度规定既可以是只能在白班作业一个班次，也可以是三班倒进行项目作业。

(5) 项目作业的各种约束条件。在制订项目进度计划时，有两类主要的项目作业约束条件必须考虑：强调的时间(项目业主、用户或其他外部因素要求的特定日期)、关键时间或主要的里程碑(项目业主、用户或其他投资人要求的项目关键时间或项目进度计划中的里程碑)。

(6) 项目活动的提前和滞后要求。任何一项独立的项目活动都应该有关于其工期提前或滞后的详细说明，以便准确地制订项目的工期计划。例如，对项目订购和安装设备的活动可能会允许有一周的提前或两周的延期时间。

2) 编制项目进度计划的方法

项目进度计划是项目专项计划中最为重要的计划之一，这种计划的编制需要反复地试算和综合平衡，因为它涉及的影响因素很多，而且它的计划安排会直接影响到项目集成计划和其他专项计划。目前主要采取关键路径法、模拟法、资源水平法和甘特图法等方法编制进度计划。

(1) 关键路径法。在项目的进度计划编制中，目前广为使用且最重要的是关键路径法。关键路径是"表示项目最长路径、决定最短时间的活动顺序"。由于关键路径是最长活动顺序，它决定了项目的最早可能完成时间。关键路径上任一活动时间的改变将会影响整个项目的工期。项目经理较晚启动关键路径上的任一活动，整个项目的完成时间就会推迟。如果关键路径上某项活动的工作量增加，同样会导致整个项目的推迟。

关键路径法是一种运用特定的、有顺序的网络逻辑和估算出的项目活动工期，确定项目每项活动的最早与最晚开始和完成时间，并制订项目进度计划的方法。关键路径法关注的核心是项目活动网络图中关键路径的确定和关键路径总工期的计算，其目的是使项目工期能够达到最短。关键路径法通过反复调整项目活动的计划安排和资源配置方案使项目活动网络中的关键路径逐步优化，最终确定出合理的项目进度计划。

(2) 模拟法。模拟法是根据一定的假设条件和这些条件发生的概率，运用像蒙特卡洛模拟、三角模拟等方法，确定每个项目活动可能工期的统计分布和整个项目可能工期的统计分布，然后使用这些统计数据去编制项目进度计划的一种方法。同样，由于三角模拟法相对比较简单，一般都使用这种方法去模拟估算项目单项活动的工期，然后再根据各个项目可能工期的统计分布进行整个项目的工期估算，最终编制出项目的工期计划。

(3) 资源水平法。资源水平法，又称"基于资源的项目进度计划方法"，这种方法的基本指导思想是"将稀缺资源优先分配给关键路线上的项目活动"。与假定资源充足的进度计划编制方法相比，采用这种方法制订出的项目进度计划往往工期更长，但是更经济和实用。

(4) 甘特图法。甘特图(Gantt Chart)，又称为横道图、条状图(Bar Chart)，在现代的项目管理中被广泛地应用。这是由美国学者甘特发明的一种使用条形图编制项目进度计划的方法，是一种比较简单理解、容易使用的方法。这种方法是在 20 世纪早期发展起来的，因为它的简单明了，直至今天仍然被广泛使用。甘特图把项目工期和实施进度安排两种职能组合在一起。它用横坐标表示时间，项目活动在图的左侧纵向排列，以活动所对应的横道位置表示活动的起始时间，横道的长短表示持续时间的长短。它实质上是图和表的结合形式。简单项目的甘特图如图 4-13 所示。

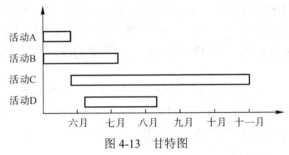

图 4-13　甘特图

甘特图的绘制步骤如下：

① 明确项目牵涉的各项活动，内容包括项目名称(包括顺序)、开始时间、工期、任务类型(依赖或决定性)和依赖于哪一项任务；

② 创建甘特图草图，将所有的项目按照开始时间、工期标注到甘特图上；

③ 确定项目活动依赖关系及时序进度。使用草图，按照项目的类型将项目联系起来，并安排项目进度；

④ 计算单项活动的工期；

⑤ 确定活动任务的执行人员并适时按需调整工时；

⑥ 计算整个项目工期。

(5) 项目管理软件法。项目管理软件是一种广泛用于项目进度计划编制的辅助方法。特定的项目管理软件能够在考虑资源水平的基础上，运用系统分析法快速地编制出多个可供选择的项目进度计划方案。这对于优化项目进度计划是非常有用的。当然，尽管使用项目管理软件，最终决策以及选定一个满意的方案，还是需要由人来做出。

4.3.3　进度控制

编制进度计划的目的，就是指导项目的实施，以保证实现项目的工期目标。但在进度计划实施过程中，由于主客观条件的不断变化，计划亦须随之改变，这就需要进度控制。进度控制指对项目进度计划的实施与项目进度计划的变更所进行的管理工作。它的主要内容是：在项目进行过程中，必须不断监控项目的进程以确保每项工作都能按计划进行；同时必须不断掌握计划的实施状况，并将实际情况与计划进行对比分析，必要时应采取有效的对策，使项目按预定的进度目标进行，避免工期的拖延。

1. 进度控制的主要依据

(1) 项目进度计划。

(2) 项目进度基准。项目进度基准提供了度量项目实施绩效和项目进度计划执行情况的基准和依据。

(3) 项目进度计划实施情况报告。项目进度计划实施情况报告提供了项目进度计划实施的实际情况及相关信息。

(4) 批准的项目进度变更请求。项目进度变更请求是对项目进度计划提出的改动要求，可以由任何一个项目相关利益主体提出。批准的项目进度变更请求，指只有以前经过整体变更控制过程计划处理过的变更请求，才能用来更新项目进度基准或项目管理计划的其他组成部分。

(5) 项目进度管理的计划安排。项目进度管理的计划安排给出了如何应对项目进度计划变更的措施和管理方法，包括项目资源(人员、设备、资金等)方面的安排和各种应急措施方面的安排等。

2. 进度控制的方法

(1) 项目进度计划实施情况的测量方法。项目进度计划实施情况的测量方法指测量项目进度计划实施情况，确定项目进度计划完成程度和项目实际完成情况与计划要求的差距大小的过程。其方法主要有日常观测、定期观测和项目进展报告等。

(2) 项目进度比较与分析的方法。只有通过项目进度实施情况与计划的比较和分析，才能真正了解项目实施的情况。比较与分析的方法包括：进度比较横道图、实际进度前锋线比较法、S 曲线法、"香蕉"曲线法等。

(3) 项目管理软件。用于制定进度表的项目管理软件能够追踪与比较计划日期与实际日期，预测实际或潜在的项目进度变更带来的后果。

(4) 绩效衡量。绩效衡量技术的结果是进度偏差(SV)与进度效果指数(SPI)。进度偏差与进度效果指数用于估计实际发生任何项目进度偏差的大小。进度控制的一个重要作用是判断已经发生的进度偏差是否需要采取纠正措施。

(5) 进度变更控制系统。进度变更控制系统规定项目进度变更所应遵循的手续，包括书面申请、追踪系统以及核准变更的审批级别。进度变更控制系统的工作既是进度控制的起点也是进度控制的终点。

(6) 资源平衡和资源分配技术。

(7) 进度压缩。

3. 进度控制的过程

(1) 采用各种控制手段保证项目及各个活动按计划及时开始，并在实施过程中监督项目以及各个活动的进展状况。在项目进展过程中记录各项活动的开始和结束时间及完成程度。

(2) 在各控制期末(如月末、季末，一个阶段结束)将各活动的完成程度与计划对比，确定各项活动、里程碑计划以及整个项目的完成程度，并结合工期、生产成果的数量和质量、劳动效率、资源消耗、预算等指标，综合评价项目进度状况，并对重大的偏差做出解释，分析其中的问题和原因，找出需要采取纠正措施的地方。

(3) 评定偏差对项目目标的影响。应结合后续工作，分析项目进展趋势，预测后期进度状况、风险及机会。

(4) 提出调整进度的措施，根据已完成状况，对下期工作做出详细安排和计划，对一些已开始但尚未结束的项目单元的剩余时间作估算，调整网络(如变更逻辑关系、延长或缩短后续活动持续时间、增加新的活动等)，重新进行网络分析，预测新的工期状况。

(5) 对调整措施和新计划做出评审，分析调整措施的效果，分析新的工期是否符合总目标要求。

应将对进度计划提出的任何变更通知用户和相关者各方。如果进度调整对其他方面有影响时，应让他们参与进度调整决策。

应确定进度计划变更对项目成本预算、资源使用和产品质量的可能影响。在采取进度调整措施时，也要考虑对项目的目标、相关者的影响。

4.4　项目成本管理

项目成本管理主要是在批准的预算条件下，确保项目保质按期完成。

4.4.1　项目成本计划

1. 成本计划的过程与内容

(1) 成本计划的过程。在项目进程中，成本计划有许多版本，它们随着项目的进展，形成一个不断修改、补充、调整、控制和反馈的过程。成本计划工作与项目各阶段的其他管理工作融为一体，现在人们不仅将它作为一项管理工作，而且作为专业性很强的技术工作。

从总体上看，成本计划通常经过确定总成本目标、成本逐层分解、成本估算、再由下而上逐层汇集、进行对比分析的过程，即由上而下分解，再反馈的过程，如图 4-14 所示。

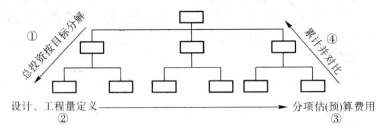

图 4-14　成本计划的过程

在项目分解结构中，成本限额应是平衡的，使成本合理的分配。这种合理的分配是项目系统均衡性和协调性的保证，是实现项目总体功能目标、质量目标和工期目标平衡的保证。

(2) 成本计划的内容。通常一个完整的项目成本计划包括如下几方面的内容：

① 各个成本对象的计划成本值。

②"成本—时间"表和曲线，即成本的强度曲线。它表示在各时间段上工程成本的分布情况。

③"累计成本—时间"表和曲线，即 S 曲线或香蕉图，它又被称为项目的成本模型。

④ 相关的其他计划。例如，现金流量计划、融资计划等。

成本计划应形成文件，计划的依据应能追溯其来源。这些信息对上层管理者、项目经理和其他项目参加者都是十分重要的。

2. 项目计划成本的确定

(1) 计划成本确定的依据。计划成本指具体承包项目(成本对象)的预期成本值,成本计划的结果需要清楚地列出项目各个成本对象的各项计划(预算)成本值。计划成本确定的主要依据有:

① 项目范围。有项目的目标、项目范围(可交付成果)以及项目责任确定的工作范围。

② 资源需求计划和资源价格。各种资源的需要量,各种资源的单位价格。

③ 环境条件,特别是市场价格。

④ 工期。工期直接影响到项目成本的估算,因此它将直接影响资源的投入数量。

⑤ 历史信息。同类项目的历史资料、共同的项目成本数据库等。

⑥ 项目风险的影响。对项目中重大的不确定因素,通货膨胀、税率和兑换率变化,应做出评价,应在计划成本中加入适当的余地。

(2) 计划成本确定的方法和工具。

① 类比估计法。类比估计法通常是与原有的已执行的类似项目进行类比来估计当期项目的费用。

② 参数模型法。参数模型法通常是一种运用历史数据和特征变量之间的统计关系建立参数模型,来估算项目资源费用的技术。

③ 从上向下的估计法。自上而下估计的基础是收集上层和中层管理人员的经验和判断,以及可以获得的关于以往类似活动的历史数据。上层和中层管理人员估计对项目整体的费用和构成项目的子项目的费用,将这些估计结果给予底层的管理人员,在此基础上他们对组成项目和子项目的任务和子任务的费用进行估计。然后继续向下一层传递他们的估计,直到最底的基层。

④ 从下而上的估计法。该方法通常首先估计各个独立工作的费用,然后再从下往上估计出整个项目费用。

⑤ 项目管理软件。例如,费用估算软件、计算机工作表、模拟和统计工具,这些工具可以简化一些费用估计技术,便于进行快速计算。

⑥ 储备分析。为应对费用的不确定性,成本估计可以包括应急储备。应急储备可以是成本估计值的某个百分比、某个固定值,或者通过定量分析来确定。

4.4.2　项目成本控制

成本控制指通过控制手段,在达到预定项目功能和工期要求的同时优化成本开支,将总成本控制在预算(计划)范围内。

1. 成本控制的依据

项目成本控制的主要依据有如下几个方面。

(1) 项目成本管理计划。这是关于如何管理和控制项目成本的计划文件,是项目成本控制的一份十分重要的指导文件。

(2) 项目成本实际情况报告。这是指项目成本管理与控制的实际绩效评价报告,它反映了项目预算的实际执行情况。

(3) 项目各种变更。任何项目的变更都会造成项目成本的变动，所以在项目实施过程中提出的任何变更都必须经过审批同意。

2. 成本控制的主要工作

(1) 成本计划工作，主要是成本预算工作，按设计和计划方案预算成本，提出报告。

(2) 成本监督，包括：

① 监控成本开支，审核各项费用的支出，监督已支付的项目是否已经完成；

② 作实际成本报告；

③ 对各项工作进行成本控制；

④ 进行审计活动。

(3) 成本跟踪，作详细的成本分析报告，并向各个参与方提供不同要求和不同详细程度的报告。

(4) 成本诊断工作，包括：

① 成本超支量及原因分析。如果超出规定限度的偏差，应分析偏差原因。

② 剩余工作所需成本预算和项目成本趋势分析。应检查在总成本预算内完成整个后续工作的可能性，分析项目成本趋势，分析后续工作计划，预测可能出现的成本问题和机会。

③ 对下个控制期可能会造成成本增加的风险进行预警。

(5) 对成本超支问题解决方案进行决策，提出采取措施的建议。

(6) 其他工作。

① 与相关部门(职能人员)合作，提供分析、咨询和协调工作，使各方面在作决策或调整项目时考虑成本因素。

② 用技术经济的方法分析超支原因，分析节约可能性，从总成本最优的目标出发，进行技术、质量、工期和进度的综合优化。

③ 通过详细的成本比较，趋势分析，获得一个顾及合同、技术和组织影响的项目最终成本状况的定量诊断。对后期工作可能出现的成本超支状况进行成本预警。

④ 组织信息，向各个方面特别是决策者提供成本信息，保证信息的质量，为各方面的决策提供解决问题的建议和意见。

⑤ 对项目状态的变化所造成的成本影响进行预测分析，并调整成本计划，协助解决费用补偿问题(即索赔和反索赔)。

成本控制必须加强对项目变更和合同执行情况的控制，这是针对成本超支最好的方法。所以，成本控制是十分广泛的任务，它需要各种人(如技术、采购、合同和信息管理)的介入，必须纳入项目的组织责任体系中。

3. 成本控制的方法

项目成本控制是一个系统工程，因此研究成本控制的方法非常重要。项目管理实践证明了以下一些成本控制方法能使成本控制简便而有效。

(1) 项目成本分析表法。项目成本分析表法是利用项目中的各种表格进行成本分析和成本控制的一种方法。应用成本分析表法可以很清晰地进行成本比较研究，常见的成本分析有月成本分析、成本日报或周报表、月成本计算及最终预测报告表。

(2) 成本累计曲线法。成本累计曲线法又称为时间—累计成本图，是反映整个项目或项目中某个阶段独立部分开支状况的图示。虽然成本累计曲线可以为项目成本控制提供重要的信息，但是前提是我们假定所有工序时间都是固定的，但在项目进度计划中，非关键工序会受资源等因素的影响而重新调整其开始与结束时间。利用其中工序的最早开始时间和最晚开始时间制作的成本累计曲线被称为成本香蕉曲线。香蕉曲线表明了项目成本变化的安全区间，实际发生的成本变化如不超出两条曲线限定的范围，就属于正常变化，可以通过调整开始和完成时间使成本控制在计划的范围内；如果实际成本超出这一范围，就要引起重视，查清情况，分析出现的原因。如果有必要，应迅速采取纠正措施。

(3) 挣值法。挣值法实际上是一种综合的绩效度量技术，既用于评估项目成本变化的大小、程度和原因，又可用于对项目范围、进度进行控制，将项目范围、费用、进度整合在一起，帮助项目管理团队评估项目绩效。该方法在项目成本控制中的运用，可确定偏差产生的原因、偏差的量级并决定是否需要采取行动纠正偏差。图 4-15 是挣值法应用示例。

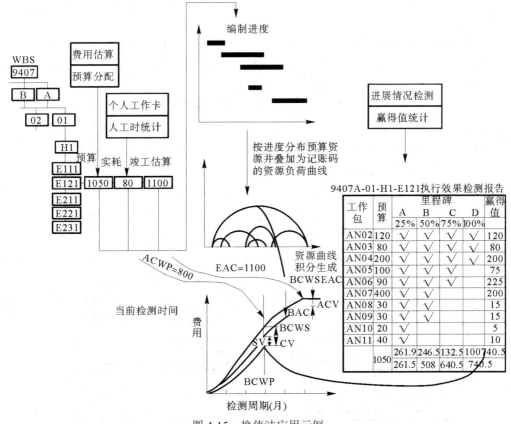

工作包	预算	里程碑				赢得值
		A 25%	B 50%	C 75%	D 100%	
AN02	120	√	√	√	√	120
AN03	80	√	√	√	√	80
AN04	200	√	√	√	√	200
AN05	100	√	√	√		75
AN06	90	√	√			225
AN07	400	√	√			200
AN08	30	√				15
AN09	30	√				15
AN10	20	√				5
AN11	40	√				10
	1050	261.9	246.5	132.5	100	740.5
		261.5	508	640.5	740.5	

图 4-15　挣值法应用示例

4. 成本控制的结果

(1) 修订的成本计划。

(2) 纠正措施。纠正措施指任何使得项目恢复原有计划目标的努力。

(3) 依据完成情况的总费用估计。这主要是预测在目前实施情况下完成项目所需的总费用。

(4) 经验教训等知识的管理。成本控制中所发生的各种情况，对以后项目的实施是一个非常好的案例，应该以数据库的形式保存下来，供以后参考。

4.5　项目质量管理

一个项目成功与否，主要看项目的质量是否符合要求，一个质量没有达到客户要求的项目是失败的项目。要使质量符合要求或标准，必须对项目质量进行有效的管理。

4.5.1　项目质量与质量管理的基本概念

1. 质量和项目质量

质量，通常指产品的质量，广义上还包括工作的质量。产品质量指产品的使用价值及其属性，而工作质量是产品质量的保证，它反映了与产品质量直接有关的工作对产品质量的保证程度。

根据 ISO9000—2015 质量定义，质量指产品或服务能满足规定或潜在需求的特性与特征的集合。根据 PMI 质量定义，质量是对一种产品或服务能满足对其明确或隐含需求的程度产生影响的该产品或服务特征和性质的全部。

从项目作为一次性活动来看，项目质量体现在由工作分解结构反映出的项目范围内所有的阶段、子阶段、项目工作单元的质量及项目过程中的管理工作、决策工作的质量所构成，也即项目的工作质量；从项目作为一项最终产品来看，项目质量体现在其性能或者使用价值上，也即项目的产品质量。

2. 项目质量管理

(1) 项目质量管理的概念。项目的质量管理主要是为了确保项目按照设计者规定的要求满意地完成。它包括使整个项目的所有功能活动能够按照原有的质量及其目标要求得以实施。项目的质量管理是综合性的工作，其有四个核心概念：相关方满意度、过程管理、基于事实的管理、有效的执行。

(2) 不同阶段项目质量管理活动。项目质量管理贯穿于项目管理全过程。图 4-16 说明了不同阶段的项目质量管理活动，项目质量管理主要由九个关键控制点构成。

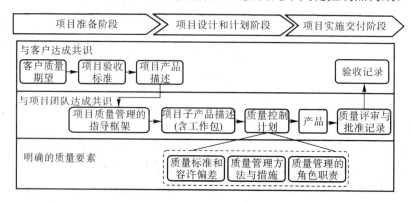

图 4-16　不同阶段项目质量管理活动

4.5.2　项目质量管理体系

项目质量管理体系指建立项目质量管理方针和目标，并为实现这些目标而实施的一系列相互关联、相互作用的活动。其主要内容包括项目质量计划、质量保证和质量控制。建立比较完善的项目质量管理体系，是提高项目管理质量的重要方法和途径。

1. 质量计划

1) 质量计划编制的依据

(1) 质量方针。它是对项目的质量目标所做出的一个指导性文件。项目经理部应制定自己的质量方针，它应符合业主的要求，并使大家达成共识。

(2) 项目范围描述。它主要说明业主的需求以及项目的主要要求和目标、项目的总体范围和项目的主要阶段。它是项目质量计划确定的主要依据和基础。

(3) 项目说明。在项目范围描述中有项目最终可交付成果的总体描述，这里指的是对其技术性的描述。

(4) 标准和规则。这包括项目涉及的专业领域的特殊标准和规则、更加详细的技术要求和其他内容。

(5) 其他影响因素，如实施策略、总体的实施安排、采购计划和分包计划等。

2) 质量计划编制的步骤

(1) 了解项目基本概况，收集资料。这里要重点了解的信息，有项目的组成、项目质量目标、项目拟订的实施方案等具体内容。所需收集的资料主要有实施规范、实施规程、质量评定标准等。

(2) 确定质量目标树，绘制质量管理组织机构图。按照质量总目标和项目组成，逐级分解，建立目标树，并根据项目的规模、项目特点、施工组织、工程总进度计划和已建立的项目质量目标树，配备质量管理人员、设备和器具，确定各级人员的角色和责任，建立项目的质量管理机构，绘制项目质量管理组织机构图。

(3) 制定项目质量控制程序及其他。项目的质量控制程序主要有：初始的检查实验和标识程序；项目实施过程中的质量检查程序；不合格项目产品的控制程序；各类项目实施质量记录的控制程序和交工验收程序等。

(4) 在制定好项目的质量控制程序之后，还应该编制单独成册的项目质量计划，应根据项目总的进度计划，编制相应的项目质量工作计划表、质量管理人员计划表和质量管理设备计划表等。

3) 质量计划制订的方法和技术

在制订项目质量计划过程中，需要进行环境判断、问题分析、方案构思和评价决策等工作，要保证项目质量计划的准确性，应采用科学的方法和技术，常用的有质量功能展开、流程图分析法、成本效益分析法、基准比较法等。

(1) 质量功能展开，即 QFD(Quality Function Deployment)。QFD 方法的核心思想是：注重产品从开始的可行性分析研究到产品的生产都是以市场、顾客的需求为驱动，强调将市场顾客的需求明确地转变为参与产品开发的管理者、设计者、制造工艺部门以及生产计划部门等有关人员均能理解执行的各种具体信息，从而保证企业最终能生产出符合市场顾客需求的产品。QFD 的核心内容是需求转换,采用的是质量屋(House Of Quality)形式,它是一种直观的矩阵框架表达形式,是 QFD 方法的工具。建立质量屋的基本框架,输入信息,通过分析评价得到输出信息,从而实现一种需求转换。表 4-14 为质量功能开发模型示例。

表 4-14　质量功能开发模型

服务项目或需求	实用性	信息量	条理性	实用性	感染力	合计	排序
大屏幕动画演示	0	1	2	2	2	1.09	2
课题练习及游戏	1	0	0	2	2	0.77	4
推荐课外书及文章	0	2	1	0	0	0.70	5
师生课程互动讨论	1	1	0	2	2	1.01	3
课前印发讲课提纲	0	0	2	0	0	0.41	6
讲课内容录音录像	0	0	1	0	0	0.20	7
课堂进行案例教学	2	1	0	2	1	1.26	1
需求倾向权重/%	33	25	20	14	8	100	—
需求倾向得分合计	166	123	102	68	41	500	—

注:强相关 = 2,弱相关 = 1,不相关 = 0,弱负相关 = −1,强负相关 = −2

QFD 矩阵表是指导新产品功能开发的有效决策工具,其作用在于以客户需求倾向引导技术开发和质量设计的思路,以便更有效地配置有限的资源,获得更大的客户满意度。

(2) 流程图分析法。流程图是反映与一个系统相联系的各部分之间相互关系的图,按内在逻辑关系勾画出项目全部实施过程,分析流程中质量的关键环节和薄弱环节。流程图分析是一种非常有效的分析过程现状及能力的方法,用来认识过程,帮助项目小组预测可能在哪些环节、发生哪些质量问题,进而对其进行改善。图 4-17 所示是一个人防工程验收流程图。

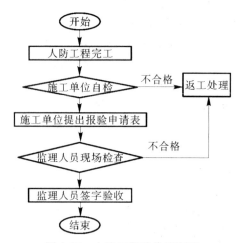

图 4-17　人防工程验收流程图

(3) 成本效益分析法。权衡成本与效益之间的关系是质量计划的必备工作。效益的主要目标是减少返工,提高生产率,降低项目的成本,提高项目利益相关者的满意度。满足质量要求的成本主要是支出与项目管理活动有关的费用,而质量计划的目标是努力使获得的效益(即收益)远远超过实施过程中所消耗的成本，从经济学角度分析质量效益以及确定质量水平，如图 4-18 所示。

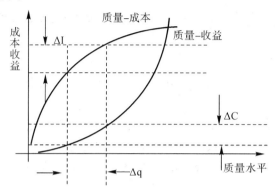

图 4-18 质量等级提高的效益成分经济学分析

项目质量对项目收益和成本都会产生影响，即质量的持续改进在带来收益增加的同时，成本同样会增加。

(4) 基准比较法。基准比较法主要是通过比较实际或计划项目的实施与其他同类项目的实施过程，为改进项目实施过程提供思路和提供一个实施的标准。其他项目可能在执行组织的工作范围之内，也可能在执行组织的工作范围之外；可能属于同一应用领域，也可能属于别的领域。

(5) 其他质量计划工具，如试验设计、头脑风暴法、KJ 法等。

4) 质量计划的结果

(1) 质量管理计划。它主要描述项目经理部应该如何实施其质量方针，包括：

① 要实现的质量目标。

② 应承担的项目工作、要求、责任以及完成的时间等。

③ 在计划期内应达到的总的质量指标和用户质量要求。

④ 计划期内质量的阶段性具体目标、分段进度、要完成的工作内容、项目实施准备工作、重大技术改进措施和检测等。

(2) 具体操作说明。对于质量计划中一些特殊的要求，需要附加操作说明，包括对它们的解释、详细的操作程序、质量控制关键点的说明和在质量检查中如何度量等问题。

(3) 质量检查表格。检查表格是一种用于对项目实施状况进行记录、分析和评价的工具。现在许多企业和大型项目都有标准表格和质量计划执行体系。

2. 质量保证

质量保证是为实施达到质量计划要求的所有工作提供基础和可靠的保证，为项目质量管理体系的正常运转提供全部有计划的活动，以满足项目的质量标准。它应贯穿于项目实施的全过程之中。质量保证是项目团队的工作过程，必须发挥团队的效率。

项目质量保证通常是由项目的质量保证部门或者类似的组织单元提供的。项目质量保证通常不仅给项目管理组织以及实施组织提供质量保证，而且给项目产品或项目所服务的用户，以及项目工作所涉及的社会(项目外部)提供质量保证。质量保证涉及与用户的关系，应首先考虑直接用户的需要。

1) 质量保证的依据

(1) 质量管理计划。

(2) 质量控制测量的结果，即在项目实施过程中必须按规定做质量控制测试的记录。

(3) 操作说明。

2) 质量保证的内容

(1) 质量过程的组织责任。这要求项目组织的各层次都对质量做出承诺，对相应的过程和产品负责。

(2) 确定对项目质量有重大影响的过程及主要的质量控制点。

(3) 列出对质量有影响的参数，确定和量化影响过程。

(4) 选择测试、检验和检查方案，分析测试结果，如性能测试、自查、定期或不定期检查等。

(5) 对测试结果进行诊断分析。

(6) 确定在实施过程中提高质量的措施。

(7) 提出避免故障、预防偏差的措施，建立质量预警和防错系统，避免操作错误。

(8) 建立监督系统，保证监督能力，确定监督方法。

3) 质量保证的工具和方法

(1) 质量审核

① 质量审核是确定质量活动及其有关结果是否符合质量计划的安排，以及这些安排是否得到有效贯彻。

② 通过质量审核，保证项目质量、项目全过程符合规定要求，保证质量体系有效运行并不断完善，提高质量管理水平。

③ 质量审核的分类包括质量体系审核、项目质量审核、过程质量审核、监督审核、内部质量审核和外部质量审核等。

④ 质量审核可以是计划的，也可以是随机的，它可以由专门的审核员或者是第三方质量管理组织审核。

(2) 质量改进，即要求改变不符合要求的实施结果、实施行为和不正确的实施过程，包括返工、退货、修改质量计划和保证体系等。

3. 质量控制

项目质量控制主要是监督项目的实施结果，将项目实施的结果与事先制定的质量标准进行比较，找出其存在的差距，并分析形成这一差距的原因。项目实施的结果包括产品结果(如可交付成果)以及管理结果(如实施的费用和进度)。质量控制需有整个项目组织团队的投入。

1) 质量控制的依据

项目质量控制的依据主要有：

(1) 工作结果，包括过程结果和产品结果。

(2) 质量管理计划。

(3) 操作定义。"操作定义"以专业术语说明了某事物是什么及在质量控制过程中是如何测量的。

(4) 检查表。检查表是用于核实一系列要求的步骤是否已经实施的结构化工作。

2) 质量控制总过程

质量控制贯穿于项目实施的全过程，主要程序和步骤如下。

(1) 在项目开始时就采取行动，使用合适的方法，确定合适的措施，有效和系统地按照质量计划和质量保证体系实施项目。

(2) 监督、检查、记录和统计实施过程状况。完成对项目质量的各种记录，及时完成各种检查表格。经过检查、对比分析，决定是否接受项目的工作成果，对质量不符合要求的工作责令重新进行(返工)。

(3) 分析质量问题的原因。这需要掌握关键工作和控制点的质量判断方法，掌握常见的质量通病和事故产生的原因，并能确定整改和预防措施。

(4) 采取补救和改进质量的措施。使用合适的方法，纠正质量缺陷，排除引起缺陷的原因，以防再次发生，应确保所采取措施的有效性。

(5) 质量管理是一个不断改进的过程，项目经理负责不断改进项目实施过程和管理过程的质量，应从已完成的项目中寻求项目各过程质量的改进经验和教训，应建立信息系统，收集、分析项目实施期间产生的信息，以持续地改进。

3) 质量控制的方法和技术

(1) 核检清单法。核检清单法主要是使用一份开列有用于检查项目各个流程、各项活动和各个活动步骤中所需核对和检查科目与任务的清单，并对照这一清单，按照规定的核检时间和频率去检查项目的实施情况，并对照清单中给出的工作质量标准要求，确定项目质量是否失控，是否出现系统误差，是否需要采取措施，最终给出相关检查结果和应对措施决策。常见的形式是列出一系列需要检查核对的工作与对象清单，如表 4-15 所示。

表 4-15 房屋在建工程质量检查表(局部)

序号	检查内容	相关条文	检查情况	处理依据	处理意见
1	基础结构验收记录	GB50202—2002 第 8.0.3 条		质量条例	
2	水泥质保单、复试报告	GB50203—2002 第 4.0.1 条			
3	砼试块强度	GB50204—2002			
4	现浇楼板厚度实验	GB50204—2002			
5	砼合格证或复试	GB50203—2002 第 3.0.1 条			
6	砂浆试块强度	GB50203—2002 第 5.2.1 条			

(2) 控制图。控制图可以用来监控任何形式的输出变量，可用于监控进度和费用的变化，范围变化的量度和频率，项目中的错误，以及其他结果。图 4-19 是一个项目进度执行控制图示例。

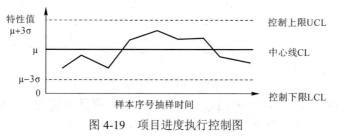

图 4-19 项目进度执行控制图

(3) 统计样本。对项目实际执行情况的统计值是项目质量控制的基础，统计样本涉及了样本选择的代表性，合适的样本通常可以减少项目控制的费用。项目管理组有必要熟悉样本变化的技术，掌握一些样本统计方面的知识，通过选择一定数量的样本进行检验，从而推断总体的质量情况，以获得质量信息和开展质量控制。

(4) 帕累托图。帕累托图也称排列图，是一种按事件发生频率从大到小排列，然后再按累计频率绘制而成的曲线图，该曲线称为帕累托曲线。帕累托图的横轴表示引发质量问题的原因，纵轴表示相应原因导致质量问题出现的次数或百分比(频率)。图 4-20 为某类质量缺陷的帕累托图。

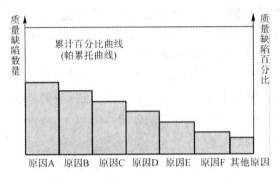

图 4-20　某类质量缺陷的帕累托图

(5) 控制流程图。控制流程如图 4-21 所示，通常被用于项目质量控制过程，其主要目的是确定以及分析问题产生的原因。

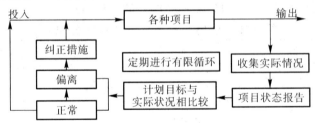

图 4-21　控制流程图

(6) 鱼刺图。鱼刺图引入了系统思维的方法，往往被用于引导和鼓励组织内部对质量问题的思考和讨论，发现和揭示偏差变异产生的原因，分析各种变量共同形成的作用力并推断事情演变的方向和结果。通过对问题原因和结果的分析进一步剖析产生质量问题的根源，从而从深层次进行改进和完善。图 4-22 是一个鱼刺图的示例。

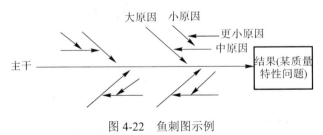

图 4-22　鱼刺图示例

(7) 趋势分析。趋势分析是应用数学的技术，根据项目前期的历史数据，预测项目未来的发展趋势和结果的一种质量控制方法。这种方法的原理是统计分析和预测，包括回归分析、相关分析、趋势外推分析等一系列统计分析预测方法。图 4-23 即为一个趋势图法示例。

图 4-23　趋势图法

4) 质量控制的结果

(1) 项目质量改进。项目质量改进是项目质量控制最主要的成果，即通过项目质量控制带来项目质量的提高，从而提高项目的效率

(2) 验收决定。通过对项目质量进行检验，决定是否接受项目的质量。如果项目质量达到了规定的标准，就做出接受的决定；如果项目质量没有达到标准，则做出拒绝的决定。被拒绝的项目可能需要返工。

(3) 返工。返工指针对在项目质量控制中发现的不符合质量要求的工作采取措施，使它符合质量标准的活动。返工一般是由于质量计划不合理或质量保证不得力，也可能是由于某些意外情况而发生的。返工可能会拖延项目的进度，增加项目的成本，损害项目团队的形象。因此，项目团队应该采取有效的质量控制措施，避免返工。

(4) 项目调整。项目调整是根据项目质量控制中存在的较为严重的质量问题以及项目相关方提出的质量变更要求，对项目的活动采取相应的纠正措施进行调整。项目调整一般是按照整体变更的程序来进行的。

(5) 质量检查表的完善。项目质量控制是以质量检查表为依据的，而完善后的质量检查表记录了项目质量控制的有关信息，为下一步的质量控制提供了基础。

4.6　项目采购与合同管理

采购和合同管理本身是一个有机连贯的过程，它们作为项目管理工作的一部分，贯穿于整个项目管理过程中。项目采购管理是从项目组织外部获得完成项目所需的产品、服务或其他成果的过程，它包括采购计划、合同策划、招标投标工作、合同控制等工作。

4.6.1　项目采购计划

1. 采购计划的概念

采购计划是项目计划的一部分。项目采购计划是对整个项目采购工作的全面、系统的计划和安排，主要包括：

(1) 按照项目的实施策略、项目总体计划、范围管理和项目分解结构确定相关资源需求的数量、质量和时间。

(2) 相关采购的招标工作过程安排。在项目的计划中，应为全部采购过程留出充分的时间。

(3) 做项目采购和合同管理相关工作的组织和安排等。

2. 采购计划的依据

(1) 项目总目标、项目的总进度计划、质量要求、技术规范和目标成本等。

(2) 在项目范围确定和工作分解结构的基础上，考虑对项目工作分解结构中的工作如何划定采购的对象。

(3) 项目的资源使用计划，包括项目的资源用量和资源使用曲线。

(4) 对项目相关的采购问题提出实施策略的安排。

(5) 环境对项目采购和供应的相关制约条件的调查和了解。

3. 采购计划的编制

采购计划按照项目总体的实施计划编制，在项目总体的实施计划基础上确定。

(1) 项目的资源需求。资源计划应根据时间进度计划，确定项目所需要资源的种类和使用时间，以及这些资源的获得途径、分配方式。

(2) 招标计划，即为保证项目总计划的实施，必须按照项目策划对每个招标过程做出具体的安排，包括招标的工作分解、各个工作的时间安排和招标的准备工作计划等。

(3) 劳务和物资采购计划，即对属于自己负责采购的材料、设备进行采购的计划安排。这种采购计划包括如下内容：

① 对材料设备表所列的物资采购供应情况的调查和询价，即调查如何及从何处得到资源；供应商提供资源的能力、质量和稳定性、供应条件和过程的限制；对各种资源进行询价，进而预算各种资源的费用。

② 确定各个资源的供应方案、各个供应环节，并确定它们的时间安排。在项目的实施过程中，它与工期网络计划互相对应、互相影响。管理者以此对供应过程进行全方位的动态控制。

③ 确定项目的后勤保障体系。

(4) 管理、咨询和技术服务工作的委托。按照项目的管理模式和管理、咨询、技术服务工作的分解，制订相应的招标计划，以保障项目的正常实施。

(5) 市场调查。了解市场供应能力、供应条件和价格等，了解供应商的名称、地址和联系人，有时直接向供应商询价。确定项目资源需求时，应评价供应商提供资源的稳定性、能力和质量。应考虑资源的约束条件，如可用性、安全性、环境和文化因素、国际间协议、政府法规、资金供应等对项目的影响。

4.6.2　项目招标投标

1. 招标投标的概念与特征

招标投标是由招标人和投标人经过要约、承诺、择优选定，最终形成协议和合同关系的平等主体之间的一种交易方式，是"法人"之间达成有偿、具有约束力的法律行为。

招标投标是商品经济发展到一定阶段的产物，是一种竞争性强的采购方式。招标投标能为采购者带来经济、有质量的工程、货物或服务。因此，在政府及公共领域推行招投标制度，有利于节约资金，提高采购质量。

招标投标具有下列基本特征：

(1) 平等性。招标投标的平等性，应从商品经济的本质属性来分析，商品经济的基本法则是等价交换。招标投标是独立法人之间的经济活动，按照平等、自愿、互利的原则和规范的程序进行，双方享有同等的权利和义务，受到法律的保护和监督。招标方应为所有投标者提供同等条件，让其展开公平竞争。

(2) 竞争性。招标投标的核心是竞争。按规定每一次招标必须有三家以上投标者投标，这就形成了投标者之间的竞争，他们必须以自身的实力、信誉、服务、报价等优势，战胜其他的投标者。此外，招标人可以在投标者中间"择优选择"，有选择就有竞争。

(3) 开放性。正规的招投标活动，必须在公开发行的报纸杂志上刊登招标公告，打破行业、部门、地区、甚至国别的界限，打破所有制的封锁、干扰和垄断，在最大限度的范围内让所有符合条件的投标者前来投标，进行自由竞争。

2. 招标投标应遵循的基本原则

依《中华人民共和国招标投标法》规定，招标投标活动应当遵循公开、公平、公正和诚实信用的原则。

(1) 公开原则。公开原则要求招标投标活动具有高度的透明性，实施过程公开、结果公开、即公开发布招标公告、公开开标、公开中标结果，使每一个投标人获得同等的信息，知悉招标的一切条件和要求，以保证招标活动的公平和公正性。

(2) 公平原则。公平原则要求对所有的投标人给予相同的竞争机会，使其享有同等的权力，并履行相应的义务，不得歧视任何参与者。

(3) 公正原则。公正原则要求招标投标方在国家政策、法规面前，在招标投标的标准面前一律平等。

(4) 诚实信用原则。诚实信用原则要求招标、投标双方应以诚实、守信的态度行使权力和履行义务，不允许在招标投标活动中，以欺诈的行为获取额外的利益，以维护招标投标双方当事人的利益、社会的利益和国家的利益。诚实守信原则还要求招标、投标双方不得在招标投标活动中损害第三方的利益。

3. 招标投标的一般程序

招标投标一般可分为以下四个阶段：

(1) 招标准备阶段。在这个阶段，招标工作可以分为以下八个步骤：① 具有招标条件的单位填写招标申请书，报有关部门审批；② 获准后，组织招标班子和评标委员会；③ 编制招标文件和标底；④ 发布招标公告；⑤ 审定投标单位；⑥ 发放招标文件；⑦ 组织招标会议；⑧ 接受投标文件。

(2) 投标准备阶段。根据招标公告或招标单位的邀请，投标单位选择符合本单位能力的项目，向招标单位提交投标意向，并提供资格证明文件和资料；资格预审通过后，组织投标班子，跟踪投标项目，购买招标文件；参加招标会议；编制投标文件，并在规定时间内报送给招标单位。

(3) 开标评标阶段。按照招标公告规定的时间、地点，由招投标方派代表并由公证人在场的情况下，当众开标。招标方对投标者进行资料后审、询标、评标。投标方做好询标解答准备，接受询标质疑，等待评标决标。

(4) 决标签约阶段。评标委员会提出评标意见，报送决定单位确定。依据决标内容向中标单位发出《中标通知书》。中标单位在接到通知书后，在规定的期限内与招标单位签订合同。

4.6.3　项目合同管理

1. 项目合同策划

1) 项目合同定义

项目合同是项目业主与承包商之间为完成一定的目标，明确双方之间的权利义务关系而达成的协议。

项目采购合同的内容主要包括以下方面：① 当事人的名称、姓名、地址；② 采购产品的名称、技术性能以及质量要求、数量、时间要求；③ 合同价格、计价方法和补偿条件；④ 双方的责任和权利；⑤ 双方的违约责任；⑥ 合同变更的控制方法。

项目合同的签订应满足以下几个条件：① 项目合同必须建立在双方认可的基础上；② 要有一个统一的计算和支付酬金的方式；③ 要有一个合同规章作为承包商工作的依据，这样他们既可受到合同的约束也可享受合同的保护；④ 合同的标的物必须合法；⑤ 项目合同要反映双方的权利和义务。

2) 项目合同类型的选择

项目合同按项目的规模、复杂程度、项目承包方式及范围的不同可分为不同的类型。最典型的合同类型有：

(1) 单价合同。这是最常见的合同种类，适用范围广。在这种合同中，承包商仅按合同规定承担报价风险，即对报价(主要为单价)的正确性和适宜性承担责任；而工程量变化的风险由业主承担。单价合同又分为固定单价和可调单价等形式。

(2) 总价合同。总价合同又分为固定总价合同和可调总价合同。固定总价合同以一次包死的总价格委托，除了设计有重大变更，一般不允许调整合同价格。

(3) 成本加酬金合同。在合同签订时不能确定一个具体的合同价格，只能确定酬金的比率。

(4) 目标合同。在一些发达国家，目标合同广泛使用于工业项目、研究和开发项目、军事工程项目中。在这些项目中承包商在项目可行性研究阶段，甚至在目标设计阶段就介入项目，并以全包的形式承包项目。

3) 合同条件的选择

合同协议书和合同条件是合同文件中最重要的部分。在实际项目中，业主可以按照需要自己(通常委托咨询公司)起草合同协议书，也可以选择标准的合同条件。在具体应用时，可以按照自己的需要通过特殊条款对标准文本作修改、限定或补充。

合同条件的选择应注意如下问题：

(1) 合同条件应该与双方的管理水平相配套。大家从主观上都希望使用严密的、完备的合同条件，但如果因双方的管理水平很低而使用十分完备、周密，同时规定又十分严格的合同条件，则这种合同条件没有可执行性。

(2) 选用双方都熟悉的、标准的合同条件，这样有利于合同的执行。如果双方来自不同的国家，选用合同条件时应更多地考虑承包商的因素，使用承包商熟悉的合同条件。由于承包商是项目合同的具体实施者，不能仅从业主自身的角度考虑这个问题。

(3) 合同条件的使用应注意到其他方面的制约。例如，我国工程估价有一整套定额和取费标准，这是与我国所采用的施工合同文本相配套的。如果在我国工程中使用 FIDIC 合同条件，或在使用我国标准的施工合同条件时，业主要求对合同双方的责、权、利、关系做重大的调整，则必须让承包商自由报价，不能使用定额和规定取费标准。

4) 重要合同条款的确定

按照承发包方式和管理模式，确定合同的重要条款，这对合同的起草和执行有决定性影响。

(1) 适用于合同关系的法律，以及合同争执仲裁的地点、程序等。

(2) 付款方式，如采用进度付款、分期付款、预付款或由承包商垫资承包，这是由业主的资金来源保证情况等因素决定。

(3) 合同价格的调整条件、范围和调整方法。

(4) 合同双方风险的分担。基本原则是通过风险分派激励承包商努力控制三大目标、控制风险，达到最好的项目经济效益。

(5) 对承包商的激励措施。各种合同中都可以订立奖励条款，恰当地采用奖励措施可以鼓励承包商缩短工期、提高质量和降低成本，提高管理积极性。

(6) 设计合同条款。通过合同保证对项目的控制权力，建立严密的、科学的控制程序，并形成一个完整的控制体系。

(7) 为了保证双方诚实信用，必须有相应的合同措施。

2. 合同管理的内容

(1) 采购合同的实施。合同管理的主要内容是为实现项目采购计划而开展的合同的实施管理。项目组织应根据合同规定，监督和控制供应商或承包商的商品与劳务供应工作。

(2) 报告供应的实施情况。项目组织要进行跟踪评价供应商或承包商的工作，这也被称为资源供应绩效报告管理。这项工作产生的供应绩效报告书能够为项目管理者提供有关供应商或承包商如何有效地达成合同目标的信息。这些信息是项目组织监控供应商或承包商提供资源的成本、进度以及质量和技术成果的依据。

(3) 采购质量控制。采购质量控制是保证项目所使用的资源符合质量要求的重要手段。在采购或承发包合同中，一般都对交付物的检查和验收进行了规定。

(4) 合同变更的控制。在采购合同的实施过程中，很可能由于合同双方的各种因素需要对合同条款进行变更。合同的变更会对双方的利益产生影响，因此需要合同双方对于变更达成一致的意见。一般合同中，都有合同变更控制办法的规定。此外，国家有关法律对这种合同的变更也规定了一些法定程序。

(5) 纠纷的解决。合同双方的争议和经济纠纷常常是因为合同变更引起的。一般情况下，合同纠纷的处理原则是：如果合同中存在处理争议的条款，那么就按照合同条款中的办法处理；如果没有此类条款，那么可以请双方约定的第三方进行调解；如果双方对于第三方的调解不能达成一致，那么就应交付仲裁或诉讼来解决。

(6) 项目组织内部对变更的认可。项目采购或承发包合同一旦发生变更，项目组织就必须要让所有需要知道的组织内部人员了解和清楚这种变更，以及这种变更对整个项目所带来的影响，以确保合同的变更得到组织内部人员的认可，从而不会影响项目组织的士气和整个项目工作。采购合同变更的控制系统应该与全项目变更控制系统相结合。

(7) 支付系统管理。对供应商或承包商的支付通常是由项目组织的可支付账户控制系统管理的。在有众多采购需求的较大项目中，项目组织可以开发自己的支付控制系统。项目组织通常应根据合同的规定，按照供应商或承包商提交的发货单或完工单对供应商或承包商进行付款活动，并严格管理这些支付活动。

3. 合同收尾

合同收尾是项目采购与合同管理的最后一个过程，一般来说，订立的合同条款本身就为合同收尾规定了特定的程序。合同收尾即合同的完成和结算，包括任何未决事宜的解决。这个过程通常包括：① 产品审核，验证所有工作是否被正确地、令人满意地完成；② 管理收尾，更新记录以反映最终成果和将信息立卷以备将来使用；③ 正式验收和收尾，负责合同管理的个人或组织应向采购方提供合同已完成的正式书面通知；④ 合同审计，对整个采购和合同管理过程的一种结构性复查。

4.7　项目风险管理

项目风险来源于任何项目中都存在的不确定性，它是一种不确定事件或状况，一旦发生，会对至少一个项目目标，如时间、费用、范围或质量目标，产生消极影响。风险管理的任务就是管理项目面临的各种风险(具体指风险发生概率和风险发生的潜在影响)。其目的是以经济有效的方式采取行动，使风险达到令人满意的水平。要避免和减少损失，项目主体就必须了解项目风险的来源、性质和发生规律，在整个项目过程中积极并一贯地采取风险管理。

4.7.1　项目风险管理的有关概念

1. 项目风险的概念

项目的立项、各种分析、研究、设计和计划活动都是基于对未来情况(包括政治、经济、社会和自然等各方面)的预测的基础上，基于正常的、理想的技术、管理和组织之上。而在实际实施以及项目运行过程中，这些因素都有可能发生变化。这些变化会使得原定的计划、方案受到干扰，使原定的目标不能实现。这些事先不能确定的内部和外部的干扰因素，人们将它称为风险。风险是项目系统中的不可靠因素。

风险在任何项目中都存在。项目作为集合经济、技术、管理、组织各方面的综合性社会活动，它在各个方面都存在着不确定性。这些风险造成项目实施的失控现象，如工期延长、成本增加、计划修改等，最终导致工程经济效益降低，甚至项目失败。而且现代项目的特点是规模大、技术新颖、持续时间长、参加单位多、与环境接口复杂，可以说在项目实施过程中危机四伏。许多领域的项目风险大，危害性也大，如国际工程承包、国际投资和合作，所以被人们称为风险性事业。在我国的许多项目中，由风险造成的损失是触目惊心的。但风险和机会同在，通常只有风险大的项目才能有较高的盈利机会，所以风险是对管理者的挑战。风险控制能获得非常高的经济效果，同时它有助于竞争能力的提高、素质和管理水平的提高。所以，在现代项目管理中，风险的控制问题已成为研究的热点之一。

2. 项目风险的特征

分析现代项目的许多案例，可以看出，项目风险具有如下特点：

(1) 风险的多样性，即在一个项目中有许多种类的风险存在。例如，政治风险、经济风险、法律风险、自然风险、合同风险和合作者风险等。这些风险之间有复杂的内在联系。

(2) 项目风险的普遍性，即一般项目中都有风险存在，并且在一个项目中，风险在项目全过程中都存在，而不仅是实施阶段。

(3) 风险影响常常不是局部的，而是全局。例如，反常的气候条件造成工程的停滞，进而影响整个后期计划，以及后期所有参加者的工作；它不仅会造成工期的延长，而且会造成费用的增加，造成对工程质量的危害。即使是局部的风险，随着项目的发展，其影响也会逐渐扩大。例如，一个活动受到风险干扰，可能影响与它相关的许多活动，所以在项目中风险影响随时间推移有扩大的趋势。

(4) 项目风险具有客观性、偶然性和可变性，同时又有一定的规律性。由于项目的实施遵循一定的规律，所以风险的发生和影响也有一定的规律性，是可以进行预测的。重要的是人们要有风险意识，要重视风险，对风险进行全面的控制。

3. 项目风险管理的特点

(1) 项目风险管理尽管有一些通用的方法，如概率分析方法、模拟方法和专家咨询法等。但一旦要研究具体项目的风险，则必须与该项目的特点相联系。例如：

① 该项目的复杂性、系统性、规模、新颖性和工艺的成熟程度；

② 项目的类型，项目所在的领域。不同领域的项目有不同的风险，有不同风险的规律性、行业性特点，如计算机开发项目与建筑工程项目就有截然不同的风险；

③ 项目所处的地域，如国度、环境条件。

对风险管理，过去同类项目的资料、经验和教训是十分重要的。

(2) 风险管理需要大量地占有信息，了解情况，要对项目系统以及系统的环境有十分深入的了解，并要进行预测，所以不熟悉情况是不可能进行有效的风险管理的。

(3) 虽然现在人们通过全面风险管理，在很大程度是已经将过去凭直觉、凭经验的管理上升到理性的、全过程的管理，但风险管理在很大程度上仍依赖于管理者的经验及过去项目的经历，对环境的了解程度和对项目本身的熟悉程度。在整个风险管理过程中，人的因素影响很大，如人的认识程度、精神、创造力。风险管理中要注意对专家经验和教训的调查分析，这不仅包括他们对风险范围、规律的认识，而且也包括对风险的处理方法、工作程序和思维方式，并在此基础上将其系统化、信息化和知识化，用于对新项目的决策支持。

(4) 风险管理在项目管理中属于一种高层次的综合性管理工作，它涉及企业管理和项目管理的各个阶段和各个方面，涉及项目管理的各个子系统。所以，风险管理必须与合同管理、成本管理、工期管理和质量管理连成一体，形成集成化的管理过程。

(5) 风险管理的目的并不是消灭风险。在项目中，大多数风险是不可能由项目管理者消灭或排除的，而是在于有准备地、理性地进行项目实施，减少风险的损失。

4．项目风险管理的主要工作

项目风险管理是对项目风险进行识别、分析和应对的系统的过程。

(1) 风险管理计划编制。它是项目计划的一部分，决定如何安排项目风险管理活动。

(2) 风险识别。确定可能影响项目的风险的种类，即可能有哪些风险发生，并将这些风险的特性整理成文档。

(3) 风险分析。对项目风险发生的条件、概率及风险事件对项目的干扰进行分析，评估它们对项目目标的影响程度，并按它们对项目目标的影响顺序排列。

(4) 制定风险应对措施，编制风险应对计划，制定一些程序和技术手段，用来提高实现项目目标的概率和减少风险的威胁。

(5) 项目实施中的风险控制。在项目全过程的各阶段进行风险预警；在风险发生的情况下，实施降低风险计划，保证各应对措施的应用和有效性；监控残余风险；识别新的风险，更新风险计划，以及评价这些工作的有效性等。

4.7.2 项目风险的识别与评价

1．项目风险的识别

项目风险识别指确定哪些风险会影响项目，并将其特性记载成文。只有在正确识别出项目所面临的风险后，才能够主动选择适当有效的方法进行处理。风险识别是一项反复的过程，随着项目生命周期的进行，新风险可能会出现，因此应当自始至终定期进行风险识别。表 4-16 列出了项目管理各阶段遇到的常见风险。

表 4-16   项目管理各阶段遇到的常见风险

项目管理阶段	常 见 风 险
启动阶段	目标不明确，项目范围不清，工作表述不全面，目标不现实，技术条件不够……
计划阶段	计划难以实现，资源分配不当，成本预算不合理，速度不合理，计划不够具体……
实施阶段	领导犹豫不决，没有高层领导者的支持，团队成员没有合作精神，沟通不当，通信设施阻碍工作，资源短缺，重要成员变动……
控制阶段	项目计划没有机动性，不能适应变化，管理不灵活，外部环境不断变化……
结果	中断项目，未达到预期目标，资金超出预算……

1) 识别的依据

(1) 风险管理计划。风险管理计划为风险识别过程提供的主要依据信息包括角色和职责的分配、预算和进度计划纳入的风险管理活动因素以及风险类别。

(2) 活动费用估算。对活动成本估算进行审查，有利于识别风险。

(3) 活动持续时间估算。对活动持续时间估算进行审查，有利于识别与活动或整个项目的时间安排有关的风险。

(4) 项目范围说明书。通过项目范围说明书可查到项目假设条件的信息。有关项目假设条件的不确定性，应作为项目风险的潜在成因进行评估。

(5) 工作分解结构。工作分解结构是识别风险过程的关键依据，因为它方便人们同时从微观和宏观层面认识潜在风险，可以在总体、控制账户和/或工作包层级上识别，继而跟踪风险。

(6) 利益相关者清单。应确保利益相关者(特别是关键的利益相关者)能以访谈或其他方式参与识别风险过程。

(7) 其他项目管理计划。风险识别过程也要求对项目管理计划中的进度、费用和质量管理计划有所了解。通过对其他知识领域过程的成果进行审查来确定跨越整个项目的可能风险。

(8) 环境因素。环境因素包括组织或公司的文化与组成结构，政府或行业标准，基础设施，现有的人力资源，人事管理，公司工作核准制度，市场情况，利益相关者风险承受力，商业数据库和项目管理信息系统等。

(9) 组织过程资产。可以从先前的项目档案中获得相关信息，包括完成的进度表、风险数据、实现价值数据和经验教训等。

2) 识别的内容

项目风险识别是项目风险管理中的首要工作，它的主要工作内容包括以下几个方面。

(1) 识别并确定项目有哪些潜在的风险。这是项目风险识别的第一项工作目标，只有识别和确定项目可能会遇到哪些风险，才能进一步分析这些风险的性质和后果。因此，在项目风险识别中首先要全面分析项目发展变化的可能性，进而识别出项目的各种风险并汇总成项目风险清单(项目风险注册表)。

(2) 识别引起项目风险的主要影响因素。这是项目风险识别的第二项工作目标，只有识别出各项目风险的主要影响因素，才能把握项目风险的发展变化规律，才有可能对项目风险进行应对和控制。因此，在项目风险识别中要全面分析各项目风险的主要影响因素及其对项目风险的影响方式、影响方向、影响力度等。

(3) 识别项目风险可能引起的后果。这是项目风险识别的第三项工作目标，只有识别出项目风险可能带来的后果及其严重程度，才能全面认识项目风险。项目风险识别的根本目的是找到项目风险以及消减项目风险不利后果的方法，因此识别项目风险可能引起的后果是项目风险识别的主要内容。

3) 识别的方法

从理论上讲，任何有助于风险信息发现的方法都可以作为风险识别的工具，其中最常用的有以下几种。

(1) 文件审核法。文件审核法是从项目整体和详尽范围两个方面对项目计划与假设、文件及其他资料进行结构性的审核，从而对潜在的风险进行识别，具体如表 4-17 所示。

表 4-17 项目风险评审

评审类型	问 题
项目章程	各部分是否清晰且容易理解
相关者清单	最让他们头疼的事情是什么
沟通计划	沟通不善会导致什么环节出现问题
假设	能够确保每个假设条件都可以实现
制约因素	各制约因素如何增加项目难度
工作分解结构	通过工作分解结构的细化能发现哪些风险
进度计划	项目里程碑或其他合并点可能出现哪些问题
资源需求	哪些环节部分员工超负荷工作
交接点	工作在项目员工之间交接会出现哪些问题
文献	刊登的同类项目出现过何种问题或机遇
过去的项目	所亲历的同类项目面临哪些挑战和机遇
同行评审	同行能否识别更多风险
高层管理	高层管理者能否识别出更多风险

(2) 调查与访谈法。

① 头脑风暴法。头脑风暴法是进行风险识别时最常用的方法。就风险识别而言，头脑风暴法是通过会议的形式充分发挥与会者的创造性思维、发散性思维和专家经验来识别项目的风险。其最终目的是获得一份全面的风险列表，以便在将来的风险分析过程中进一步明确。

② 德尔菲法。德尔菲法是一种专家们就某一主题达成一致意见的方法。对风险识别而言，就是项目风险专家对项目风险进行识别，并达成一致性意见。这种方法有助于减少数据方面的偏见，同时保证了结果的客观性。

③ 访谈法。访谈法指与不同的项目相关人员进行有关风险的访谈，其结果将有助于发现那些在常规计划中未被识别的风险。

④ SWOT分析。SWOT分析是一种广为应用的战略选择方法，它自然也可以用于识别项目风险。SWOT中，SW是项目本身的优势与劣势(Strengths And Weaknesses)，OT指项目外部的机会和威胁(Opportunities And Threats)。SWOT分析用于项目风险识别时，就是对项目本身的优劣势和项目外部环境的机会与威胁进行综合分析，对项目进行系统的评价，最终达到识别项目风险的目的。

(3) 核对表法。核对表法比较简单，它主要是利用核对表作为风险识别的重要工具。核对表一般根据风险要素编撰，其中主要包括项目的环境、项目产品或技术资料及内部因素，如团队成员的技能或技能缺陷等。

(4) 图示技术。图示技术对项目风险识别来说是一种非常有用的结构化方法，其可以帮助人们分析和识别项目风险所处的具体环节、项目各环节存在的风险，以及项目风险的起因和影响。常见的图示技术有以下几种：

① 因果分析图，用于确定风险的起因；

② 系统和过程流程图，反映某一系统内部各要素之间是如何互相影响的，并反映发生因果关系的机制；

③ 影响图，反映了变量和结果之间因果关系的相互作用、事件的时间顺序及其他关系；

④ 风险分解结构(Risk Breakdown Structure，RBS)，风险分解结构列出了一个典型项目中可能发生的风险分类和风险子分类。不同的 RBS 适用于不同类型的项目和组织。这种方法的好处是提醒风险识别人员风险产生的原因是多种多样的。图 4-24 即为一个风险分解结构示例。

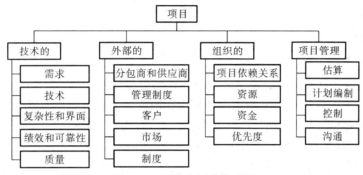

图 4-24　风险分解结构示例

(5) 其他方法。

① 现场视察法。在风险识别阶段，风险经理对现场进行勘察非常重要，特别是工程项目，风险经理应通过直接观察现场的各种设施及操作，以便能够更多、更细致地识别项目的潜在损失。

② 相关部门配合法。项目的风险经理应与其他相关部门(如合同管理部门、采购部门、财务部门等)密切配合，一同来识别项目风险。

③ 索赔统计记录法。项目经理在进行风险识别时，应大量查阅已完工的类似工程的有关索赔记录，也许这种方法发现风险的绝对量要比别的方法少一些，但它可能识别出其他方法一般不能发现的某些风险。

④ 环境分析法。企业或项目的环境一般包括四个部分：顾客(业主)、原材料供应商、竞争者、政府管理者。分析环境风险时，应重点考虑它们相互联系的特征和稳定性，通过分析环境的组成，有可能会发现许多风险因素。

4) 识别的成果

项目风险识别之后要把结果整理出来，写成书面文件，为风险分析的其余步骤和分析管理做准备。风险识别过程的成果一般载入风险登记册中，形成风险登记册的最初记录。风险登记册的内容应在风险管理的后续过程中充实完善并及时更新。在小型项目中，风险登记册只要一个表单就可以，但在大型复杂项目中，有些组织可能需要使用数据库。最初的风险登记册包括如下信息：

(1) 已识别的风险清单。对已识别风险进行描述，包括其根本原因、不确定的项目假设等。风险可涉及任何主题和方面，如关键线路上的几项重大活动具有很长的超前时间；港口劳资争议将延迟交货，并拖延工期；一项项目管理计划中假设由 10 人参与项目，但实际仅有 6 项资源可用，资源匮乏将影响完成工作所需的时间，同时相关活动将被拖延。

(2) 潜在应对措施清单。在分析识别过程中，可识别出风险的潜在应对措施。如此确定的风险应对措施可作为风险应对规划过程的依据。

2. 项目风险的评价

风险识别后要对风险进行评估、分析和排序，确定哪些是需要谨慎管理的重要风险，哪些是可以轻松应对的次要风险。风险评价是对风险的规律性进行研究和分析，尽管评价过程经常包括主观判断，人们仍希望尽可能地将风险定量化。这种量化包括尽量确定各种结果发生的概率。

1) 评价的过程

项目风险评价的主要过程包括：

(1) 对识别的每个风险项进行定性分析。评估该风险发生的可能性及风险可能发生的概率，评估风险一旦发生对项目的进度、成本、质量、范围等目标及其他项目目标可能造成的影响，同时对风险在项目的进展中可能发生的时间进行分析。

(2) 分析是否需要进行风险的定量分析。如果需要，是否所有风险项都需要。

(3) 根据需要，进行风险的定量分析。

(4) 根据评价结果对项目风险进行排序，以加强对重要风险的关注和控制。

(5) 对风险之间的关联及项目的整体风险等级进行评价。

(6) 对在风险识别阶段形成的风险登记册进行充实和更新。

2) 评价的方法

风险分析通常是凭经验、靠预测进行的，但也有一些基本分析方法可以借助。风险分析方法通常分两大类，即定性风险分析的方法和定量风险分析的方法。

(1) 列举法。通过对同类已完结项目的环境、实施过程进行调查分析、研究，可以建立该类项目基本的风险结构体系，进而可以建立该类项目的风险知识库(经验库)。它包括该类项目常见的风险因素。在对新项目决策，或在用专家经验法进行风险分析时给出提示，列出所有可能的风险因素，以引起人们的重视，或作为进一步分析的引导。

(2) 专家经验法(Delphi)。这不仅用于风险因素的罗列，而且用于对风险影响和发生可能性的分析，一般不要采用提问表的形式，而采用专家会议的方法。

(3) 决策树方法。决策树常常用于不同方案的选择，它在分析每个决策或事件(即自然状态)时，都引出两个或多个事件和不同的结果，并把这种决策或事件的分支画成图形，这种图形很像一棵树的树干，故称决策树分析法。通过决策树分析，在分析成本、收益的情况下算出期望值，选取获得最大期望收益值的策略，从而获得最优风险型决策方案。

3) 评价的结果

风险分析结果必须用文字、图表的形式作风险分析报告，作为风险管理的文档保存。这个结果不仅应作为风险分析的结果，而且应作为人们风险管理的基本依据。表的内容可以按照分析的对象进行编制，如以项目单元(工作包)作为对象则可以建如 4-18 所示的表。这是对工作包的风险研究，可以作为对工作包说明的补充分析文件，也可以按风险结构进行分析研究(见表 4-19)，特别是两类风险：① 在项目目标设计和可行性研究中分析的风险；② 对项目总体产生影响的风险，如通货膨胀影响、产品销路不畅、法律变化和合同风险等。

此外，风险应在各项任务单(工作包说明)、决策文件、研究文件和报告指令等文件中予以说明。

表 4-18　以项目单元(工作包)作为对象的风险分析说明表

工作包号	风险名称	风险会产生的影响	原因	损失		可能性	损失期望	预防措施	评价等级 A、B、C
				工期	费用				

表 4-19　按风险结构进行分析说明表

风险编号	风险名称	风险的影响范围	导致发生的边界条件	损失		可能性	损失期望	预防措施	评价等级 A、B、C
				工期	费用				

4.7.3　风险应对计划与风险控制

1. 风险应对计划

风险识别与风险评价完成后，项目团队就要决定如何应对风险。编制风险应对计划指在确定了项目存在的风险，并分析出风险概率及其风险影响程度的基础上，研究和确定消除、减少或转移风险的方法，或做接受风险的决定。它是项目计划的一部分，应与项目的其他计划，如进度计划、成本计划、组织计划和实施方案等通盘考虑，必须考虑风险对其他计划的不利影响。

(1) 风险应对策略。对分析出来的风险必须采取应对措施，首先必须做出风险的应对策略。风险应对策略是项目实施策略的一部分。对风险，特别是对重大的风险，要进行专门的策略研究。通常对风险可采取如下策略：

① 风险规避，即对风险大的项目不参加投标，放弃项目机会。这样做虽规避了风险，但又放弃了机会。

② 风险减轻，通过技术、管理和组织手段，减轻风险的可能影响。

③ 风险自担，即准备自己承担风险产生的损失。

④ 风险转移，通过合同、保险等方法转移风险，让第三方承担风险。

⑤ 风险共担，即由合作者(如联营方、分包商)各方共同承担风险。

对不同的风险采用不同的处置方法和策略，对同一个项目所面临的各种风险，可综合运用各种策略进行处理。具体采取哪一种或几种，取决于项目的风险形势。

(2) 更新风险登记册。项目经理要根据应对计划结果及时更新风险登记册，并设置更新频率。这个过程包括记录每项风险的应对策略，给每项风险分派唯一的"负责人"，负责识别该风险的触发条件并实施应对策略，最后对项目进度、预算、资源分配以及沟通计划的变更进行更新。

2. 风险控制

项目风险控制指在整个项目过程中，根据项目风险管理计划和项目实际发生的风险与变化所开展的各种控制活动。项目风险控制是建立在项目风险的阶段性、渐进性和可控性基础之上的一种项目风险管理工作。

1) 项目风险控制的目标

项目风险控制的目标主要有：

(1) 努力及早识别项目的风险。

(2) 努力避免项目风险事件的发生。

(3) 积极消除项目风险事件的消极后果。

(4) 充分吸收项目风险管理中的经验教训。

2) 项目风险控制的依据

项目风险控制的依据主要有：

(1) 项目风险管理计划。这是项目风险控制最根本的依据，通常项目风险控制活动都是依据这一计划开展的，只有那些新识别出的项目风险例外。但是，在发现新的项目风险以后需要立即更新项目风险管理计划。

(2) 实际项目风险发展变化情况。有些项目风险最终变成现实，而有些项目风险最终没有发生。这些未来发生或不发生的项目风险的各种特性，尤其是它们实际的发展变化情况，也是项目风险控制工作的最重要依据之一。

3) 项目风险控制的步骤与内容

项目风险控制的步骤与内容如图 4-25 所示。

(1) 建立项目风险事件控制体制。这指在项目开始之前要根据项目风险识别和评价报告所给出的信息，制定出整个项目风险控制的方针、程序以及管理体制。

(2) 确定要控制的具体项目风险。这是根据项目风险识别和评价报告所列出的各种具体项目风险确定出对哪些项目风险进行控制。通常按照项目具体风险后果严重程度和风险发生概率以及项目组织的风险控制资源等情况来定。

(3) 确定项目风险的控制责任。这是分配和落实实现项目具体风险控制责任的工作。所有需要控制的项目风险都必须落实具体负责控制的人员，同时要规定他们所负的具体责任。

(4) 确定项目风险控制的行动时间。这指对项目风险的控制要制订相应的时间计划和安排，规定出解决项目风险问题的时间限制。

(5) 制定各个具体项目风险的控制方案。这需要事先找出能够控制项目风险的各种备选方案，然后对各方案作必要的可行性分析和评价，最终选定要采用的分析控制方案并编制项目风险控制方案文件。

(6) 实施各个具体项目风险控制方案。它指根据确定出的项目风险控制方案开展活动，同时还要根据项目风险的实际发展与变化不断修订项目风险控制方案。

(7) 跟踪各个具体项目风险的控制结果。这指收集项目风险控制工作结果的信息并给予反馈，并不断地根据反馈信息修订和指导项目的风险控制工作。

(8) 判断项目风险是否已经消除。如果认定某个项目风险已经解除，则该具体项目的控制作业就已经完成了；若判定仍未解决，就需要重新按照图 4-25 的方法开展项目风险控制工作。

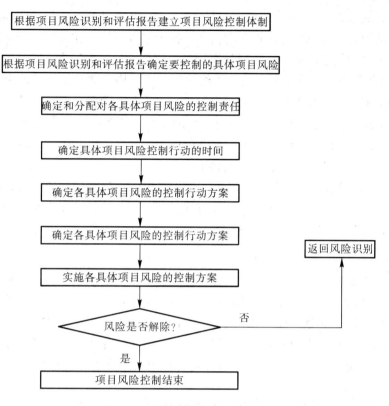

图 4-25 项目风险控制的步骤与内容

4.8 项目沟通管理

项目沟通管理是对于项目管理过程中各种不同方式和不同内容的沟通活动的管理，其目标是保证有关项目的信息能够适时地，以合理的方式产生、收集、处理、存储和交流。项目沟通管理是对项目信息和信息传递的内容、方法和过程的全面管理，是对人们交换思想和交流感情(与项目工作和项目团队有关的思想和感情)的活动与过程的全面管理。

4.8.1 项目沟通的基本内容

沟通是达到组织协调的手段，也是解决组织成员间障碍的基本方法。项目协调的程度和效果常常依赖于各项目参加者之间沟通的程度。沟通不但可以解决各种协调的问题，如在目标、技术、过程、管理方法和程序中间的矛盾、困难和不一致，还可以解决各参加者心理和行为的障碍和争执。

1. 沟通的目的
通过沟通可达到以下目的：

(1) 明确总目标，使项目参加者对项目的总目标达成共识。项目经理一方面要研究业主的总目标、战略、期望和项目的成果准则，另一方面在做系统分析、计划及控制前，把总目标通报给项目组织成员。通过这种沟通，使大家以总目标作为行动指南。沟通的目的是要化解组织之间的矛盾和争执，以便在行动上协调一致，共同完成项目的总目标。

(2) 项目组织成员目标不同容易产生组织矛盾和障碍，通过沟通使各参与者、各方面互相理解和了解，建立和保持良好的团队精神，使人们积极地为项目工作。

(3) 使人们行为一致，减少摩擦对抗，化解矛盾，达到一个较高的组织效率。

(4) 保持项目的目标、结构、计划、设计和实施状况的透明度，当项目出现困难时，通过沟通使大家有信心、有准备，齐心协力。

(5) 沟通是决策和计划、组织、激励、领导和控制等管理职能的基础和有效保证，是建立和改善人际关系必不可少的条件和重要手段。项目管理工作中产生的误解、摩擦和低效率等问题很大部分可以归咎于沟通的失败。

2. 沟通的原则

(1) 准确性原则。当信息沟通所用的语言和传递方式能被接收者所理解时，才是准确的信息，这个沟通才具有价值。在实际工作中，常会出现接收者对发送者非常严谨的信息缺乏足够的理解的情况。信息发送者的责任是将信息加以综合，并熟悉下级、同级和上级所用的语言，用容易理解的方式表达，并对表达不当、解释错误、传递错误给予澄清。这样，才能克服沟通过程中的各种障碍。信息接收者必须集中精力，才能对信息有正确的理解。

(2) 完整性原则。当项目经理为了达到组织目标，而要实现和维持良好的合作时，就要与员工进行沟通，以促进他们的相互了解。这项原则一个特别需要注意的地方就是，信息的完整性部分取决于项目经理对下级工作的支持。项目经理位于信息交流的中心，应运用这个中心的职位和权力，起到中心的作用。

(3) 及时性原则。在沟通的过程中，不论是项目经理向下级沟通信息，还是下级主管人员或员工向项目经理沟通信息，还应注意及时性原则。这样可以使组织新近制定的政策、组织目标、人员配备等情况尽快得到下级主管人员或员工的理解和支持，同时可以使项目经理及时掌握下属的思想、情感和态度，从而提高管理水平。

(4) 非正式组织策略性运用原则。这一原则的性质就是，只有当项目经理使用非正式的组织来补充正式组织的信息沟通时，才会产生最佳的沟通效果。非正式组织传递信息的最初缘由，是由于一些信息不适合于由正式组织来传递。所以，在正式组织之外，应该鼓励非正式组织传达并接收信息，以辅助正式组织做好组织的协调工作，共同为达到组织目标做出努力。

一般来说，非正式渠道的消息对完成组织目标也有不利的一面。小道消息盛行，往往反映了正式渠道的不畅通。因而，加强和疏通正式渠道，在不违背组织原则的前提下，尽可能地通过各种渠道进行信息传递，是防止那些不利于或有碍于组织目标实现的小道消息传播的有效措施。

3. 沟通计划

当项目经理和项目团队了解了相关者之后，接下来项目团队应该制订项目沟通计划。

项目沟通计划就是确定、记录并分析项目利益相关者所需要的信息和沟通需求，即谁需要信息，需要何种信息，何时需要以及如何有效传递信息。项目沟通计划作为规划未来项目进行沟通管理的动态文件，一般在项目的初期阶段制订。但是，由于各阶段的主要利益相关者有所不同，主要沟通对象也会有所不同。因此，为了提高沟通的有效性，应该根据项目实施中的具体情况和沟通计划的适用性来进行定期检查和修改。

编制项目沟通计划时，应该考虑的内容有很多。表 4-20 所示的是编制项目沟通计划时需要考虑的因素，这些因素可以适用于所有的项目沟通。

表 4-20　沟通计划考虑的因素

沟通目标	沟通结构	沟通方式	沟通时间
授权： 　方向设置 　信息收集 情况报告： 　进度成本人员 　风险问题质量 　变更控制 　项目输入的批复 　向上级报告 　经验教训	1. 利用现有的结构形式 2. 模板(调整) 3. 独特(创建)	推动方式： 　即时通信、邮件 　语音信箱 　传真 拉动方式： 　共享文档库 　企业内网 　博客(知识库) 　布告栏 互动方式： 　电话会议 　维基百科 　视频会议 　群组软件	项目生命周期 章程 项目规划 里程碑 输出兑现 项目收尾 常规时间 日志——成员 周记——核心团队 月历——发起人 有需要时——其他人

(1) 目标栏。表 4-20 的第一栏显示的是每次沟通的目标。如果沟通没有意义，那么就没有实施的必要。项目经理必须采取有效的沟通来发现并管理所有相关者的期望，同时确保项目工作按时完成。来自相关者的沟通在工作授权、明确要求、发现和解决问题以及对项目进展和结果进行反馈方面非常重要。不同的相关者对项目的期望通常存在冲突，有效的沟通有助于理解和解决这些差异。和项目利益相关者的沟通有助于他们做出好的决策(通过理解面临的选择与风险)，确保他们了解项目进程，做出全面的承诺，并且做好接受项目交付成果的准备。沟通的另一个目标是促进项目经理及时决策，向高级管理层汇报自己无法解决的问题。聪明的项目经理会判断如何尽快向项目发起人以及其他决策者提出问题。提前计划能够确保在项目结束时总结经验教训，形成文档，以供今后的项目借鉴。

项目经理能够与其核心团队、其他利益相关者建立相互信任的关系，部分源于采用尽可能开放式的沟通。然而，其需要尊重所有隐私，判断哪些适合分享哪些不适合分享。

(2) 结构栏。表 4-20 中第二列是沟通的结构形式，主要有三种可能：

① 已有的组织性沟通结构，如果有，就直接采用，没有必要重新确立每个文档，以

免浪费时间或者增加费用，组织中有许多相关方习惯于特定的沟通模式，并且运用这种模式会使他们更容易相互了解。

② 调整一些已有的沟通模板，当没有可以直接使用的模板时，可以调整一些已有的沟通模板。

③ 创建全新沟通结构。使用以上三种方式中的任意一种，项目团队都需要对所有将要实施的沟通进行版本控制。因为相关者提供的大部分文档对实施沟通都有贡献，要注意版本控制，这样便于查找和归类。

(3) 方式栏。表 4-20 的第三列表示沟通方式。项目沟通方式有三种：第一是"推动"方式，主动传递或推动沟通的进行；第二是"拉动"方式，指沟通通过纸张或电子文件等形式被传递出去，有利益关系的相关者需要主动接受这种沟通；第三是"互动"方式，进行双向沟通。典型的项目沟通计划应运用多种沟通方式。

(4) 时间栏。表 4-20 的第四列起提示作用，它显示的是编制项目沟通计划时项目团队需要考虑的时间问题。对沟通进行交付时可以使用三种时间进度类型：第一种是项目生命周期过程中在项目每个主要阶段结束时和每个项目交付完成时进行沟通；第二种时间进度类型遵循更加正式的组织结构，在定期的进度会议上报告项目进展，与组织中的高层会议相比，项目一线的会议更加频繁；第三种时间方案以需求为基础，许多时候，相关方想要知道一个确切的事实，并且不能等到下一次会议和报告，因此项目团队需要对项目进程不断更新，及时处理这些视需求而定的要求。

4. 项目沟通过程的特殊性

项目中的沟通管理是涉及项目全过程的综合性管理工作，涉及面很广。沟通过程不仅仅是一个管理过程，还具有如下特殊性：

(1) 沟通过程是项目利益相关者和项目组织各方利益的协调和平衡的过程。在项目中，大量的沟通障碍(争执)是由于利益冲突引起的。这是项目中的沟通与企业中的沟通的差异之一。

(2) 沟通过程又是一个信息流通和交换过程，各种沟通方式最基本的功能就是信息交换，所以要确定项目组织各方面和其他项目利益相关者的信息需求、沟通过程和规则。

(3) 沟通过程又是人们的行为和心理的协调过程，以解决人们之间由于利益冲突、信息孤岛、组织文化不一致导致的心理和行为障碍。

4.8.2　项目冲突管理

冲突就是项目中各因素在整合过程中出现的不协调现象。冲突管理就是项目管理者利用现有的技术，对出现不协调现象进行处置或对可能出现的不协调现象进行预防的过程。

1. 项目冲突类型

1) 项目组织部门之间的冲突

项目组织部门之间由于各种原因而发生的对立情形包括以下几种类型：

(1) 纵向冲突。这是指组织中通过纵向分工形成的不同层次间的冲突，也就是上级部门与下级部门之间的冲突。例如，董事长与总经理、总经理与项目经理之间的冲突。这些冲突可能是由下级部门的"次级目标内化"造成的，也可能是上级部门对下级部门监督过于严格造成的；可能是由于缺乏交流造成的，也可能是掌握的信息不同而导致认识上的差异(误会)造成的。

(2) 横向冲突。这是指组织中通过横向分工形成的不同职能部门间的冲突，也称为功能冲突。组织中的工作人员往往因为各自所执行的职能不同，表现出一定的差异，如不同部门的人员对同一事件的看法就不一样，不同部门中的人际关系复杂程度也不一样，所以，极易导致功能冲突。其产生的原因关键在于过分强调本部门的目标，忽略了对其他部门和组织整体的影响。

(3) 指挥系统与参谋系统的冲突。参谋人员经常抱怨，乙方被要求理解指挥人员的需要，给他们建议，但指挥人员往往会忽略参谋人员的存在。也就是说，参谋人员的成果必然依赖于指挥人员接受乙方的建议，但是指挥人员并不一定需要参谋人员的建议。这种不对称的相互依赖关系是两者产生冲突的主要原因。

2) 项目成员的角色冲突

有的项目成员在项目中可能同时扮演多种角色，角色冲突通常在一个人被要求扮演两种或两种以上的不一致的、矛盾的或相互排斥的角色时发生。一个典型的处于角色冲突之间的职位就是工头，工头经常面临作为上级领导和作为下属两种不同的角色要求。一般来说，角色冲突的类型包括如下几点。

(1) 同一指令的矛盾要求。这是指同一个指令者要求角色接受者同时充当两种或两种以上的矛盾的或不一致的角色，如要求下属在不违反规定的情况下做无法完成的工作，但同时又要严格维护规定。

(2) 来自不同指令者的矛盾要求。这是指当不同的指令者对同一个指令接收者的行为要求不一致时，指令接收者就很难做出选择。

(3) 个人充当不同角色的矛盾。当个人同时充当了两种或两种以上的角色，而且两种角色的期望不一致时，就会出现冲突。从某种意义上来说，这一类冲突是由于资源的有限引起的。

(4) 角色要求与个体之间的矛盾。当角色的要求与个人的能力、态度、价值观或行为不一致时，就会出现这类冲突。这可能是个人的能力超过了角色要求而出现的要求不足，也可能是由于角色要求过度而出现的一种情况。

2. 项目中常见的冲突

在项目环境中，冲突是不可避免的。在大多数情况下，冲突总是因人而起。如果采取正确的方式，这些冲突通常在不影响项目计划之前就能够被化解。认识项目中常见的冲突，有助于更好地解决冲突。常见的冲突归纳如下。

(1) 管理程序上的冲突。许多冲突来源于项目应如何管理，也就是项目经理的报告关系定义、责任定义、界面关系、项目工作范围、运行要求、实施的计划、与其他组织协商的工作协议以及管理支持程序等。

(2) 技术意见和性能权衡上的冲突。在面向技术的项目中，在技术质量、技术性能要求、技术权衡以及实现性能的手段上都会发生冲突。例如，客户认为应该采用最先进的技术方案，而项目团队则认为采用成熟的技术更为稳妥。

(3) 资源分配的冲突。在资源分配中，人员是关键，可能会在决定由谁(项目成员)来承担某项具体任务以及分配资源数量的多少等方面产生冲突。因为项目团队成员有很多是来自其他职能部门或者支持部门，这些人需要接受本部门的调度，而这些部门很有可能为多个项目提供资源支持。因此，在资源的调配和任务的分配上会出现冲突。

(4) 进度计划冲突。冲突可能会来源于对完成工作的次序及完成工作所需时间长短的意见不一。进度冲突往往与支持部门有关，项目经理对这些部门只有有限的权力进行控制，但是他们对工作优先权的考虑往往存在着差异。例如，一件对项目经理来说十万火急的事在相应的支持部门处理时却只是较低的优先权。进度计划冲突有时还与人力资源问题有关。

(5) 费用冲突。项目实施进程中，经常会由于工作所需费用的多少而产生冲突。例如，项目经理分配给各职能部门的资金总被认为相对于支持其要求是不足的，工作包 A 的负责人常常会认为该工作包中预算过小，而工作包 B 的预算过大。

(6) 项目优先权的冲突。当人员被同时分配到几个不同的项目组中工作时，可能会产生冲突。项目成员常常会对实现项目目标应该完成的工作或任务的先后次序有不同的看法。优先权冲突不仅发生在项目团队和其他支持团队(如职能部门)之间，在项目团队内部也会发生。这种冲突的发生往往是因为项目团队没有与当前项目类似的经历，项目优先权在项目执行过程中与原来的设想发生了很大的变化，需要对关键资源进行重新安排，进度也会因此受到很大影响。

(7) 个性冲突。这种冲突经常集中于个人的价值观、判断事物的标准等个性差别上，这并非是技术上的问题。个性冲突往往起源于团队队员经常的"以自我为中心"。有些冲突是有益的。比如，两个技术专家为谁有解决某个问题更好的方法而争论，他们都试图为各自的假设找到更多的支持资料。对于这些冲突，就应允许其继续。有些冲突不可避免且持续重复发生。比如，对于原材料和产成品存货，制造部门希望在手头有尽可能多的原材料存货以便不削减产量，市场销售部门希望有更多的产品存货来满足顾客需求。然而，财务和会计希望原材料和产成品存货尽可能少，这样账目看起来更理想，也不会发生现金流量问题。如何准确地识别冲突、利用冲突进而解决冲突，项目经理应该发挥主要作用。

3. 冲突分析

如果项目团队进行了全面的冲突识别，可能会发现很多冲突源。接下来团队的任务就是要对冲突进行分析，可以将项目冲突和项目生命周期结合起来，在不同阶段对冲突进行优先级排序，确定哪些是需要谨慎管理的重要冲突，哪些是可以比较轻松应对的次要冲突。

(1) 项目生命周期不同阶段冲突的平均强度。把握冲突的强度非常关键，这就像在一个经济模型中，需要把握每种经济变量的权重，只有这样才能清楚每种变量对经济现象(事物)作用力的大小。图 4-26 反映了项目生命周期冲突的平均强度。从图中可以看出，项目进度冲突强度最大，而队员的个性冲突通常被项目经理认为较低强度的冲突，费用则是强度最低的一种冲突。

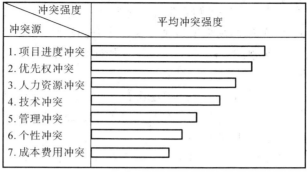

图 4-26　项目生命周期冲突的平均强度

(2) 项目生命周期不同阶段冲突的变化。在项目生命周期的不同阶段，以上这七种冲突的强度也不尽相同。图 4-27 为项目生命周期冲突强度的相对分布。

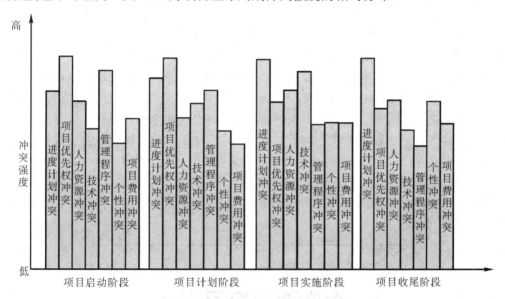

图 4-27　项目生命周期冲突强度的相对分布

从图 4-27 可以看出，费用、个性和管理程序基本排在冲突源的最后。成本费用不是主要的冲突因素，众多的项目实践也表明，虽然在各个阶段的费用控制很棘手，但强烈的冲突通常不会发生。费用冲突大多数是在前几个阶段的基础上逐渐发展起来的，每一阶段并非是项目问题的焦点。在结束阶段，技术和管理程序问题排在后面。当项目到达这个阶段时，大多数技术问题已经解决，管理程序问题也基本如此。

4. 冲突应对模式

虽然导致冲突的因素多种多样，且同一因素在不同的项目环境及同一项目的不同阶段可能会呈现不同的性质，但是，解决各种各样的冲突，还是有一些常用的方法和基本策略。下面介绍解决冲突的五种基本方法，如图 4-28 所示。

(1) 竞争或强制。这种方法的精神实质就是"非赢

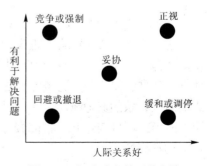

图 4-28　解决冲突的五种方法

即输"。它认为在冲突中获胜要比"勉强"保持人际关系更为重要。这是一种积极的冲突解决方式，冲突越厉害，就越容易采取这种方式，一方的获胜以另一方的失败为代价。

(2) 正视。这种解决问题的方法是冲突的各方面对面地会晤，尽力解决争端。此项方法应当侧重于解决问题，而不是变得好斗。

(3) 回避或撤退。回避或撤退的方法就是让卷入冲突的项目成员从这一状态中撤离出来，从而避免发生实质的或潜在的争端。有时，这种方法并不是一种积极的解决途径。它可能会使冲突积累起来，而在后来逐步升级。

(4) 缓和或调停。"求同存异"是这种方法的精神实质。这种方法的通常做法是忽视差异，在冲突中找出一致的方面。这种方法认为，团队队员之间的关系比解决问题更为重要，通过寻求不同的意见来解决问题会伤害队员之间的感情，从而降低团队的集体力。尽管这一方式能缓和冲突，避免某些矛盾，但它并不利于问题的彻底解决。

(5) 妥协。妥协是为了做交易，或者说是为了寻求一种解决方案，使得各方在离开的时候都能够得到一定程度的满足。妥协常常是面对面协商的最终结果。有些人认为妥协是一种"平等交换"的方式，能够导致"双赢"结果的产生。另一些人认为妥协是一种"双败"的结果，因为任何一方都没有得到自己希望的全部结果。协商以寻求争论双方在一定程度上都满意的方法是这一方式的实质。这一冲突解决的主要特征是"妥协"，并寻求一个调和的这种方案。有时，当两个方案势均力敌、难分优劣之时，妥协也许是较为恰当的解决方式，但是这种方法并非永远可行。例如，项目团队的某位队员认为完成管道铺设的成本费用大概需要 5 万元，而另一个却说至少需要 10 万元，经过妥协，双方都接受了 7 万元的预算，但这并非是最好的方式。

通过对众多项目经理解决冲突方式的考察，项目管理专家总结出了如图 4-29 所示的不同解决方式的使用频率。

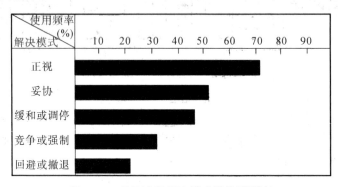

图 4-29　项目冲突解决模式的使用频率

从图 4-29 中可以看出，正视是项目经理最常用的解决方式，有 70%的经理喜欢这种冲突解决模式。相对而言，正视较多应用于解决与上级的冲突，妥协则常常应用在解决与职能部门的冲突中，在整个项目生命周期中最可能给项目经理带来问题的三个领域是进度计划、项目优先权和人力资源。这些领域容易产生更高强度的冲突，其原因是项目经理对影响这些领域的其他领域，特别是职能支持部门只能进行有限的控制。为了减少有害的冲突，应当在项目实际开始之前做好深入的计划，计划能够帮助项目经理在冲突发生前预计可能的冲突源。

4.9　项目信息管理

4.9.1　项目中的信息与信息流

1. 项目中的信息

1) 定义

项目信息是报告、数据、计划、技术文件、会议等与项目实施直接或间接联系的各种信息。

2) 基本特征

(1) 客观性。信息是客观存在的，具有物质特性，作为项目的资源之一。

(2) 可存储型。信息可以存储在一定的介质上，可以长期保存。

(3) 可传递性。信息可以在项目的组织成员之间、项目与环境之间传递。

(4) 可加工性。通过信息加工，可以使原始的信息(资料)符合各种人对信息的不同要求。

(5) 可共享性。信息作为一种资源被使用，在组织中共享。组织的共享能够提高管理效率，消除信息中的信息孤岛现象。

3) 种类

项目中的信息很多，一个稍大的项目结束后，作为信息载体的资料就汗牛充栋，许多项目管理人员整天就是与纸张和电子文件打交道。项目中的信息大致有如下几种：

(1) 项目基本状况的信息。它主要存在于项目建议书、可行性研究报告、项目手册、各种合同、设计和计划文件中。

(2) 实际项目信息，如实际工期、成本、质量和资源消耗情况的信息等，它主要存在于各种报告中。

(3) 各种指令、决策方面的信息。

(4) 其他信息。外部进入项目的环境信息，如市场情况、气候、外汇波动和政治动态等。

4) 基本要求

信息必须符合管理的需要，要有助于项目管理系统的运行，不能造成信息泛滥和污染。一般必须符合如下基本要求：

(1) 适用性，专业对口。不同的项目管理职能人员、不同专业的项目参加者，在不同的时间，对不同的事件，就有不同的信息要求。信息首先要专业对口，按专业的需要提供和流动。

(2) 准确性、可靠性。反映实际情况，使用精确的信息表达。信息必须符合实际应用的需要，符合目标，而且简单有效，这是正确、有效管理的前提。

(3) 及时提供。信息应适合接受者的需要，应严格按时间提出并分发。只有及时提供信息，才能有及时的反馈，管理者才能及时地控制项目的实施过程。信息一旦过时，会使决策错过时机，造成不应有的损失。

(4) 简明，便于理解。信息要让使用者易于了解情况，分析问题。所以，信息的表达形式应符合人们日常接受信息的习惯，而且对于不同的人，应有不同的表达形式。例如，对于不懂专业、不懂项目管理的业主，要采用更直观明了的表达形式，如模型、表格、图形和文字描述等。

5) 信息的作用

在项目管理中，信息是项目决策、计划、控制、沟通和评价的基础。

2. 项目中的信息流

项目中的信息流通方式是丰富多彩的，可以从许多角度进行描述。项目中的信息流包括两个最主要的信息交换过程：

1) 项目与外界的信息交换

项目作为一个开放系统，它与外界有大量的信息交换。这里包括：

(1) 由外界输入的信息。例如环境信息、物价变动信息、市场状况信息、周边情况信息以及外部系统(如企业、政府机关)给项目的指令、对项目的干预等。

(2) 项目向外界输出的信息，如项目状况的报告、请示和要求等。

2) 项目内部的信息交换

项目内部的信息交换，即项目实施过程中项目组织成员和项目管理各部门因进行沟通而产生的大量信息。项目内部的信息交换主要包括：

(1) 正式的信息渠道。信息通常在项目组织机构内按组织程序流通，它属于正式的沟通，一般有三种信息流。

① 自上而下的信息流。通常决策、指令、通知和计划是由上向下传递的，但这个传递过程并不是一般的翻印，而是进行逐渐细化、具体化，直到基层成为可执行的操作指令。

② 自下而上的信息流。通常各种实际项目的情况信息，由下逐渐向上传递，这个传递不是一般的叠合(装订)，而是经过逐渐归纳整理形成的逐渐浓缩的报告。项目管理者就是浓缩工作，以保证信息浓缩而不失真。通常，信息太详细会造成处理量大、没有重点，且容易遗漏；而太浓缩又容易存在对信息曲解，或解释出错的问题。在实际项目中常有这种情况，上级管理人员如业主、项目经理，一方面哀叹信息太多，桌子上一大堆报告没有时间看；另一方面他们又不了解情况，决策时缺乏应有的可用的信息。这就是信息传递和浓缩存在的问题。

③ 横向或网络状信息流。按照项目组织结构和管理工作流程设计的各职能部门之间存在大量的信息交换。例如，技术人员与成本员，成本员与计划师，财务部门与计划部门，与合同部门等之间都存在着信息流。在矩阵式组织中以及在现代高科技状态下，人们已越来越多地通过横向和网络状的沟通渠道获得信息。

(2) 非正式的信息渠道，如通过闲谈、小道消息和非组织渠道了解情况。

4.9.2　信息管理的任务与内容

项目的信息管理就是对项目的信息进行收集、整理、储存、传递与应用的总称。

　　信息管理作为项目管理的一项职能，通常在项目组织中要设置信息管理人员。现在一些大型项目或项目型的企业中都设有信息中心。但信息管理又是一项十分普遍的、基本的项目管理工作，是每一个参与项目的组织成员或职能人员的一项基本工作责任，即他们都要担负收集、提供和传递信息的任务。

　　信息管理是为项目的总目标服务的，目的是为了通过有效的信息沟通保证项目的成功，保证项目管理系统高效率地运行。具体来说，通过信息沟通，可以达到以下目的：

　　(1) 使上层决策者能及时准确地获得决策所需的信息；

　　(2) 实现项目组织成员之间的高度协调；

　　(3) 能有效地控制和指挥项目的实施；

　　(4) 让外界和上层组织了解项目实施状况，更有效地获得各方面对项目实施的支持；

　　(5) 实现信息资源的共享，消除信息孤岛现象，防止信息的堵塞。

1. 信息管理的任务

　　项目经理部承担着项目信息管理的任务，它是整个项目的信息中心，负责收集项目实施情况的信息，做各种信息处理工作，并向上级、外界提供各种信息。其信息管理的任务主要包括：

　　(1) 按照项目实施、项目组织和项目管理工作过程建立项目管理信息系统，在实际工作中保证这个系统正常运行，并控制信息流。

　　(2) 组织项目基本情况的信息并系统化，编制项目手册。项目管理的任务之一，是按照项目的目标、实施要求设计项目实施和项目管理中的信息和信息流，确定它们的基本要求和特征，并保证在实施过程中信息流通顺畅。

　　(3) 制定项目报告及各种资源的要求，如资料的格式、内容和数据结构要求。

　　(4) 文档管理工作。

2. 信息管理的内容

　　(1) 项目管理信息系统的建立和信息流的组织。

　　(2) 项目信息的收集。通过各种信息渠道，如现场记录、调查询问、观察、试验，或通过报纸、杂志、书籍等收集信息。

　　(3) 项目信息的传递，保证信息传递渠道的畅通。

　　(4) 项目信息的加工与处理。

　　(5) 信息的储存和提供。项目管理系统的运行效率主要依靠信息系统的结构和运作，项目管理者应对它有足够的重视。

4.10　项目集成管理

　　项目集成管理是在项目的整个生命周期内，汇集项目管理的知识领域，对所有项目计划进行整合执行及控制，保证项目各要素相互协调的全部工作和活动过程。它从全局的、整体的观点出发，通过有机地协调项目各个要素(进度、成本、质量和资源等)，在相互影响的项目各项具体目标和方案中权衡与选择，尽可能地消除项目各项管理的局限性，从而最大限度地满足项目相关方的需求和期望。

项目集成管理是基于项目计划的以下三个主要过程。

(1) 项目计划编制：收集其他计划过程的结果，并将其汇总成为一份连贯的、一致的文档。

(2) 项目计划实施：通过进行项目计划规定的活动，实施项目计划。

(3) 整体变更控制：协调整个项目期间的变更。

4.10.1　项目集成计划编制

项目集成计划是一个用来协调所有其他计划，用以理解和控制项目执行的文件。项目集成计划要记录计划的假设以及方案的选择，要便于各利益相关者的沟通，同时还要确定关键的管理审查的内容、范围和时间，并为进度评测和项目控制提供一个基准线。计划应该具有一定的动态性和灵活性，并能够随着环境和项目本身的变更而进行适当的调整。

1. 项目集成计划的作用

(1) 指导项目实施；

(2) 把编制项目计划的所有的假设编制成文档；

(3) 将有关已选方案的项目计划决策编制成文档；

(4) 促进项目相关方之间的沟通；

(5) 对有关内容、范围和时间安排的关键性管理审查做出定义；

(6) 为进度测量和项目控制提供基准计划。

2. 项目集成计划编制的过程

(1) 信息资料的收集阶段。该阶段的工作主要是收集项目各项的目标、计划和数据等信息资料。

(2) 项目集成计划编制阶段。该阶段的工作主要是以项目各单项计划为基础，结合收集到的信息资料。运用各种定性、定量的分析方法和相关的项目管理知识对项目各项单项计划进行整体协调等。

(3) 项目集成计划发放阶段。项目集成计划编制完成后，根据不同使用者的不同需要，向其发送详细程度不同的项目集成计划。

3. 项目集成计划应包括的内容

项目集成计划是一个文件或文件集，随着有关项目信息的获得而不断变化。项目组织和表示项目集成计划的方法可能各不相同，但项目集成计划通常包括以下内容。

(1) 项目章程；

(2) 项目管理方法和策略的描述(来自其他知识体系的各个管理计划的综述)；

(3) 范围说明，包括项目可交付成果和项目目标；

(4) 执行控制层面上的工作分解结构，作为一个基准范围文件；

(5) 在执行控制层面上的工作分解结构之中，每个可交付成果的成本估算、所计划的开始和结束时间和职责分配；

(6) 技术范围、进度和成本的绩效测量基准计划；

(7) 主要的里程碑和每个主要里程碑的实现日期；

(8) 关键的或所需的人员及其预期的成本和工作量;

(9) 风险管理计划,包括主要风险(包括约束条件和假定),以及在适当的情况下针对各个主要风险所计划的应对措施和应急费用;

(10) 辅助管理计划,包括范围管理计划、进度管理计划、成本管理计划、质量管理计划、人员管理计划、沟通管理计划、风险应对计划、采购管理计划等。

4.10.2　项目集成计划实施

项目集成计划实施是执行项目计划的主要过程。在这个过程中,项目经理和项目管理队伍需要协调、管理存在于项目中的各种技术和组织接口,从全局出发协调和控制项目各个方面。

1. 项目集成计划实施的工作内容

(1) 编制项目工作计划和项目任务书。项目集成计划是项目执行前编制的整体的、综合的计划。虽然它是指导整个项目实施的关键,但是项目集成计划不可能面面俱到,所以要根据项目的集成计划、项目单项计划和项目的执行情况来编制项目工作计划和项目任务书,来具体地指导项目实施的各个方面。

(2) 记录好项目的执行情况。在项目的实施过程中,要记录好项目的实施情况并及时报告,这样才能更好地掌握项目实施的实际情况,而且还可为项目集成计划执行过程中的检查、分析、控制、协调提供信息。

(3) 做好协调、控制和纠偏工作。做好协调、控制和纠偏工作主要包括两个方面:一是调度项目各项工作,采取措施排除项目实施过程中的问题,努力实现项目实施中的动态平衡;二是保证项目实施按照项目的既定计划进行,当项目实际进展情况与项目的计划出现偏差时,要采取一定的措施来纠正偏差。

(4) 做好项目集成计划的修订工作。当项目的内部或者外部出现了较大的变化时,就需要根据项目各种变化后的情况,对项目的集成计划进行修订。

(5) 将新的项目集成计划及时通知给项目集成计划需求者。要及时把修订的项目集成计划通知给项目的集成计划需求者,这样才能保证项目按照正确的方向实施。

2. 项目集成计划实施的工具和技术

(1) 分析项目利益相关者。项目管理的最终目的是要使项目满足或超过项目相关方的需要和期望。此类分析要记录重要的项目相关方的名字、所属组织或机构、个人的基本情况、他们各自在项目中的角色、在项目中的利益大小和对项目的影响程度以及管理这些项目干系关系的有关建议等。

(2) 把握组织程序。为了执行好项目计划,项目经理必须有效地对项目、项目组成员和其他项目利益相关者实施管理,这需要遵循组织程序。组织程序可能有助于,也可能有碍于项目计划的执行。有时,项目经理还会发现有必要适时打破组织的条条框框来实现项目成果。

(3) 工作授权系统。工作授权系统就是一个用来确保合格的人员在正确的时间以合适的顺序进行工作的方法。工作授权系统可以是一个人为的过程,在该系统结构下,通过正式的文件盒签字授权某个人开始进行某个项目活动或工作包的实施工作,也可以用自动授权系统简化这个过程。

（4）状态审查会议。状态审查会议是用来交流项目信息的定期会议，可定期或不定期召开。如果项目成员指导他们每月要向某些关键的项目相关方正式汇报，他们就一定会确保完成工作任务，是一个很好的激励工具。

（5）项目管理软件。项目管理软件是专门为项目管理而设计的专用软件，它对项目计划的制订和实施帮助非常大。

3. 项目集成计划实施结果

项目集成计划的实施结果包括如下两个方面：

（1）工作结果。工作结果是为完成项目工作而进行的具体活动结果。关于工作结果的信息都被收集起来，作为项目计划执行的一部分，并将其输入绩效报告。随着项目集成计划的不断落实，根据项目的实际情况对项目集成计划不断地修改和完成，产生项目实施的结果。

（2）项目变更申请。项目实施过程中，会出现一些难以应付的情况，可能发生的变更会对计划产生影响。所以，随着项目工作的进行，时常会提出变更申请。当客户提出变更要求时，项目团队应该估计变更对项目目标产生的影响，在实施之前征得客户同意。

4.10.3　项目整体变更控制

1. 整体变更控制概述

对于项目而言，变更是必然的。项目整体变更控制是针对项目单项变更控制而言的，当项目某个方面，如项目的进度、成本、计划、范围等发生变更时，必然会对其他方面产生影响。项目变更的整体控制就是协调和管理好项目各个方面的变更要求，达到整个项目的目标。

为了将项目变更的影响降低到最小，就需要采用变更控制的方法。整体变更控制主要包含以下内容：找出影响项目变更的因素，判断项目范围变更是否已经发生等。进行整体变更控制的主要依据有：项目计划、变更请求和提供项目执行状况信息的绩效报告。

为保证项目变更的规范和有效实施，变更控制小组可以称为变更控制委员会(Change Control Board，CCB)。通常，项目变更控制委员会有一个变更控制系统。变更控制系统是一个正式的和文档化的程序，它定义了如何监控和评估项目绩效，并且包含了哪种级别的项目文件可以被变更的内容。它包括了文书处理、系统跟踪、过程程序、变更审批权限控制等。综合变更控制的结果主要有更新的项目计划、纠正措施和经验总结。

项目整体变更控制的原则如下：

（1）尽量不改变项目业绩衡量的指标体系。项目业绩衡量的指标体系是一种行业化、标准化的体系，如果发生了改变，评价的标准就不连续，失去了客观性和科学性，所以尽量不要改变项目业绩衡量的指标体系。

（2）确保项目的工作结果与项目的计划相一致。一旦项目的工作结果发生变化，就必须反映到项目的计划中来。因此，要根据项目工作结果的变化来更新项目的计划，使项目的计划和项目的工作成果保持一致。

(3) 注重协调好项目各个方面的变化。由于项目某一个方面发生变化，必然会影响到项目的其他方面并使之发生变化，因此要协调好项目发生变化的部分，以便顺利实现项目变更的整体控制。

2. 项目整体变更控制的依据

(1) 项目计划。项目计划提供了一个控制变更的基准计划。项目正式开始后，它可用来与实际进展计划进行比较、对照、参考，便于对变化进行管理与控制，从而确保每项活动顺利进行。

(2) 绩效报告。绩效报告包括收集和发布绩效信息，从而向相关者提供为达到项目目标如何使用资源的信息。绩效报告提供了项目的实际进展情况，包括范围、进度、成本和质量、定期检查记录和典型记录等方面的信息，项目管理者可据此进行项目的变更。绩效报告可以是综合性的，也可以是针对某一方面的。

必须定期评测项目绩效，以发现执行情况与既定计划间存在的偏差。一旦发现出现了重大偏差(如对项目目标构成威胁的偏差)，就需要重新正确执行计划过程，对计划加以调整。例如，一项计划延误了，就需要根据所延误的时间，或根据对成本预算及进度安排的权重来调整目前的人员安排计划。

(3) 变更申请。对项目绩效的分析，常常产生对项目某些方面做出变更的要求。变更申请有很多形式：可以是口头的，也可以是书面的；可以是直接的，也可以是间接的；可以是内在的，也可以是外在的；可以是法律要求的，也可以是任选的。项目变更申请可以由项目团队提出，也可以由项目业主提出，或者由其他相关者提出。在此必须注意的是，项目变更的申请是项目整体变更控制最重要的依据。

3. 项目整体变更控制的工具与技术

1) 变更控制系统

变更控制系统的主要工作是收集真实有效的项目资料，并在此基础上创建标准文件程序，这个标准文件程序必须是经权威项目校核过了的项目各个发展阶段形成的文件。建立这种正规变更控制程序的目的如下：为了对所有提出的变更要求进行审查；明确所有任务间的冲突；将这些冲突转换成项目质量、成本和进度；评估各变更要求的得与失；明确产出相同的各替代方案的变化；接受或否定变更要求；与所有相关团体就变更进行交流；确保变更的合理实施；准备月报告，按时间总结所有的变更和项目冲突。

变更控制系统的结构包括以下几个方面：

(1) 控制小组。控制小组的作用和职责在变更控制系统中有明确界定，就是为准备提交的变更请求提供指导，对变更请求做出评价，经过所有关键相关者一致同意，并对批准的变更的实施过程进行有效管理。这种控制小组的定义随组织的不同而各不相同，负责批准或否定变化要求。控制委员会的权力和责任应该得到仔细的界定，并且要取得主要参与者的同意。

(2) 责任追踪和变更审批制度。该制度用来处理无须预先审查就可以批准的变更。对于这些变更也必须形成文档并且加以保存，以便能够对基准计划的发展过程形成文档，或者对一些确定的变化类别实行"自动放行处理"许可。这些变化也必须能被记录并让人们获得，以避免在项目后期引发一些问题。

(3) 人员和权限。对于任何一个管理流程来说，保证该流程正常运转的前提条件就是要有明确的角色、职责和权限的定义，特别是在引入变更控制系统之后。

(4) 必要的表格和其他书面文书。为了控制和借鉴，将引起变更的原因、各相关者记录在案是必要的。

2) 配置管理

配置管理(或结构管理)是任何成文的程序，这些程序用于对以下方面进行技术和行政的指挥与监督。

(1) 识别一个工作项或系统的物理特性和功能特征，并将其形成文档；

(2) 控制对这些特征所作的任何变更；

(3) 记录和报告这些变更及其执行情况；

(4) 审计这些工作项和系统以证实其与要求相一致。

3) 绩效测量。

绩效测量技术用来评定工作结果与计划是否保持一致，即将实际绩效和基准计划进行比较分析，并以此为基础采取相应的纠正措施，从而达到绩效控制的目的。因此，在这个过程中必须持续测量相对于项目基准计划的绩效。挣值分析(Earned Value Analysis，EVA)法是一种测量项目绩效的常用方法。

4. 整体变更控制的结果

项目整体变更控制的结果是形成书面文件，主要包括以下三点：

(1) 项目计划更新。项目计划为项目变更的识别和控制提供了基准，如果在项目执行期间发生了某些变更，项目计划就必须加以更新。项目计划的更新是对项目计划内容或详细依据的内容所做的修改，项目变更整体控制的主要结果是项目计划。它是对项目整体计划、项目各种单项计划和其他的支持性细节内容所做的修改和更新的结果。

(2) 纠正措施。纠正措施是为了确保项目始终按计划执行而采取的任何措施。它是各种控制过程的输出，确保项目有效管理的反馈循环。项目经理不能简单地认为问题会在不采取任何措施的情况下自动消失。根据实际进度并结合其他可能发生的改变，项目经理必须决定是否需要纠正措施、选择什么样的措施方案以及何时行动。

(3) 取得的经验教训。除了项目更新和纠正措施外，项目变更整体控制的最后结果就是吸取经验教训，找出项目变更的原因，以此作为下一个项目的参考和借鉴。

思　考　题

1. 项目利益相关者有哪些类型？如何管理利益相关者参与项目？

2. 请描述范围定义的依据和过程。

3. 什么是项目时间管理？调查一个实际项目，了解它的实际和计划工期情况，并做出对比分析。

4. 项目成本管理与项目时间(工期)管理是什么关系？为什么？

5. 简单描述项目质量管理的总体过程。在很多工程项目中，一些人认为项目质量要有超前意识，防止几年后落伍，你如何看待这种想法？

    6. 采购计划的主要内容有哪些？项目合同管理的内容有哪些？

    7. 举例说明项目风险的特点。试述项目风险应对的主要方法及应注意的问题。

    8. 请举例说明项目沟通的重要性。提高有效沟通的方法及途径有哪些？

    9. 简述项目信息管理的主要工作。

    10. 项目集成管理的内容是什么？

案例分析

1. 项目利益相关者管理案例：问题到底出在什么地方？

案例情景：

项目经理小黄手上有一个项目现在正按部就班地向前推进着。财务部的小刘和项目组的一个成员张工关系比较好。某天聚餐时，小刘对张工说："你们今后还是多和王总经理沟通项目的进展，这样对你们的项目有好处。"可是张工认为：我们的项目不是由王总经理负责，没有必要向他汇报。因此张工没有把这件事情放在心上，也没告诉项目经理小黄。

可是上个月，当项目按计划需要资金购买一套设备时，公司财务经理说：目前公司的账上非常紧张，王总经理刚刚申请了一个新的项目，那边占用资金非常大……结果小黄的项目就处于停顿的状态。

请问：

项目经理小黄全程都是按照项目管理的标准流程运作的，那问题到底出在什么地方呢？

2. 沟通管理案例：为什么沟通不畅？

案例情景：

A 公司是由某集团投资建立的致力于为教育行业提供信息技术咨询、开发、集成的专业应用解决方案提供商，在"数字化校园"领域具有多年的研发经验和相当数量的成功案例。经过长时间的使用和改进，系统已经日趋成熟，获得了用户的信赖。目前，通过和有关银行的合作，综合考虑了学校的需求，为"数字化校园"推出了软、硬件结合的"银校通"完整解决方案。

半个月前，A 公司和 U 大学合作建设的"银校通"项目正式立项。由于 A 公司已有比较成熟的产品积累，项目研发工作量不是特别大。张工被任命为该项目的项目经理，主要负责项目管理和用户沟通等工作。张工两个月前刚从工作了五年时间的 B 公司辞职来到 A 公司，由于 B 公司主要从事电子政务信息系统的集成，故张工在"数字化校园"的业务方面不是特别熟悉。

项目组成员还包括李工、小王、两名程序员和一名测试人员，李工主要负责项目中的技术实现，小王负责项目文档的收集和整理，小赵和小高两名程序员主要负责程序编码工作。在 A 公司，李工属于元老级的人物，技术水平高是大家公认的，但李工在过去作为项目经理的一些项目中，常由于没有处理好客户关系而给公司带来一些问题。小王的工作虽然简单但是格外繁重，因而多次向张工提出需要增派人员，张工也认为小王的工作量过大，需要增派人手，因此也多次与公司项目管理部门领导沟通。但每当项目管理部门就此事向李工核实情况时，李工总是说小王的工作不算很多，而且张工的工作比较轻松，让张工帮

· 142 ·　　　　　　　　　　　　　项 目 管 理

助小王就可以了，不需要增派人员。

　　因此项目管理部门不同意张工关于增加项目组成员的建议。张工得到项目管理部门的意见反馈后，与李工进行了沟通，李工的理由是张工的工作确实不多，总是帮别人提意见，自己做得不多。所以李工认为张工有足够时间来帮助小王完成文档工作。张工试图从岗位责任、项目分工等方面对李工的这个误解进行解释，又试图利用换位思考的方法向李工说明真实情况，但李工依旧坚持自己的看法，认为张工给他自己的工作太少。

　　请问：

　　(1) 请分析该项目中存在的主要项目管理问题，并针对问题提出建议。

　　(2) 考虑本案例发生的情况，请就软件项目中如何改进项目沟通提出实质性的建议。

3. 范围管理案例：如何有效进行项目范围管理？

案例情景(一)：

　　小李是国内某知名 IT 企业的项目经理，负责管理某企业管理信息系统建设项目。在该项目合同中，简单地列出了几条项目承建方应完成的工作，据此小李自己制定了项目的范围说明书。甲方的有关工作由其信息中心组织和领导，信息中心主任兼任该项目的甲方经理。可是在项目实施过程中，有时是甲方的财务部直接向小李提出变更要求，有时是甲方的销售部直接向小李提出变更要求，而且有时这些要求是相互矛盾的。面对这些变更要求，小李试图用范围说明书来说服甲方，甲方却动辄引用合同的相应条款作为依据，但这些条款要么太粗，要么小李跟他们有不同的理解。小李因对这些变更要求不能简单地接受或拒绝而感到左右为难。如果不改变这种状况，项目完成看来要遥遥无期。

　　请问：

　　(1) 针对上述情况，你认为问题产生的原因可能有哪些？

　　(2) 如果你是小李，你将如何在合同谈判、计划和执行阶段分别进行范围管理并有效控制项目执行过程中出现的范围变更？

案例情景(二)：

　　M 集团是希赛信息技术有限公司(CSAI)多年的客户，CSAI 已经为其开发了多个信息系统。最近，M 又和 CSAI 签订了新的开发合同，以扩充整个企业的信息化应用范围，张工担任该项目的项目经理。张工组织相关人员对该项目的工作进行了分解，并参考了公司同 M 集团曾经合作的项目，评估得到项目总工作量60人/月，计划工期6个月。项目刚刚开始不久，张工的高层经理 S 找到张工。S 表示，由于公司运作的问题，需要在4个月内完成项目，考虑到压缩工期的现实，可以为该项目再增派两名开发人员。张工认为，整个项目的工作量是经过仔细分解后评估得到的，评估过程中也参考了历史上与 K 企业合作的项目度量数据，该工作量是客观真实的。目前项目已经开始，增派的人手还需要一定的时间熟悉项目情况，因此即使增派两人也很难在4个月内完成。如果强行要求项目组成员通过加班等方式追逐4个月完成的目标，肯定会降低项目的质量，造成用户不满意的后果。因此，张工提出将整个项目分为两部分实现，第一部分使用三个半月的时间，第二部分使用3个月的时间，分别制定出两部分的验收标准，这样不增派开发人员也可以完成。高层经理认为该方案可以满足公司的运作要求，用户也同意按照这种方案实施。6个月以后，项目在没有增加人员的前提下顺利地完成，虽然比最初计划延长了半个月的工期，但既达到了公司的要求，客户对最终交付的系统也非常满意，项目组的成员也没有感受到很大的压力。

请问：

(1) 请指出张工是如何保证项目成功的？

(2) 试结合案例指出项目范围管理的工作要点。

4. 项目进度管理案例：项目团队如何选择进度安排计划？

案例情景：

A 公司是 B 集团公司控股的子公司，专门制造打印机。现在 A 公司打算开发一种新型的打印机产品，已经在公司内部选定了一个项目经理，并从其内部职能部门抽调人员组建了项目团队。该项目团队十分重视制订进度计划，打算为项目选择一种适当的进度安排方法。项目经理已根据公司领导层对该项目的期望订立了如下原则：简单；能够显示事件的工期、工作流程和事件间的相对顺序；能够指明计划流程和实际流程，哪些活动可以同时进行，以及距离完工还有多长时间。生产部门代表偏好使用甘特图，财务方面的代表建议使用 PERT，而助理项目经理倾向使用 CPM。

请问：

(1) 你认为大家提出的各个进度安排方法对本项目来说各有什么优缺点？

(2) 如果你是项目经理，你会采用哪种方法？为什么？

5. 成本管理案例：如何控制成本？

案例情景：供应链成本削减

W 企业是一家国内大型家电制造企业，因其流程漫长、供应链繁琐，致使成本较高。为降低成本，特成立一个降低成本项目组，预计在现有成本基础上下降10%，约几个亿。

项目一经成立，便投入大量的人力和精力来实施。领导也很重视，支持力度也很大，调动各部门第一负责人召开启动会、每周对执行情况汇报等，声势浩大。起初效果也很明显，各部门都排查了一下以往成本和费用不合理的地方，都列出了许多可以降成本的小项目，把明显不合理的成本很快都降了下来。

项目当初定的是要在三年之内降几个亿，一个多月就降了五六千万，效果不错。可再往下，大家不知道该怎么干了，从哪里降？这好像又变成例行工作了。领导很着急：这样下去成本肯定下降不了10%；各项目负责人也很着急：想干，但如何能保证自己干的事就是项目要的事呢？我到底该干哪些事呢？

项目走到这里，好像基本已经停滞，或者说离失败差不远了。

请问：

(1) 成本目标的制定是否合理？如何制定合理的成本目标？

(2) W 企业为何难以压缩供应链成本？

(3) 假如你作为 W 企业降成本项目组的负责人，你打算采取什么措施控制该项目的成本？

6. 风险管理案例：如何预先做好风险防范措施？

案例情景：

某公司以融资租赁方式向客户提供重型卡车 30 台，用于大型水电站施工。车辆总价值 820 万元，融资租赁期限为 12 个月，客户每月应向公司缴纳 75 万元，为保证资产安全，客户提供了足额的抵押物。合同执行到第 6 个月时，客户出现了支付困难，抵押物的变现需时太长，不能及时收回资金。公司及时启动了预先部署的风险防范措施，与一家信托投资公司合作，由信托公司全款买断 30 台车，客户与公司终止合同，与信托公司重新签订 24 个月的融资租赁合同。此措施缓解了客户每月的付款压力，使其有能力继续经营。信托公司向客户收取了一定比例的资金回报，公司也收回了全部资金，及时解除了风险。

请问：

项目中导致客户不能按时支付资金的主要原因有哪些？针对可能面对的风险应采取怎样的风险监控措施？

7. 质量管理案例：如何进行项目质量管理与控制？

案例情景(一)：

作为当前最热的共享经济产品，摩拜共享自行车的产品设计需要满足与之相关的相关方对质量的期待才能将该项目成功交付。对用户而言，用户对摩拜自行车质量的期待可用"安全、便于出行"来概括。对管理者而言，摩拜自行车的质量标准要达到 4 年不返修。对投资方而言，他们是希望自己的投资能得到回报，期待产品的质量能体现投资的价值。对制造方而言，他们期待产能提高，并能降低产品维护成本。为满足各相关方对质量的各种期待，需要引入产品全生命周期设计理念。因此，轮胎变成实心的防爆轮胎，座位不可调节，这样可以很大程度上减少返修率、轴承传动取代链条传动、提高能量利用率，牢固车身，从而满足用户"安全、便于出行"的要求。为了满足制造方的期待，现有轴承传动中的非标件齿轮也被改进成标准件。进一步提高了产品的标准化系数，有助于提高产能、产品的一致性和可靠性，并降低整个产品生命周期维护成本。

请问：

摩拜产品设计项目质量管理过程中，体现了项目质量管理的哪些原则与思想？

案例情景(二)：

某信息技术公司是一个只有二十来个技术人员的小型信息系统集成公司。公司已经经营了好多年，也积累了十多个项目的经验，但由于各项工作都不够规范，以至于公司陷入了"救火队"角色的困扰中。

公司领导决定改变现状，成立以孟总为组长的质量改进小组，首先扩充了公司的技术人员队伍，并在招聘时注意人员结构，尤其是系统分析人员和项目管理人员的招聘。在招聘人员基本熟悉了环境以后，开始了一系列的质量改革步骤。孟总委托新进的贺工负责公司的质量管理工作。

请问：

(1) 为什么该公司会陷入"救火队员"的角色？

(2) 对贺工来说，他应该如何着手开始质量控制工作？

8. 采购与合同管理案例：如何处理没有合同的采购、没有保障的交易？

案例情景：

某建筑公司急需一批某型号钢筋，急发传真告知某物资公司，请求该公司在一周之后发货 20 吨；物资公司接到传真后，立即回传真同意马上发货。一周后，货到建筑公司。

一个月后，物资公司来电催促建筑公司交付货款，并将每吨钢筋的单价和总货款数额一并提交建筑公司。建筑公司接电后，认为物资公司的单价超过以前购买同类钢筋的价格，去电要求按原来的价格计算货款。物资公司不同意，称卖给建筑公司的钢筋是他们在钢厂调高价格后购买的，这次给建筑公司开出的单价只有微薄利润。建筑公司提出因双方价格不能达成一致，鉴于物资公司发来的钢筋已经在工程上使用，愿意将自己从其他地方购买的同类同型号钢筋退给物资公司。物资公司不同意，为此双方发生争执。

请问：

该案例中要约与承诺、合同是否成立、价款如何确定等争议问题应如何处理？

9. 项目整体管理案例：老高的困惑是什么？

案例情景：

老高承接了一个信息系统开发项目的项目管理工作。在进行了需求分析和设计后，项目人员分头进行开发工作，期间客户提出的一些变更要求也由各小组人员分别解决。各小组人员在进行自测的时候均报告正常，因此老高决定直接在客户现场进行集成。各小组人员分别提交了各自工作的最终版本进行集成，但是却发现存在很多问题，针对系统各部分所表现出来的问题，开发人员又分别进行了修改，但是问题并未明显减少，而且项目工作和产品版本越来越混乱。

请问：

(1) 请分析出现这种情况的原因。

(2) 请说明配置管理的主要工作并做简要解释。

(3) 请说明针对目前情况可采取哪些补救措施。

第5章 成功的项目管理

本章重点：成功的项目管理的界定，影响项目管理成功的常见变量，判断、预测项目管理是否成功的标准；影响项目管理成功的两个要素——计划和人员；影响项目成功的过程——控制。

本章难点：影响项目成功的常见变量、两个要素和一个过程。

5.1 成功的项目管理的界定

5.1.1 成功的项目管理的特点

1. 影响项目成功的主要因素

如何管理项目决定了项目成功概率的大小。人们常常认为"计划"在项目管理中具有决定性作用，但是通常在项目的早期阶段用于制订计划的时间太少，往往不会充分考虑那些在今后会引发问题的因素。

影响项目成功的因素很多，项目经理必须在项目初期就考虑哪些因素会影响项目的成功，并对这些内部的、外部的因素进行管理。一些著名的项目管理专家和企业组织对影响项目成功的因素进行了归纳总结，具有代表性的如下。

波音公司总结出使项目最终获得成功的主要因素包括以下几个方面：

(1) 方法切实可行，目标合理；

(2) 管理过程严格科学；

(3) 实施过程的有效分析；

(4) 在项目实施过程中，周围环境能够提供必需的支持，同时，项目资源充足；

(5) 客户、供应商、管理层和团队成员对于项目有相应的承诺。

莫里斯(Morris)提出，确定成功的管理项目需要考虑以下7个方面的影响：

(1) 发起人的权益，业主对项目的收益和进度的期望；

(2) 外部环境，包括政治、经济、社会、技术、法律、环保等外部环境；

(3) 组织内部对项目的态度；

(4) 项目的定义；

(5) 参与项目工作的人；

(6) 用于管理项目的管理体系；

(7) 项目组织。

2. 成功的项目管理的特点

影响项目成功的因素很多，不同的组织和学者给出的答案不尽相同，但成熟的组织和专家对成功的项目管理所表现出的特征有一致的看法，一般成功的项目管理具有如下特点：

(1) 项目管理与公司战略紧密结合；

(2) 加强对企业经营环境及市场需求的分析；

(3) 加强风险预测和管理；

(4) 实行项目目标管理；

(5) 项目实施过程中强调沟通与协作；

(6) 采用灵活的组织形式；

(7) 从过分强调技术转移到人员的开发与培养；

(8) 有完善的项目管理过程文档；

(9) 灵活运用各种项目管理方法和工具。

5.1.2　成功的项目管理的基本原理

1. 判断项目是否成功的标准

传统的观念认为，项目成功就是要达到项目的时间、成本和质量的要求。这种想法过于简单，会对项目管理造成危害。一个项目最终是要向业主交付一个项目产品(或者服务)。业主虽然也很关心项目产品是否按期交付，价格合理，并符合某种质量标准，但他们最关心的是这个项目产品能否给自己带来利益(经济效益或社会效益)。因此时间、成本、质量只是 3 个约束条件，它们会影响业主对项目成败的判断，但不是最主要的。

利益相关者对项目成败的判断标准不完全一样。对承包商而言，只要项目按时完成，他们就可以拿到报酬了，控制成本可以确保利润，符合规格就可以让业主接受并付款。其他利益相关者也会有各种各样的想法和目的。在成功的项目中，项目各方为一个共同的目标而努力，在不成功的项目中，大家却相互牵制，无法形成合力。不同的相关者可以有各自不同的关注重点，有的希望赢利，有的希望得到好的产品功能，有的希望设计方案巧妙，有的则希望在预算的范围内完成项目，这些都可以通过协同努力做到，从而达到一个多赢的结果，即每一个角色都实现了各自关注的目标，同时项目整体也有一个好的结果。

项目参与各方为了实现各自的目标而努力时，有时会损害其他项目参与者的利益。实现项目共同目标的最优化并不能保证每个参与者的目标也能达到最优，反之亦然。对项目片面的评价会影响项目的成功，因此项目成功的标准必须综合考虑项目的共同目标和各方不同的利益侧重。

对所有的项目，判断其成功与否的标准有以下几点：

(1) 实现了既定的商业目标；

(2) 为业主提供了满意的收益；

(3) 满足了业主、用户和其他项目利益相关者的需求；

(4) 满足了既定交付项目产品的需求；

(5) 项目产品的完成符合质量、成本、进度的要求；

(6) 项目使项目团队成员、项目的支持者都感到满意;

(7) 项目使承包方获得了利润。

以上评价标准除了时间和成本是客观之外,其他都是主观评价,评价结果会受到评价者的非公开目的的影响。这些标准不会是协调一致的,要做出综合判断就需要对它们进行复杂的平衡,指标之间常常并不相互排斥,因此有可能对全部指标都有不同程度的满足,但必须以项目目标为核心。另外,这些指标不是同时进行评测的,有些指标是在项目产品试运行之后,甚至正式运营之后再做评价的,有些指标是要在项目完成若干年后再做评价的。

2. 成功的项目管理的基本原则

(1) 结构化分解。通过结构化分解进行项目管理,每一个工作单元由具体的人或团队负责。把项目产品进行结构化分解,可以确定做哪些工作可以得到这部件,并最终可以组合成项目产品。这种方法是基于扎实的分析的,而不是凭空想出来的。通过结构化分解可以将项目分解成一个个可以界定的工作单元,对这些工作单元进行管理控制就容易得多。项目组织结构与项目的分解结构有密切的关系,可以把某个项目的工作单元与个人或者团队联系在一起,使他们一对一地单点负责每一个项目工作单元,并成功地使该工作单元交付出相应的交付物。

(2) 注重结果。项目中采用的最主要的分解结构是产品分解结构(Product Break Structure,PBS),它把项目产品分解成部件。项目计划是以项目的最终结果(或称之为项目产品、项目的最终交付物)为核心的。也就是说,我们看待项目结果重于看待所做的工作(实现方式)。这样编制的计划是牢固的,因为它能够保证最终结果的实现,同时也很灵活,因为没有对如何实现每一个部件,乃至整个项目产品做出死板的限制。另外,注重结果有利于更好地控制项目范围,因为在明确了项目产品的分解结构之后,就能够只做那些与实现最终项目产品有关的工作。如果以工作为核心编制计划、定义工作,看上去可能是很好的方法,但实际上它不能产生有用的结果。

(3) 通过分解结构对结果进行平衡。项目高层的计划应确保项目整体上对各个方面的工作的重视程度是平衡的。因此要通过分解结构对项目中的技术工作、人、管理体系、组织等的变化进行平衡,以确保与项目目标相适应。

(4) 协商合作协议,以此组织项目。没有人是只做事不求任何回报的,团队成员之所以在项目中工作,是因为他们期望能够有利益回报。这种期望的回报有多种形式,可能是期望正的回报(如为了得到报酬),也可能是为了避免出现负的回报(如避免失业)。无论团队成员有什么样的期望回报,作为项目经理,应该与对方协商并达成协议。在协商时,项目经理要权衡他们对项目的贡献和期望的回报,合作协议应以清晰、简洁、坦诚的语言表达,并明确对每个人所做贡献和承诺所给予的回报。现实中,有些项目经理独自制订项目计划,然后告诉项目团队照此执行,这样他与团队成员之间的合作协议就是单方面的,另外一方并没有认可。合作协议必须经过双方的讨论,最终必须与项目计划相一致。

(5) 清晰、简单的报告结构。计划必须清晰而且简单,这样项目组成员就可以精确地看到自己的贡献,并可以看到这份贡献与组织发展目标的关系。复杂的计划不但会把项目组之外的人搞糊涂,还会把项目组内的人也搞糊涂。此外,还需要一个简单的报告流程,在分解结构的不同层次都只用一页纸进行报告。

5.1.3　应用项目管理的观念问题

在实际中，很多人认为：项目管理就是列进度表；如果一个人能做一些技术性工作，那这个人就能从事管理工作。这样的错误认识普遍存在。其实，项目管理并非只是列进度表。它不仅是些工具，不仅是一个工作岗位或一个职位头衔，它甚至不是所有这些的加总。项目管理包含工具、人和过程。所谓工具，是指工作分解结构法、网络计划技术、挣值分析法、风险分析法和软件等。工具是大多数组织机构在进行项目管理时主要关心的。然而，工具只是成功的项目管理的必要而非充分条件。实际上过程更重要，因为如果没有正确的管理过程，这些工具只会使你高效地堆积错误。

项目管理系统是现代管理学基础之上的一种新兴的管理学科，它把企业管理中的财务控制、人才资源管理、风险控制、质量管理、信息技术管理(沟通管理)、采购管理等有效地进行整合，以达到高效、高质、低成本地完成企业内部各项工作或项目的目的。

1. 项目管理系统

成功的项目管理离不开一个良好的项目管理系统，项目管理系统包含 7 个部分，如图 5-1 所示。

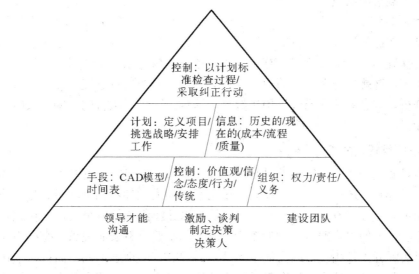

图 5-1　项目管理系统

(1) 人的因素。人的因素位于最低层，因为处理人的关系是整个架构的基石。项目是靠人做出来的，项目不是关键路径或者甘特图，这些只是供人使用的工具而已。如果一个项目经理不能有效地处理与人的关系，项目就很可能遇到困难。事实上从来没有哪一个项目失败是因为项目经理或他的团队画不好一张规范的网络图。相反，很多项目失败是因为"人的问题"。项目很少因工具而失败，却常常因人而失败。作为一名项目经理，必须善于处理沟通、冲突、激励、领导、决策、策略等。

(2) 文化。文化涵盖了组织内的价值观、态度、传统以及行为方式等各个方面。文化差异可以源于不同的地理环境、民族背景、种族、宗教等。宽泛地说，这些差别并无所谓哪个好哪个坏，然而这种差异常常会导致冲突、误解和分歧。随着项目本身变得越来越全球化，项目组织中常常比过去包含更多不同的文化。所以，项目经理们有必要去学习了解不同的文化，学会处理文化差异。

(3) 方法。方法是用来管理项目的方法(包括网络计划技术、挣值分析法、工作分解结构法等)以及软件。对于大多数人而言，这些方法算不上什么太难的事情，很快就能掌握，最容易出问题的是软件。很多组织在给项目管理人员软件时，并不培训他们如何使用。而现在即使最基本的进度管理软件也有着强大的功能，功能越强大就越难以使用，更难以精通。因此项目管理人员不仅需要软件，更需要培训与经验。

(4) 组织。组织指项目如何被组织起来，就像一个公司如何被组织起来一样。每个组织都必须明确地划分个人的权力、责任、义务。权力有两种，一种是可以吩咐人们去做事的权力，即对人的权力，这是项目经理们通常所没有的，他只能通过发挥自己的影响力来解决问题。第二种是独立做决定权，即无需事先批准的权力，这突出表现在项目支出管理上，一旦计划(包括预算)已经确定下来，项目经理人按照事先通过的计划进行的开支，就无需再经过批准。

(5) 控制。项目管理的全部目标就是保证取得组织预想的结果，这也正是项目经理所期待的。控制是监测或判断信息系统，也就是对比你所在的地方和你应该在的地方，并在偏离目标时采取措施纠正。

(6) 计划与信息。没有计划，控制是不可能实现的。计划明确各项工作任务应该是什么样。如果工作都无法明确，就缺乏控制的对象，更谈不上控制了。这些活动都是依靠信息系统作为基础的。大多数公司没有用来监控项目的信息系统，是因为并没有意识到需要这样一个系统，这就使得大多数的项目经理必须人工监控项目进展，并通过项目管理软件进行挣值分析。信息系统应当包含历史数据，这样就可以对项目的时间、成本、资源要求等进行估计。

2. 应用项目管理的观念

观念指导着人的行为，行为总是与观念保持一致。如果想改变其他人的行为，就必须改变与这些行为相关的根本观念。如果一个组织中的人们都不相信项目管理的作用，就无法在该组织中开展项目管理工作。专门的训练可以让组织中的每个人都掌握某种工具或技术，但却无法让他们去实践所学到的东西。此外，不要只看表面现象，有些人表面相信项目管理，而实际行为却相反，因为他用的理念与他拥护的理念不同，而行为取决于内心深处的观念。因此无论说什么，只有实际行为才能真正表明信奉的是什么。为了树立正确的观念，这里将一些关于项目管理的常见观念解析如下。

(1) 一种方法能适合所有项目吗？项目管理这一种方法能适应所有的项目吗？答案是"是，又不是"。说"是"，是因为所谓项目管理是指用规范的思考方式去完成一件工作。这种规范的思考过程适用于任何类型的项目，无论它的规模或种类如何，可以是郊游、开发软件、建造一座大楼，其总的方法是一样的。说"不是"，是因为不同项目使用的工具不同，对那些特别小的项目而言，做一个网络图几乎是在浪费时间，但有的项目缺了网络计划却是不可想象的。因此，项目管理就是在实际应用中去挑选并使用那些适合的工具。

总有人认为，规范的项目管理技术只适合于大型项目。这是一种片面的认识，是将思考过程与准备文件混为一谈了。对于简单的生活中的项目，如做一顿饭，仍然需要经过这些思考程序，只是完全没有必要为此准备一大堆的文字报告。因此，思考过程不同于制作书面文件。项目管理中的 KSS 原则(Keep It Simple Stupid)是：不多做任何不必要的事，但也不少做任何必要的事。因此按照项目管理规范的程序进行思考，并决定有多少需要形成文字，然后去做，越简单越好。

(2) 项目中某个成员总是在做着一直做的事，能否得到期望的结果？如果该成员总是做一直在做的事，得到的是一直得到的结果，那表明一直在做的事没有什么成效，就需要考虑改变做事的方式。长期以来，很多人都用不规范的、非正式的项目管理方法完成了任务，而且还很满意，其实他们没有意识到还有其他方法存在，工作还可以做得更好。应用规范的项目管理(在流程上的改变)可以使工作做得既快又省。

(3) 克服对变化的抵触。项目管理会给组织带来质的变化，实践中组织里很多人由于担心因为变化而使自己的利益受到损害，从而害怕变化并抵触变化。此外，组织本身也会对变化进行抵触，在变化引入时，组织(包括部门)会表现出维持现状的惯性，拒绝变化。

有效沟通是消除人们对抵触变化的核心。有效沟通指与合适的人进行交流，说服他们支持或接受项目所带来的变化。通过让他们参与变化，将员工培训和个人发展结合，加强团队建设，以改善领导方式以及获得高层管理者的支持与承诺等方式来克服对变化的抵触。

(4) 技术管理与项目管理。实践中很多项目，所谓的"项目经理"其实就是技术经理，主要负责管理技术活动，花大量的时间做技术工作，掉进了做事的陷阱中，工作的着眼点没有放在项目整体的综合管理上，从而忽略了项目经理的本职——管理。由于他们多是技术专家出身，通常不信赖那些提交上来的报告，认为自己比别人做得更好，怀疑其他人的能力，就逐个仔细地指导监督员工的工作，因此这些项目经理不能很好地下放权力，结果管理职能被弱化，自己越来越被动，项目早早就走向失败。

(5) 解决项目经理的无权。很多项目经理没有被赋予什么权力，在很多事情行动前需要首先获得批准。一般的组织都建立了这样的程序：购买任何东西都要事先批准，甚至要经过在项目经理之上的三层管理者的批准。自然，项目经理不能做任何超越红线的事，但项目经理应当自问："我的工作中，哪些是我可以自行决断的？""如果没有被赋予权威，最好的方法就是去主动承担权威的角色"。作为项目经理，如果总是在等待别人赋予权威，可能永远不会拥有这种权力，因为从来没有(来得及)证明自己能够运用它。要知道"获得谅解总是比获得批准容易"，当然如果所在的组织过于严格死板，那就要自问这个地方是否真的适合自己。

5.2　项目成功的变量

5.2.1　预测项目是否成功

预测项目是否成功是非常困难的，大多数目标管理者只注重时间、成本和质量参数。这样的做法可能导致只去鉴别那些直接影响利润的原因，而不去关心项目管理本身是否正确。如果组织的生存是建立在一系列成功的项目管理的基础上的，这一点就会变得非常重要。也许只是一两次，项目经理能通过努力推动项目成功。然而，一段时期后，要么是"努力推动"的影响变得令人不可容忍，要么是人们拒绝为这个项目付出努力而最终导致项目失败。

项目的成功通常通过三方面的组织来衡量：项目经理及其团队、业主和委托人。

1. 项目经理及其团队

为了促进项目成功，项目经理及其团队可以采取某些行动。这些行动包括：

(1) 保留自己选择项目团队关键成员的权力；

(2) 选择团队关键成员并审核他们在各自领域内的记录；

(3) 从一开始就信守承诺和建立使命感；

(4) 寻求充分的职权和项目组织形式；

(5) 与委托人、业主和团队协调并保持一种良好的关系；

(6) 力求扩大项目的公众形象；

(7) 在决策和解决问题时取得团队关键成员的协助；

(8) 制定实际成本表、进度计划表和质量评估与目标；

(9) 对潜在问题的预期有后备战略；

(10) 团队的结构要合理、灵活和具有弹性；

(11) 为了最大化对人和关键决策的影响，允许越权；

(12) 采用切实可行的一套项目计划和控制工具；

(13) 避免对一种控制工具的过度依赖；

(14) 强调会议成本、进度计划表和质量目标的重要性；

(15) 给完成最终项目的使命或功能以优先权；

(16) 控制的同时要善于应变；

(17) 不断寻求保证项目团队成员有效、安全工作的方法。

2. 业主

(1) 业主的支持力度。一个项目除非被当作一个项目看待而且得到高层管理人员的支持，否则不可能成功。高层管理人员必须愿意分配公司的资源并且提供必要的行政支持，项目才能容易适应公司每天的例行事务。业主必须营造一种环境，使得项目经理、业主和委托人单位之间有一个良好的工作氛围。有大量可以用来评价业主支持力度的变量，这些变量包括：

① 合作的意愿；

② 维持结构灵活性的意愿；

③ 适应变化的意愿；

④ 战略计划的有效性；

⑤ 业主与相关方是否保持和睦；

⑥ 对过去经验的重视程度；

⑦ 是否具备对外部的缓冲机制；

⑧ 沟通的及时性和准确性；

⑨ 是否会积极提供帮助。

(2) 业主的确认。业主对项目经理及其团队的及时确认对开展项目管理具有重要影响，如果项目经理和团队及业主采取适当行动的话，项目管理工作会有一个好的工作基础。应该采取的行动有：

① 较早选择领导项目团队的管理者，要选择具备技术技能、人际关系技能和管理技能等方面经验的人；

② 为项目经理建立清楚且可行的指南；

③ 不要对项目经理施加过多的权威压力，要让他与关键团队成员一起做决策；

④ 对于项目和团队及他们承担的义务要表现出热情的态度；

⑤ 建立并保持快速的非正式的沟通；

⑥ 避免为赢得合同而对项目经理施加更大的压力；

⑦ 避免武断地消减或增加对项目团队成本的估计；

⑧ 避免大宗采购；

⑨ 与主要的客户和项目经理建立密切(不是干涉)的工作关系。

(3) 适用的管理技术。业主和项目团队都要采用适当的管理技术，以确保有一个明智、充分而不过度的计划及控制和协调系统。这些适当的管理技术也应该包括以下这些前提：

① 明确建立的规范和设计；

② 实际的进度计划表；

③ 实际成本估计；

④ 避免大宗采购；

⑤ 避免过度乐观。

3. 委托人(客户)

客户通过最小化团队会议、对信息要求的迅速反应和不加任何干预地让合约人处理自己的事务等做法对项目成功产生很大影响。客户中存在的变量包括：

① 合作的意愿；

② 维持和睦的意愿；

③ 合理和具体的目标和准则是否建立；

④ 是否为适应变化建立了良好的程序；

⑤ 沟通是否及时准确；

⑥ 客户委托要提供相应的资源的承诺能否兑现；

⑦ 官僚作风的大小；

⑧ 是否为委托人提供了足够的职权(尤其是对于决策的制定)。

通过对影响项目成功的三方面的组织——项目经理及其团队、业主和委托人中所蕴含的影响项目成功的各种变量的分析，可以归纳出成功的项目管理应该做以下事情：

(1) 从一开始就鼓励所有的参与者开放和诚实；

(2) 创造健康竞争的氛围，而不是残酷竞争和相互欺骗的氛围；

(3) 做好计划，使得整个项目有足够的基金；

(4) 对成本、进度计划表和技术质量目标的相对重要性有清晰的认识；

(5) 建立快速的非正式的沟通渠道和扁平的组织结构；

(6) 充分授权给主要委托人，允许其迅速接受或拒绝重要决策；

(7) 拒绝大宗采购；

(8) 关于合同奖励或进展的问题及时做出决策；

(9) 与项目参与者建立密切(而不是干涉)的工作关系；

(10) 避免过于亲近的关系；

(11) 避免过多报告的机制；

(12) 一旦发生变化，迅速做出决策。

通过将项目团队、业主和委托人组织的相关行动结合在一起，可以得到成功的项目管理的关键要素和经验，即：

(1) 项目管理自始至终要有计划；

(2) 认识职责之间的冲突，并最终解决；

(3) 认识变化的影响，做一个合格的代理人；

(4) 每个人都要有适合自己的工作；

(5) 执行工作的人组成的是最好的系统；

(6) 有足够的时间和精力来制定项目的基础和定义工作，包括工作分解结构、网络计划；

(7) 确保工作包大小适当；

(8) 易管理，有组织职责；

(9) 所花的时间和所做的工作都按实际发生的计量。

(10) 将建立和应用计划控制系统作为项目实施的关键点，包括知道要到哪里去，知道什么时候曾去过那里；

(11) 确保信息流是与现实吻合的，因为信息是解决问题和决策的基础，沟通障碍是造成项目困难的最主要原因；

(12) 准备好重新做计划，并付诸行动，因为制订得最好的计划也常常会有失误，变化是不可避免的；

(13) 将责任、质量和奖励紧密联系在一起，实行目标管理，这是动机和生产力的关键；

(14) 在项目结束之前尽早为收尾工作做计划，包括人员部署、材料和其他资源的安排、知识转移、结束工作命令、客户或合同财务支付和报告；

(15) 最后需要重视的是项目终止，当项目接近完成时，企业常常会尽可能快地转移员工或结束工作订单而使成本最小化，这就经常将写最终报告和把原材料转移到其他项目的责任留给项目经理，许多项目在完工时仅仅写管理报告和最终的成本总结就需要 1~2 个月时间。

总结本节所描述的影响项目成功的各种因素，我们就可以确定导致项目管理失败的一些主要原因：

(1) 选择了一个不合适的观念。因为每个项目的执行都只有一次，如果选择了一个没有良好基础或者是由于时间不合适而不得不做出改变的项目就有可能很快导致失败。

(2) 选择了不合适的项目经理。被选中的人更大程度上是一名管理者而不是实施者，他必须将重点放在所有的工作上而不只是技术方面。

(3) 没有上层管理者的支持。上层管理者的支持必须在观念上一致而且必须采取相应行动。

(4) 任务描述不够充分。必须有一个充分的计划和控制系统，这样能保持成本、进度和技术质量的适当平衡。

(5) 管理技术的错误使用。在技术群体中存在着一个不可避免的趋势：试图比合同最初规定的内容做得要多。要对技术进行监督，员工只能购买项目所需要的东西。

(6) 项目的终止没有计划。由定义可知，每个项目都要终止。终止必须有计划，这样才可以识别影响因素。

5.2.2　项目管理的效力

项目经理与上层管理者的接触常常比与职能经理的接触更频繁，不只是项目的成功，还有项目经理的事业道路都依赖于他们同上层管理者建立的工作关系和预期。测度与上层管理者交往效力的关键变量有 4 个：可信度、优先级、可接近度和可见度，四个变量正向发展的因素如下：

1. 可信度

(1) 可信度来自决策者好的形象；

(2) 一般是建立在大量工作实践基础上的；

(3) 经理和他的项目地位会增加可信度；

(4) 让别人看见自己的成功可以增加可信度；

(5) 强调事实比强调观点更令人可信；

(6) 对别人有信誉，他们可能也就会对你有信誉。

2. 优先级

(1) 细节的重要性让位于组织的总体目标；

(2) 在合适的情况下，强调竞争的一面；

(3) 强调变化对成功的作用；

(4) 保证来自其他诸如职能部门、其他经理、客户和独立资源等的书面支持；

(5) 重视项目中的派生问题；

(6) 预料到优先级问题；

(7) 一对一地推行优先级。

3. 可接近度

(1) 可接近度包括直接与高层管理者交往的能力；

(2) 表明你的建议是对整个组织有益，而不只是对这个项目有益；

(3) 仔细衡量事实，解释正反两面的因素；

(4) 表达既要有逻辑又要精练；

(5) 让高层管理者了解你个人；

(6) 让客户对你的能力和项目产生期望；

(7) 为自己创造有挑战性的工作。

4. 可见度

(1) 意识到你实际需要的可见度；

(2) 向高层管理者汇报时要给他留下一个好印象;

(3) 适当的时候管理者要采取不同的风格;

(4) 利用团队成员来调节你所需要的可见度;

(5) 与那些权威人士举行定期的信息沟通会议;

(6) 利用现有的公共媒体。

5.2.3 项目管理各方的期望

在项目管理环境中,项目经理、团队成员和上级管理层每一个人都对他与另一方应该有什么关系,对方应该做什么事情有一个预期。

1. 高层管理者期望项目经理做的事情

(1) 解释导致最终结果成功或失败的原因;

(2) 提供有效的报告和信息;

(3) 在项目执行过程中使组织的波动最小;

(4) 提供建议,而不仅仅是做出选择;

(5) 有处理个人问题的能力;

(6) 体现出一种做事主动的才能;

(7) 每项任务都能体现出成长性。

初看起来,上述品质似乎是对所有经理人而不只是对项目经理的期望,但事实并非如此,因为前 4 条是不同的。直线经理只负责由他们直线组织完成的那部分而不是整个项目的成功。提升直线经理也可以依赖于他们的技术能力,而不必看他是否有写生动有效的报告的能力。直线经理不能干预整个项目,而项目经理可以。直线经理不必要做决策,只需提供备选方案和建议。

2. 项目经理期望高层管理者做的事情

(1) 提供有详细说明的决策渠道;

(2) 依照需要采取行动;

(3) 促进与支持部门之间的接触;

(4) 在决议发生冲突时提供帮助;

(5) 提供足够的资源或章程;

(6) 提供足够多的战略或长期的信息;

(7) 提供反馈;

(8) 给予建议和启动阶段的支持;

(9) 对期望说明要详细清晰;

(10) 保护项目不受政治斗争的干扰;

(11) 为个人和专业发展提供机会。

3. 项目团队期望项目经理做的事情

(1) 提出想法帮助解决问题;

(2) 提供正确的方向和领导;

(3) 提供一个轻松的环境；

(4) 与团队成员之间有非正式交往；

(5) 促进团队发展；

(6) 推动新成员的吸纳；

(7) 减少冲突；

(8) 保护团队不受外界压力侵袭；

(9) 抵御变化；

(10) 为团队代言；

(11) 作为团队代表与上层领导接触。

4．项目经理期望团队具有的特点

(1) 体现出团队成员的自我发展；

(2) 体现出创新和创造行为的潜力；

(3) 有效地沟通；

(4) 对项目负责；

(5) 体现出解决冲突的才能；

(6) 以结果为导向；

(7) 以变化为导向；

(8) 有效且士气高。

5．项目团队成员期望满足的需要

(1) 有一种归属感；

(2) 对工作本身有兴趣；

(3) 尊重他正在做的工作；

(4) 不受政治斗争的干扰；

(5) 工作有保障并能持续；

(6) 事业发展有潜力。

项目经理必须记住，成员们可能不说这些要求，但是他们确实有这些要求。

5.2.4　得到的经验教训

项目管理者可以从每一个项目中得到经验教训，即使项目是失败的也一样。大多数公司不愿意记录教训，因为文献资料表明教训是源于自己所犯的错误，所以员工们不愿意在文献资料上签名。因此，员工们一直重复别人所犯的错误。

现在，人们非常注重从档案文献中吸取教训。例如，波音公司会记录每次飞机项目中得到的教训。另外，有的公司在举行项目后期会议时，会要求其成员准备 3~5 页的有关项目成功或失败的案例研究，用来培养未来的项目经理。一些公司不仅要求项目经理要有所有项目的相应文件，还要保留项目记录来作为其决策证明。但这种做法在大项目中通常难以实现。另一个难点是举行后期会议的时机。有的公司将项目管理用于产品开发和生产，当第一批生产结束时，举行一次后期会议来讨论所学到的东西；第二次会议大约在 6 个月之后，用来讨论客户对产品的反应。

5.3　计划：项目成功的前提

5.3.1　项目计划概述

项目计划是为实现项目目标而对项目实施工作中的各项活动做出对时间及相关工作、事务的安排。计划是跟踪控制的基础。项目计划的目的是要明确项目范围、任务分工、执行部门与人、时间安排、费用资源安排、预期成果及绩效，应回答 5W3H。

(1) 做什么(What)、为什么做(Why)、哪个地方做(Where)：明确总体目标、总体任务与总体方向、各阶段任务、最终交付物及绩效。应用工作分解结构(Object Breakdown Structure)列出任务详细清单。

(2) 如何做(How)：为完成任务所采取的方法。应用知识分解结构(Knowledge Breakdown Structure)方法列出所有采取的工作方法。

(3) 谁去做(Who)：安排哪个部门，由谁去完成。应用对象分解结构(Object Breakdown Structure)方法列出对象清单。

(4) 何时做(When)、多长时间(How Long)：安排每项工作的先后次序，开始、结束时间。应用文字、图、表列出。

(5) 费用资源多少(How Much Cost)：实施项目的总体费用资源，各项工作的费用资源。应用文字图、表，或者在时间图、表下相应部分列出，即配有资源的计划。

1. 项目计划的特点

(1) 动态性。项目计划应可被调整，以适应新的变化，但是对于没法调整、没有退路的项目或里程碑计划则只能调整部分或阶段性计划，或者增加费用、资源，或者调整工序，完成目标计划。

(2) 跟踪性。项目计划应能够随时被检查跟踪，能够被分析、明确、跟踪所处的状况。

(3) 反馈性。项目计划跟踪检查后，应对出现的情况做出及时的反应，采取相应的方案、措施，赶工或调整计划。

2. 项目计划的作用

为完成项目的目标系统，应制定项目计划系统，项目计划系统的作用表现在以下几个方面：

(1) 针对目标系统的细化、论证。目标系统确立后，通过项目计划系统的建立可以明确目标系统能否实现及其实现的方式和过程，从而选定最优的计划。通过计划可以分析目标系统能否实现，目标系统中各个子系统目标之间是否相互协调。在计划的实施过程中发现有偏差或不平衡时，应调整目标系统，修改技术方案或改进设计方案。因此计划又是对项目构思、目标设计、方案改进等更为详细的论证过程。

(2) 计划系统确立后，作为项目各项工作的依据、指南。计划既是对目标系统实现的方法、措施和过程的安排，又是对目标系统的分解过程。计划结果是许多更细、更具体的目标的组合，它们将被作为各级组织的责任加以落实，以保证目标系统的实现。因此，在项目计划实施过程中，前阶段或高一级的计划又是后阶段或低一级计划的依据。

(3) 项目参与各方沟通的载体。项目计划为项目参与各方所遵守，是落实、测量参与各方各项工作的基准。

5.3.2 项目计划的形式与内容

项目计划系统贯穿于项目生命周期的全过程：一是项目计划有层次性，分别为总体计划、详细计划、定期计划；二是在不同阶段有不同的表现形式，随着项目的进展，计划得以细化、具体化，经过反馈，计划得以调整，形成一个步步跟进的项目计划系统；三是不同的职能子系统有不同的计划表现和表示形式，建设方、设计方、监理方、施工方、供应方分别有各种计划系统(见表 5-1)。

表 5-1 不同参与方的计划系统

参与主体	策划阶段	实施阶段	
	总体计划	详细计划	定期计划
建设方	可研报告	建设大纲	年、月计划
设计方	设计计划	设计作业大纲	年、月计划
监理方	监理大纲	监理规划	年、月、周计划
施工方	施工大纲	施工组织设计	年、月、周计划
供应方	供货方案	供货计划	年、月、周计划

1. 按计划深度分类

按照计划深度不同，项目计划分为总体计划、详细计划和定期计划。

(1) 总体计划也称节点计划、里程碑计划，与初步的工作分解结构图分析结合，描述项目的整体形象及战略。

(2) 详细计划与详细的工作结构分解图分析结合，详细地描述项目的范围、具体的工作任务、人财物等资源的具体计划与安排。

(3) 定期计划也称滚动计划，分年、季、月、旬、周、日计划，用步步逼近的方法，逐步制订细化、最近时间内实施的计划。应有近期内马上实施项目的详细范围、具体的工作任务、人财物等资源的具体计划与安排。滚动计划按照检查、反馈点的设置不同，有每周(每月)检查和反馈后的滚动。根据检查情况，在总体计划、详细计划内或允许调整的情况下，对近期计划进行调整。从而使计划始终切合实际，有较大的活性和可执行性，使详细计划与定期计划，长期、中期短期计划之间紧密衔接，体现计划的可调性、可控性。

2. 按阶段分类

按照阶段不同，项目计划可分为前期计划、采购计划、实施(施工)计划、物业管理计划等，即按照项目全生命周期中各个阶段进行计划系统的划分。

(1) 前期计划：对前期工作活动进行安排。

(2) 采购计划：对材料、设备、人员招聘等资源性的获取计划。

(3) 实施计划：为完成项目具体、正式活动所执行的计划。

(4) 物业管理计划：项目完成交付后的维护保养或售后服务计划。

3. 按参与方不同分类

按照参与方的不同，项目计划分为业主计划系统、设计计划系统、施工计划系统等，这些计划系统分别按照不同的维度进行计划的结构分解。

项目计划是指导项目执行和控制的系列文件，不同项目的计划内容差别很大，应根据项目特点编制。项目的多目标性、多层次性使得项目计划内容具有复杂性和多样性。业主(投资/开发)方涉及项目全生命周期，除以下计划外，还有项目建议书、可行性研究报告、建设大纲等。

(1) 工期/进度计划。要对项目的总时间目标进行分解，确定项目各个结构、各个层次单元的持续时间，活动开始与结束时间，并作时差分析。

(2) 投资/成本计划。对建设方来讲，有投资/成本计划；对相关服务方，主要为成本计划。这主要包括：

① 项目各个结构、各个层次单元的投资计划。

② 项目的"计划—时间成本"曲线及成本模型。

③ 财务计划报表。

④ 融资及资金支付计划等。

(3) 资源计划，主要包括：

① 人力资源的招聘、培训、使用、考核计划。

② 设备、机械等的采购、租赁、使用、维修计划。

③ 材料、物资等的采购、订货、供应和保障计划。

(4) 质量/安保计划，主要包括：

① 质量保证计划。

② 健康、安全和环境保障计划。

(5) 其他计划，包括：

① 现场临时水电、设施等的管理计划。

② 物业管理计划。

③ 营销计划。

不同的项目，项目的不同相关者，所负责的计划内容及范围是不同的，项目应由任务书或合同明确和规定。项目计划应形成文件并分发相关各方，以便沟通，并有可追溯性。计划应采用标准、方便的形式，如文字、图、表等；书面或电子版，方便参与者能够准确获取相关信息。

5.3.3 项目计划的编制

1. 编制依据

(1) 约束条件：

① 政策、标准、规范(定额、价格信息等)；

② 与项目有关的批准文件，主要有土地规划批准文件、城市规划批准文件、项目批文；

③ 资源，包括资金、人力资源、物资、设备、材料等。

(2) 合同文件。这包括土地转让合同、设计合同、监理合同、施工合同、采购合同等。

(3) 项目建议书、可行性研究报告。项目建议书、可行性研究报告等策划性报告是项目前期文件的重要组成部分，包含了计划系统的总体框架，是编制的主要依据。

(4) 目标系统。包括项目相关方的总目标，以及分阶段、分系统目标。

2. 常用工具与技术

(1) 项目计划编制的方法。项目计划编制的方法指用来指导编制团队工作的各类方法，要明确以下几个事项：

① 项目计划编制采用的软件；

② 项目计划汇总的形式；

③ 项目计划表现形式，如图、表格、网络图等；

④ 资源及其他的表现配合形式。

(2) 项目计划制定的技能和知识结构。每一个项目利益相关者都具备对项目计划制订有用的知识与技能，并应充分利用知识结构分解图，制订出系统、全面、翔实的项目计划。

(3) 项目管理信息系统(PMIS)。项目管理信息系统用于收集、综合、计划和分发项目管理过程中输出的工具、技术和信息，支持项目管理全过程中各个方面的工作。

(4) 挣值管理(EVM)。挣值管理用于综合管理项目的范围、进度和资源，测量、分析和评估项目生命周期内各个阶段的绩效。

(5) 系统分析方法(SAM)。应用系统分析方法进行计划编制中的结构分解、作业系统范围确定、相关因素分析等。

3. 计划编制方法

项目计划编制过程中应按照计划工作程序进行，明确计划编制的结果符合规定的要求。计划工作流程框图如图 5-2 所示。计划应明确各单位、各部门、各个人的工作责任，明确完成计划的权力、手段和信息，完成后的评估方法，形成指南。一个科学、可行的计划不仅内容完整、周密，而且要相互协调。

(1) 不同层次的协调：不同层次的计划形成一个自上而下的计划系统，下一级计划应服从上一级计划，承包商的计划应纳入业主的计划系统中，分包商的计划应纳入到总包的计划系统中。上一级计划的制订应考虑下一级的约束条件及落实的可能性。

(2) 不同部门、专业之间的协调：各部门、各专业应按照总体计划编制各自的计划，编制过程中还应注意相互之间的协调，在编制过程中由上级或牵头部门通过协调会议等形式进行协调，形成协调的分计划系统。

(3) 不同团体之间的协调：项目利益相关者之间以合同为纽带进行联系、协调，合同结构的设计应明确与计划有关的责权利、程序、时间安排；无合同为纽带联系的团体之间的协调，更要由业主提前做好合同、制度安排及总体计划的规定，才能使各个团体的计划相互协调。

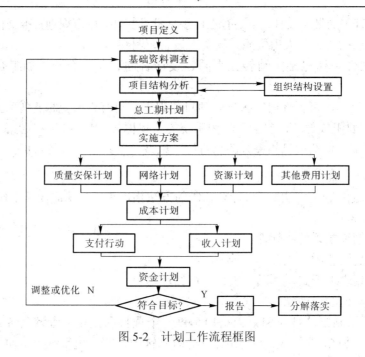

图 5-2　计划工作流程框图

5.4　人员：项目成功的关键

5.4.1　项目发起人

项目发起人是影响项目成功的关键人员之一。多年来，项目发起人一直执行高级管理者的职能。然而，项目发起人又通常来自执行层，他们有维持执行者(委托人)合同的基本职责。发起人要保证来自承包商的信息正确传输到客户或委托人那里，即信息从承包商到客户没有被漏掉，又要保证客户的钱不会被乱用。项目发起人通常会将项目成本和信息传递给客户，而进度计划和质量状态数据来自项目经理。

1. 项目不同生命周期阶段的发起人任务

一个项目通常分解成两个生命周期阶段：规划和执行(实际上，执行还可以再分成其他几个更小的阶段)。对于短期项目，如只有两年或更短时间，应该建议这个项目只用一个项目发起人。对长期项目，如 5 年左右，则可能在一个生命周期阶段要有一个项目发起人，但这些发起人最好是来自同一个管理层。发起人不一定来自那些大多数工作都要同时进行的直线组织。一些公司走极端，甚至要求发起人来自对项目没有归属利益的直线组织。

项目发起人实际上就像项目经理的"大哥"或建议者。在任何情况下发起人都不能担当项目经理的职能，经验表明这样做弊大于利。项目发起人应该帮助项目经理解决那些项目经理自己不能解决的问题。

一般来讲，项目发起人除了执行委托人合同，还需在一些方面提供工作指导，这包括：目标的制定、优先权的设定、项目组织结构的确定、项目方针和程序的确定、项目主计划的制订、预先计划的制订、关键职员的确定、监测执行情况的明确、冲突的解决。

(1) 计划(发起)阶段发起人的任务。项目发起人担当的角色依据项目所处生命周期的不同阶段而不同。在项目的计划或发起阶段，发起人是一个主动的角色，主要进行下列活动：

① 帮助项目经理制定正确的项目目标；

② 在项目执行过程中为项目经理提供可能影响其进程的环境或政治信息；

③ 为项目设立优先权(个人决策或者同执行者协商)，将设立好的优先权通知项目经理并且告知其优先权设立的原因；

④ 对支配性项目的方针和程序的建立给予指导；

⑤ 作为执行者——委托人合同的关键人物行使职责。

(2) 执行阶段发起人的角色变化。在项目开始阶段，项目发起人必须主动地参与项目目标和优先权的设立。如果要求在业务和技术部分都建立优先权，就太有强制性了。在项目的执行阶段，项目发起人的角色由主动变为被动。如果项目经理需要的话，发起人将提供除了一些例行情况的简报以外的其他帮助。在项目进一步执行过程中，项目发起人必须有选择性地参与解决问题。试图干预每一个问题不仅不会实现宏观管理，还会降低项目经理解决问题的能力。表 5-2 表明了在项目执行阶段，成熟组织和不成熟组织中项目经理和直线经理的工作关系。当在项目和直线界面存在冲突或问题并且在该层次无法解决时，发起人会发现此时应该介入并提供帮助。表 5-3 表明了项目执行阶段，项目发起人介入项目的成熟做法和不成熟做法。

表 5-2　项目-直线界面

不成熟组织	成熟组织
• 项目经理被赋予凌驾于直线经理之上的权力或权威	• 项目经理和直线经理共享权力和权威
• 项目经理为最佳人选进行协商	• 项目经理为直线经理的委托而协商
• 项目经理直接与职能员工一起工作	• 项目经理通过直线经理开展工作
• 项目经理对员工的绩效评估不发表意见	• 项目经理为直线经理提供建议
• 领导以项目经理为核心	• 领导以团队为核心

表 5-3　高层管理者界面

不成熟组织	成熟组织
• 高层管理者主动参与项目	• 高层管理者的参与是被动的
• 高层管理者担当项目的拥护者	• 高层管理者充当项目发起人的角色
• 高层管理者对项目经理的决策提出质疑	• 高层管理者相信项目经理的决策
• 优先权经常发生转移	• 不允许转移优先权
• 高层管理者视项目经理为不利因素	• 高层管理者认为项目管理是有益的
• 项目经理的支持很少	• 有可见的、持续的支持
• 高层管理者不鼓励向上级反映问题	• 高层管理者鼓励将问题反映到上级
• 高层管理者对发起者不负责任	• 高层管理者对项目发起人负责
• 高层管理者的支持只存在于项目启动阶段	• 高层管理者的支持始终存在
• 高层管理者鼓励做项目决策	• 高层管理者鼓励做业务决策

续表

不成熟组织	成熟组织
• 没有指派项目任务的程序	• 可以看到任务指派程序
• 高层管理者追求完美	• 高层管理者在可能的情况下做到最好
• 高层管理者不鼓励用项目表	• 高层管理者认识到报表的重要性
• 高层管理者不参与项目报表的编制	• 高层管理者负责报表的编制
• 高层管理者不清楚报表的内容	• 高层管理者理解报表的内容
• 高层管理者不相信项目团队在发挥作用	• 高层管理者相信项目团队正在发挥作用

项目发起人为项目中的每一个成员而存在，包括项目经理、直线经理和他们的员工，这一点是应该理解的。项目发起人应该保持一种开放的姿态，即使这种姿态会有不利影响：首先，员工会用一些琐事把项目发起人淹没；其次，员工可能认为他们可以越过领导层而直接同项目发起人进行交谈。项目发起人还应鼓励包括项目经理在内的员工经常思考在什么情况下他们可以做得更好。

(3) 亟待履行发起人职责的问题。项目发起人除了正常的工作外，当项目需要时，必须能够提供必要的帮助。任何一个确定的高层管理者都会发现他不得不同时充当几个项目的发起人。发起人做的是一项很耗时的工作，尤其是出现问题的时候。因此，高层管理者只限于负责他能同时有效管理的几个项目。

发起人在一些问题上能立即履行其职能，这些问题包括：

- 减缓导致问题解决拖延的决策；
- 引起难以解决且影响决策的政策问题；
- 必要时不能决定项目的优先权。

2. 项目发起人的职能

在大的多元化公司中，高层管理者有时忙于战略计划活动而无暇很好地履行项目发起人的角色。这样，任务就落到了高级管理者下一层管理人员身上。

图 5-3 表明了项目发起人的主要职能。项目启动时，发起人要开会决定该项目是否应获得优先权。如果项目是关键的或是战略性的，指导委员会就指派一名高级经理作为发起人，他可能就是指导委员会的一名成员。执行委员会的人担当由指导委员会监察的项目发起人是常有的事。

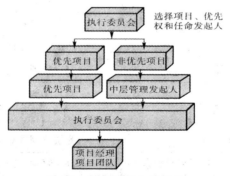

图 5-3　项目发起人的任务

　　对于那些例行的、维护性的、不关键的项目可以委派一个中层管理者做发起人。喜欢中层管理者做发起人的组织，可以利用由中层人员产生的发起人参与管理。

　　(1) 项目执行发起人的职能。经常忙于竞标的公司，不仅会确认项目经理的经历还会确认发起人的阅历。在其他条件相同时，这会使竞标时更具竞争优势。有的承包商认为项目执行发起人(Executive Project Sponsor)的职能有：

① 主要参与销售和合同的协商；

② 建立和维持与高层委托人的关系；

③ 帮助项目经理完成进展中的项目有关内容(计划、程序、职员等)；

④ 维持对主要项目活动的现有信息(参加主要委托人和项目的意见会议，定期视察项目等)保持了解；

⑤ 处理主要的矛盾事件；

⑥ 为项目经理解释公司方针；

⑦ 帮助项目经理识别和解决主要问题；

⑧ 对总经理和公司经理就主要问题不断提出建议。

　　(2) 新形势下项目发起人的新职责。以前，发起人只与项目经理接触，中小型项目尤其如此。现在的项目非常复杂，需要发起人和整个项目团队接触。因此，项目发起人的角色被赋予了新的责任，如下所述。

① 在整个项目过程中与整个项目团队保持紧密联系，准备并签署项目章程；

② 确保项目经理在整个项目过程中都有相应的权力做出决策；

③ 确保项目具有恰当的优先级；

④ 向项目团队解释项目优先级的原因；

⑤ 确立并强化项目的业务目标和技术目标；

⑥ 确保所有的截止日期都是现实的；

⑦ 重申截止日期的重要性；

⑧ 解释能够对项目产生影响的企业环境因素和政治因素；

⑨ 在设计项目组织结构中提供帮助；

⑩ 为项目制订紧急备用的资源计划；

⑪ 为项目具体政策和流程的发展提供指导；

⑫ 为其他高级管理层提供项目状态信息的关键所在；

⑬ 描述他们对项目经理和团队的期望；

⑭ 描述他们希望项目经理拥有或培养的作为终身学习一部分的技能；

⑮ 解释如何使用专利信息；

⑯ 制定项目范围变更的结构化政策；

⑰ 作为缺乏经验的项目经理的导师；

⑱ 提出建设性反馈而不是个人批评；

⑲ 作为与媒体联络的中间人；

⑳ 鼓励提出好消息和坏消息，但不过分渲染坏消息；

㉑ 识别项目团队承受过大压力的明显标志；

㉒ 知道文书工作的成本；

㉓ 采取走动式管理(Walk-the-Halls Management)安抚愤怒的客户;

㉔ 建立认同或奖励制度,即使不是金钱奖励制度;

㉕ 坚持对整个项目团队而不是项目经理实行开放政策。

3. 项目发起人的演变

当组织走向成熟时,高层管理者开始相信中层或低层的管理者并让他们做项目发起人,这样做主要有以下几个原因:

(1) 高层管理者没有足够的时间做每一个项目的发起人;

(2) 并不是所有的项目都要求有高层管理者作为发起人;

(3) 中层管理者与工作进展关系密切;

(4) 中层管理者处于对某些风险提供建议的更好位置;

(5) 项目职员更容易接近中层管理者。

并非所有的项目都需要发起人。只有在项目需要大量资源,或职能部门需要较大程度的结合,或存在潜在的破坏性冲突,或需要与客户有较强的沟通时才需要发起人。最后,客户通常希望确保承包商的项目经理能谨慎使用基金,当确定了高层管理者发起人及发起人的职责中包括监管项目经理对基金的使用时,客户会感到很放心。

随着项目变得更大、更复杂,项目发起人的角色被指导委员会承担,而项目发起人只是委员会的一名成员。

5.4.2　利益相关者管理

项目中的利益相关者也是影响项目成功与否的关键变量,这主要取决于发起人和其他相关者的关系,因此对相关者进行管理显得尤为迫切。不管怎样,相关者是受到项目成果或项目管理方式影响的个体、企业或组织,他们可以直接或间接地参与到整个项目中或只是作为观察者,可以从被动的角色转变为团队的积极成员,并参与重大决策,积极的相关方甚至能起到发起人的作用。

项目利益相关者的构成是多样的,不是所有的相关者都懂项目管理,不是所有的相关者都理解项目发起人的角色,不是所有的相关者都明白如何与项目或项目经理接触,即使他们乐意接受和支持这个项目及其任务。简单地说,大部分相关者从来没有被培训过如何恰当地行使其职能,遗憾的是,这不能在早期就察觉,而是随着项目的进展逐渐变得清晰起来。

相关者关系管理的一个复杂之处是如何管理这些关系而又不牺牲企业的长期使命和愿景。另外,企业可能有关于这个项目的长期目标,但这些目标不一定与项目目标或每个相关方的目标一致。把所有的相关者排成一列并让他们一致同意所有的决策,只是一厢情愿而不是现实。你会发现不可能使所有的相关者都同意,但你可以在既定的时间说服尽可能多的人。

1. 相关者的作用与影响

在小项目或传统项目中,项目经理一般只与作为主要相关者的项目发起人联系,发起人通常是从资助项目的组织里任命的。内部项目和外部项目都如此。但是项目越大,需要联系的相关者数量越多。如果存在很大数量的相关者,他们分散在不同的地方、在各自组织的不同管理层级、具有不同层级的权力而且语言文化也各不相同,那么这个情况就会变得充满潜在的不确定性。想要定期地与这些人联系并做决策是很耗时间的,特别是在做又大又复杂的项目时。

有些相关者可能觉得他们仅仅是观察者,不需要参与到决策制定或项目范围变更授权中。有些人会接受新角色但其他人不会,那些不愿接受新角色的人往往是害怕参与最终证明是错误的决策,而且会导致他们政治生涯的终结。

有些相关者把他们的角色看成微观管理者(Micromanagers),他们会经常篡夺项目经理的职权,独断地做出未经授权的决定。显然,微观管理的相关者会比依然是观察者的相关者对项目产生更大的危害。

没有所有相关者的承诺很难高效地进行相关者关系管理。如果相关者看不到在项目成功时能为自己带来什么,即他们期望的价值或其他个人利益,那么获得这些承诺将会很困难。问题在于某个相关者看来有价值的东西在另一个相关者那儿会被看作不同的价值。例如,第一个相关者可能把这个项目看作威信的象征,第二个相关者可能认为它的价值仅在于使人们被雇用,第三个相关者可能从项目最终可交付成果和内在质量中看到价值,第四个相关者可能把这个项目看成与特殊客户进一步合作的契机。

2. 熟悉相关者所处环境与动机

在有些文化中,员工不能被解雇,因为他们相信自己有职业保障,让他们干得更快或更好是不可能的。在有些国家,员工有长达 50 天的带薪假期,这会影响项目经理的进度计划。不是每个国家的所有员工都有相同的技术水平,尽管他们有相同的头衔。例如,新兴国家的高级工程师可能被看作与另一个国家稍低级别的工程师有相同的技能。在有些劳动力缺乏的地区,给员工分配任务是基于员工可获得性而不是能力。拥有足够的员工数并不是工作能够按时保质完成的保证。

在某些国家,属于政党的权威是他们地位的象征。在位者不会平等地与项目经理进行沟通,而把所有的沟通问题归于项目发起人。在这种情况下,人们更看重权威,而不是工资待遇。

不是所有的相关者都希望项目成功。一种可能的情况是,相关者认为当项目完成时,他们会失去权力、权威、在公司内的层级位置,或者更糟糕,丢掉了工作。有时这些相关者要么保持沉默,要么作为项目的支持者,直到项目结束为止。如果项目被认为不成功,相关者就会说"我早说过会这样"。如果看起来项目可能会成功,相关者就会突然从支持者或沉默者变成反对者。

很难识别相关者的幕后动机。他们可以掩饰自己的真实感受,且不愿意分享信息。经常是没有信息或早期预警信号能表明他们对项目的真实信念。然而,如果相关者不愿意批准项目范围变更、提供额外的投资或分配高质量的资源,则可以看作他们可能对项目失去了信心的迹象。

3. 相关者管理的思路

(1) 项目经理准备一张相关者的期望清单可能会是个好主意。即使在相关者支持项目的情况下,这也是很有必要的。相关者的角色说明应该以与项目经理为团队成员制定角色说明的同样方式,在最初的项目启动会议时就及早完成。

(2) 用协议的形式与相关方确定一致意见。对某些相关者来说,彼此互动和以共享资源、及时提供资金支持、共享知识产权的方式互相帮助或许是必要的。尽管所有相关者都承认这些协议的必要性,但他们会受到政治、经济状况和其他事业环境因素的影响,这些都是项目经理无法控制的。某些国家可能会因为文化宗教、人权观和其他类似因素而不愿意与其他国家合作。对项目经理来说,在项目一开始就获得这些协议是必要的。有些项目经理很幸运能够做成,但有的则不能。某些政府领导人事变更可能会使在复杂项目中实施这些协议变得困难。项目经理完全了解每个相关者面临的问题和挑战是重要的。尽管这看起来可能不切实际,但有些相关者对于项目时间需求有不同的观点。在有些发展中国家,在人口密集地区建设一个新的医院驱动了这个项目的承诺,即使这个项目可能会延期一年甚至更久,人们只是想确认医院最终是否建起来。

(3) 关注与相关者的长期合作。"约定式项目管理"(Engagement Project Management)实践的执行导致当前相关方的观点已经改变。过去,每当完成一次销售之后,销售人员会继续寻找新的客户,他们把自己看成产品和(或)服务的提供者。现在,销售人员把自己看作业务解决方案的提供者。换句话说,现在销售人员告诉客户我们可以提供符合所有业务需求的解决方案,作为交换,我们希望能成为战略业务伙伴。这对买卖双方都有好处,因为:

① 不是所有企业(顾客)都有能力管理复杂的事物;

② 解决方案提供者在管理项目时已经接受过培训;

③ 解决方案提供者能与客户分享他们的经验;

④ 解决方案提供者对文化变迁有更好的理解,具有在任何文化下工作的能力及对虚拟团队的理解力。

因此,作为解决方案提供者,项目经理主要关注与客户和相关者的未来和长期合作协议。这个关注主要是价值导向的,而不是短期利益导向的。

4. 相关者管理的步骤

在微观层面上,我们可以用六个过程来阐述相关者关系管理。

(1) 识别相关者:这一步需要项目发起人、销售人员和执行管理团队的帮助,但不能保证所有的相关者都会被识别。

(2) 相关者分析:需要判断哪些相关者有能力和权力做出决策,影响决策制定和生成或中断项目的关键相关者。这也包括基于分析结果形成相关者关系管理战略。

(3) 相关者确认:项目经理和项目团队认识相关方。

(4) 相关者信息流:识别信息流网络并为每个相关者准备必要的报告。

(5) 遵守协议:实施在项目启动和计划阶段制订的相关者协议。

(6) 相关者任务报告:这步发生在合同或生命周期阶段收尾,被用于吸取经验教训和改善涉及这些相关者的下一个项目或下一个生命周期阶段的最优方法。

相关者关系管理始于相关者识别,这说起来容易做起来难,特别是跨国项目。相关者存在于任何管理层级。企业相关者经常比政治或政府相关者更容易识别。各个相关者都可能给项目制造难题。相关者必须协同工作而且经常参与到整个项目治理过程中。因此,了解哪些相关者将参与项目治理,哪些人不会是非常必要的。

作为相关者识别的一部分,项目经理必须知道他是否有权力或依据项目现状与相关者联络。有的相关者认为他们高于项目经理,在这种情况下,可能项目发起人就是这个保持互动的人。

有几种方法可以识别相关者(至少有一种方法可以用在项目上)。

(1) 群组：包括金融机构、债权人、监管机构等；

(2) 个体：可以是名字或头衔，如 CIO、COO、CEO，或者只是相关方组织里联系人的名字；

(3) 贡献：可以根据财务贡献者、资源贡献者或技术贡献者来确定；

(4) 其他因素：可以根据做决策的权力或其他类似因素来判断。

5. 相关者管理需要注意的其他方面

需要注意的是，不是所有的相关者对项目都有同样的期望。有的相关方希望不惜任何代价使项目成功，而其他相关者可能宁愿项目失败，即使他们表面上似乎支持项目。有的相关者认为成功了的项目才算完工，而不管成本超支，然而其他人可能只认可财务上的成功。有些相关者特别注重以他们期望在项目过程中能直接看到的价值为导向，这对他们来说是成功的唯一定义。但真正的价值可能直到项目完成几个月之后才显现出来。有些相关者把项目看成他们引起公众注意、提高知名度的一个机会，因此想积极参与。其他相关者可能更倾向于被动参与。

对于大型、复杂且有很多相关方的项目，项目经理想要适当地满足所有相关者是不可能的。因此，项目经理必须知道哪些是最有影响的相关者，哪些人可以为项目提供最大的支持。要做出这些判断，必须搞清楚以下问题：

(1) 哪些人富有影响力，哪些人没有？

(2) 谁将直接或间接地参与？

(3) 谁有权力扼杀项目？

(4) 项目可交付成果的紧急性如何？

(5) 谁比其他人需要更多或更少的信息？

不是所有相关方都有相等的影响力、权力、权威来及时做出决策。项目经理迫切需要知道谁是拥有这些才能的人里最优秀的。

1) 关键相关者的识别

必须牢记，相关者在项目生命周期中是变化的，特别是在长期项目中。同样，某些相关者的重要性在整个项目生命周期和每个生命周期阶段中也会变化。因此，相关者名单是一个随时变化的动态文件。

项目越大，知道谁是、谁不是有影响力的或关键相关者就越重要。必须赢得所有相关者的支持或至少尝试这么做。首先要考虑的就是关键相关者。关键相关者可能会帮助项目经理识别会对项目产生影响的事业环境因素。这包括预测项目主办国的政治、经济情况、识别(获得)额外资助的潜在资源，以及其他此类问题。有时候，相关方可能有软件工具，可以补充项目经理的组织过程资产。

到现在为止，我们已经讨论了争取关键或有影响力的相关者的重要性。也需要知道一些无关紧要的相关者，而且必须要有有效的证据证明这些相关者是不重要的。有些相关者好像不重要，但情况会迅速变化。例如，一个不重要的相关方可能突然发现一个范围变更即将被批准，而这个范围变更会严重影响这个不重要的相关方，或许是在政治上影响，那么这个不重要的相关者(最初因为对项目明显缺少关系而被认为这样)就会变成重要相关者。另一个例子发生在更长期的项目中，随着时间的推移，相关者可能会因为政治、晋升、退休、调职而变化。新的相关者可能突然想成为重要的相关方，但他的前任更多的是一名观察者。最后，相关者在某个生命周期阶段可能因为有限参与相对安静，但在另一个他们必须参与的生命周期阶段就会变得更积极。这同样适用于那些在早期生命周期阶段是关键相关方，而在后期阶段只是观察者的人。项目团队必须知道相关者有哪些，也必须能够确定在特殊时间点上哪些相关者是关键相关者。

要把识别出的关键相关者进行分类，可以借助相关者权力—兴趣方格图来实现。相关者权力—兴趣方格图往往显示在一个坐标网络中，根据相关者的权力和兴趣水平不同来排列。如图 5-4 所示，四个单元格分别表示：

(1) 亲密型。他们是高权力、高兴趣的相关方，可以开始或中断你的项目，必须尽最大的努力去满足他们。

(2) 满意型。他们是高权力、低兴趣的相关方，同样可以开始或中断你的项目，因此必须做出一些努力来满足他们，但不要向他们提供会导致厌烦和完全失去兴趣的过多细节信息。他们可能直到项目快要结束时才会参与。

(3) 知会型。他们权力有限，但是对项目有强烈的兴趣。他们可以接近问题的早期预警系统，并有高超的技术可以帮助解决技术问题。他们是经常会提供隐藏的机会的相关方。

(4) 监督型。这类相关者拥有有限的权力，除非灾难发生否则不会对项目感兴趣。向他们提供一些信息但不要太详细，不然他们会失去兴趣或感到厌烦。

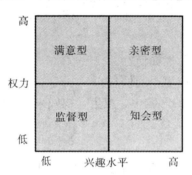

图 5-4　相关者权力—兴趣网格图

2) 相关者参与

相关者参与指项目团队成员要亲身见到相关者并弄清他们的需求和期望。作为相关者参与的一部分，项目团队成员必须理解他们和他们的期望、理解他们的需求、评价他们的意见、找到获得他们持续支持的方法并在早期识别出会对项目产生影响的相关者问题。

在识别相关者之后，经常是通过相关者参与才能弄清哪些人是支持者、倡导者还是中立者或反对者，这也被看作项目经理与相关方建立互信关系的第一步。

作为相关者参与的一部分，项目经理了解每个相关方的兴趣是必要的。实现这个目的的一种途径是问相关方(经常是关键相关者)他们喜欢在绩效报告中看到什么信息，这个信息有助于识别服务于这类相关方所需要的关键绩效指标(Key Performance Indicators，KPI)。

各个相关者有一套不同的 KPI 兴趣，因而这就变成了对项目经理来说代价高昂的工作/

维持多重 KPI 追踪和报告流量，但这对于成功的相关者关系管理是必要的。使所有相关者同意一套统一的 KPI 报告和仪表板几乎是不可能的。必须有一个关于每个相关者需要什么信息、什么时候需要、信息以什么样的方式呈现的协议。有的相关者可能希望有每天或每周的信息流，而其他人可能喜欢每月的数据，多数情况下，信息将会通过互联网提供。

项目经理应该使用一个通信矩阵，仔细地展开预先计划的相关方沟通。在这个矩阵里，信息可能包括沟通的定义或报告标题(例如状态报告、风险清单)、发起人、接收者、将要用到的媒介、访问规则、发布或升级的频率。

我们讨论各个相关者的 KPI 的复杂性时，有些问题需要处理：

(1) 使客户和相关者同意 KPI 的潜在困难；

(2) 确定 KPI 数据是在系统里还是需要收集；

(3) 弄清获得数据需要的成本、复杂性和时间；

(4) 考虑会影响整个项目生命周期内的因素；

(5) KPI 数据收集的信息系统变更和/或过时的风险。

KPI 必须是可测量的，但有些 KPI 信息很难量化。例如，客户满意度、信誉、声誉对有些相关者来说很重要，但它们可能难以量化。有的 KPI 数据可能需要用定性术语而不是定量术语来测量。

有效相关者沟通的需求是明确的，这包括：

(1) 定期地与相关者沟通是必须的；

(2) 通过了解相关者，尽可能预料他们的行为；

(3) 有效的相关者沟通能建立信任；

(4) 虚拟团队依靠有效的相关者沟通；

(5) 尽管根据群组或组织分类相关者，但我们依然是与人沟通，无效的相关者沟通会使一个支持者变成阻拦者。

相关者参与过程的一部分涉及个体相关者与项目经理及其他相关者之间协议的建立。这些协议必须在整个项目中实施。项目经理在此过程中必须做到以下两点：

(1) 识别相关者之间的所有协议(如资金约束、信息共享、批准周期变化、确定政治会如何影响相关方协议)；

(2) 确定哪些相关者在项目过程中会被取代(如退休、晋升、调职、政治)，项目经理必须为不是所有的协议都会实现这个事实做好准备。

成功的相关者关系管理必须考虑另外三个关键因素：

(1) 有效的相关者关系管理需要时间。有必要与发起人、管理人员和项目团队成员分享这个责任。

(2) 基于相关方的数量，面对面地表达他们的担忧是不可能的。你必须借助互联网使你的能力最大化。这在管理虚拟团队时也是非常重要的。

(3) 不管相关者数量有多少，与相关者工作关系的文件必须存档。这对未来项目的成功很关键。

6. 相关者关系管理的效果

有效的相关者关系管理在一个卓越的成功项目和一个糟糕的失败项目之间是不同的。

成功的相关者关系管理会导致具有约束力的协议的产生。其产生的好处包括：

(1) 更好、更及时地决策；

(2) 更好地控制范围变更，预防不必要的变更；

(3) 获得源自相关方的后续工作；

(4) 获得最终用户的满意与忠诚；

(5) 最小化政治对项目的影响。

有时，不管我们如何努力去尝试，相关者关系管理还是会失败。导致相关者关系管理失败的典型原因如下：

(1) 过早地邀请相关者参与，导致频繁的范围变更和支付不必要的工期成本；

(2) 太晚地邀请相关者参与，如果采纳他们的建议，工期延误成本更高；

(3) 邀请错误的相关者参与重大决定，因而导致不必要的变更和关键相关者的批评；

(4) 关键相关者对项目失去了兴趣；

(5) 关键相关者对项目没有进展失去了耐心；

(6) 任由关键相关者相信他们的贡献是没有意义的；

(7) 用不道德的领导风格管理项目或用不道德的方式与相关者接触。

5.5　控制：项目成功的保障

项目控制是按照计划系统中的基准检查和测量被管理对象在实施中的结果，发现偏差应采取相应的纠正措施，以确保目标系统顺利实现的管理活动。在项目全生命周期中，项目本身及其周围环境均有变化因素，导致对项目的计划实施产生偏离。因此在项目实施过程中要采用各种资源，应用各种方法进行控制纠偏工作。项目控制工作使项目管理进入动态控制时代，变事后发现问题进行管理为事中的过程管理，甚至通过反馈进行事前控制。通过对过程中大量信息的获取，为我们及时地进行过程控制提供了可靠的科学决策依据。

5.5.1　项目控制原理

在开始一个新项目之前，项目经理和项目团队成员不可能预见到所有项目执行过程中的情况。尽管确定了明确的项目目标，并制订了尽可能周密的项目计划，包括进度计划、成本计划和质量计划等，仍需要对项目计划的执行情况进行严密的监控，以尽可能地保证项目按基准计划执行，最大程度减少计划变更，使项目达到预期的进度、成本、质量目标。

控制是全部管理职能(计划、组织、领导和控制)中的一个重要职能。对于项目管理来说，首先是确定项目目标，即可交付成果的经济、技术目标，包括交付时间、成本(或价格)、性能和质量要求等；之后，根据目标和资源约束制订项目计划，包括进度计划、成本计划和质量计划等；然后是组织项目的实施。在项目实施过程中要随时解决项目团队的沟通和冲突问题，并要求项目经理能够有效地激励团队成员，使其始终保持积极、热情的工作态度和高效的工作，这就是领导。在项目的执行过程中，还要连续地跟踪项目进展况，并与计划比较，发现偏差，分析原因，及时纠偏，这就是项目控制。

项目的控制内容不是简单的动力学上所说的控制，项目的控制对象是项目本身，它需要用许多不同的变量表示项目不同的状态形式。而且每个项目运行有好几项作业同时进行的时候，它的状态是多维的，其变量较难测量。所以说，项目的控制过程比物理或化学的控制过程要复杂得多。

控制，就是为了保证系统按预期目标运行，对系统的运行状况和输出进行连续的跟踪观测，并将观测结果与预期目标加以比较，如有偏差就及时分析偏差原因并加以纠正的过程。图 5-5 是简单的系统控制原理图。

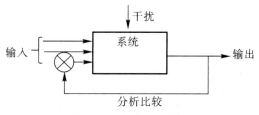

图 5-5 系统控制原理

因为系统的不确定性和系统外界干扰的存在，系统的运行状况和输出出现偏差是不可避免的。一个好的控制系统可以保证系统的稳定，即可以及时地发现偏差、有效地缩小偏差并迅速调整偏差，使系统始终按预期轨道运行。相反，一个不完善的控制系统有可能导致系统不稳定，甚至系统运行失败，如图 5-6 所示。

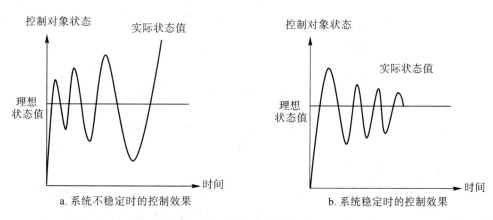

图 5-6 系统控制效果示意图

对于一个大型复杂系统，还可以采取递阶控制方法，即将大型复杂系统按层次逐层分解成相对独立、相对简单的子系统的控制方法。在子系统内部，系统结构相对简单，在上层系统，忽略子系统的内部细节，也可使上层系统简化。对于一个大型、复杂的项目，项目的工作分解结构为项目的递阶控制提供了方法工具。大型复杂项目的递阶控制如图 5-7 所示。

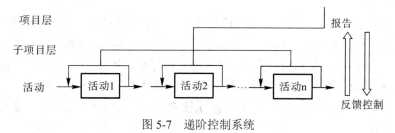

图 5-7 递阶控制系统

由于项目前期的计划工作面临许多的不确定性，在实施过程中常常面临多种因素的干扰。因此，在项目按计划实施的过程中，项目的进展必然会偏离预期轨道。所谓项目控制，指项目管理者根据项目进展的状况，对比原计划(或既定目标)，找出偏差、分析成因、研究纠偏对策，并实施纠偏措施的全过程。

5.5.2 项目控制类型

1. 按控制方式分类

类似于对物理对象的控制，项目的控制方式也包括前馈控制(事先控制)、过程控制(现场控制)和反馈控制(事后控制)。

前馈控制是在项目的策划和计划阶段，根据经验对项目实施过程中可能产生的偏差进行预测和估计，并采取相应的防范措施，尽可能地消除和缩小偏差。这是一种防患于未然的控制方法。过程控制是在项目实施过程中进行现场监督和指导的控制。反馈控制是在项目的阶段性工作或全部工作结束，或偏差发生之后再进行纠偏的控制。三种控制类型如图 5-8 所示。

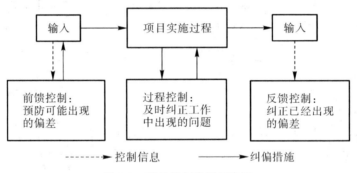

图 5-8 项目控制类型示意图

2. 按控制内容分类

项目控制的目的是为了确保项目的实施能满足项目的目标要求。对于项目可交付成果的目标描述一般都包括交付期、成本和质量这三项指标，因此项目控制的基本内容就包括进度控制、费用控制和质量控制三项内容，俗称三大控制。

(1) 进度控制。项目进行过程中，必须不断监控项目的进程以确保每项工作都能按进度计划进行。同时，必须不断掌握计划的实施状况，并将实际情况与计划进行对比分析，必要时应采取有效的对策，使项目按预定的进度目标进行，避免工期的拖延。这一过程称之为进度控制。按照不同管理层次对进度控制的要求可分为总进度控制、主进度控制和详细进度控制。

(2) 费用控制。费用控制就是要保证各项工作要在它们各自的预算范围内进行。费用控制的基础是事先就对项目进行的费用预算。费用控制的基本方法是规定各部门定期上报其费用报告，再由控制部门对其进行费用审核，以保证各种支出的合法性，然后再将已经发生的费用与预算相比较，分析其是否超支，并采取相应的措施加以弥补。

费用管理不能脱离技术管理和进度管理独立存在，相反要在成本、技术、进度三者之间做综合平衡。及时、准确的成本、进度和技术跟踪报告，是项目经费管理和费用控制的依据。

(3) 质量控制。质量控制的目标是确保项目质量能满足有关方面所提出的质量要求。质量控制的范围涉及项目质量形成全过程的各个环节。

在项目控制过程中，这三项控制指标通常是相互矛盾和冲突的。例如，加快进度往往会导致成本上升和质量下降，降低成本也会影响进度和质量，同样过于强调质量也会影响工期和成本。因此，在项目的进度、成本和质量的控制过程中，还要注意三者的协调。三项控制构成了项目控制最主要的内容。除此之外，在项目整个寿命周期的控制过程中还涉及项目的范围控制、项目变更控制等内容。

5.5.3　项目控制过程

根据以上控制和项目控制的定义可以发现，项目控制的依据是项目目标和计划。项目控制过程就是制定项目控制目标、建立项目绩效考核标准，衡量项目实际工作状况、获取偏差信息，分析偏差产生的原因和趋势、采取适当的纠偏行动。

1. 制定项目控制目标，建立项目绩效考核标准

项目控制目标就是项目的总体目标和阶段性目标。总体目标通常就是项目的合同目标，阶段性目标可以是项目的里程碑事件要达到的目标，也可以由项目总体目标分解来确定。

绩效标准通常根据项目的技术规范和说明书、预算费用计划资源需求计划、进度计划等来制定。

2. 衡量项目实际工作状况，获取偏差信息

通过将各种项目执行过程的绩效报告、统计等文件与项目合同计划、技术规范等文件对比或定期召开项目控制会议等方式考查项目的执行情况，及时发现项目执行结果和预期结果的差异以获取项目偏差信息。图 5-9 给出了发现项目偏差过程的示意。

图 5-9　发现项目偏差示意图

为了便于发现项目执行过程的偏差，还应在项目的计划阶段，在项目的进程中设置若干"里程碑"事件。对里程碑事件的检测，有利于项目的利益相关者及时发现项目进展的偏差。或者在项目活动中添加"准备报告"这一活动，而报告的期间要固定、定期地将实际进程与计划进程进行比较。根据项目的复杂程度和时间期限，可以将报告期定为日、周、月等。

项目进展报告一般要包含多种项目进展信息，最终提炼成项目进展的偏差报告。偏差报告可以有两种形式。第一种是数字式的，分成若干行，每行显示实际的、计划的和偏差数据。在偏差报告中要跟踪的典型变量是进度和成本信息。举例来说，行表示在报告周期内启动的活动，列表示计划成本、实际成本和偏差。偏离计划的影响由偏差值的大小来体现。第二种格式是用图形来表示数据。每个项目报告期间的计划数据和实际数据用不同

颜色的曲线来表示。偏差就是任何时间点上两条曲线的差异。图形格式的偏差报告的优点是,它可以显示项目报告期间内偏差的趋势,而数字报告只能显示当前报告期间内的数据。

典型的偏差报告是跟踪项目状态的相关数据。大部分的偏差报告不涉及项目如何达到这个状态的相关数据。项目偏差报告是用于报告项目当前的状态,主要是为了方便项目经理和项目控制人员阅读和理解,所以无论跟踪什么样的偏差因素,报告的篇幅都不宜太长。

3. 分析偏差产生原因和趋势,采取适当的纠偏行动

1) 偏差的分类

项目进展中产生的偏差就是实际进展与计划的差值,一般会有正向偏差和负向偏差两种。

(1) 正向偏差。正向偏差意味着进度超前或实际的花费小于计划花费。这对项目来说是个好消息,谁不愿看到进度超前和预算节约。但是,正向偏差也有一系列的问题,甚至比负向偏差还严重的问题。正向偏差可以允许对进度进行重新安排,以尽早地或在预算约束内,或者以上两者都符合的条件下完成项目。资源可以从进度超前的项目中重新分配给进度延迟的项目,重新调整项目网络计划中的关键路径。

但不是所有的消息都是好的,正向偏差也很可能是进度拖延的结果。在考虑项目预算后,正向偏差很可能是由于在报告周期内计划完成的工作没有完成而造成的。另一方面,如果进度的超前是由于项目团队找到了实施项目更好的方法或捷径的结果,那么正向偏差确实是件好事情。但这样也会带来另外的问题——进度超前,项目经理不得不重新修改资源进度计划,这将增加额外的负担。

(2) 负向偏差。负向偏差也是与计划的偏离,意味着进度延迟或花费超出预算。进度延迟或超出预算不是项目经理及项目管理层愿意听到的。正如正向偏差不一定是好消息一样,负向偏差也不一定是坏事。举例来说,超出预算是因为在报告周期内比计划完成了更多的工作,且只是在这个周期内超出了预算。也许用比最初计划更少的花费完成了工作,但是不可能从偏差报告中看出来,因此成本与进度偏差要结合起来分析才能得出正确的偏差信息。

在大所数情况下,负向偏差只有在与关键路径上的活动有关时,或非关键路径活动的进度拖延超过了活动总浮动时间时,才会影响项目完成日期。偏差会用完活动的浮动时间,更严重的一些偏差会引起关键路径的变动。负向成本偏差可能是不可控因素造成的结果,如供应商的成本增加或者设备的意外故障。另一些负向偏差来自低效率和故障。

2) 造成偏差的原因

造成偏差的原因可能是由项目相关的各责任方造成的。可能造成偏差的责任方有以下5个:

(1) 业主(或客户)。例如,业主(或客户)没有按期完成合同中规定的应承担的义务,或应由业主(或客户)提供的资源在实践和质量上不符合合同要求,以及在项目执行过程中客户提出变更要求等。由于业主的原因造成的偏差应由业主承担损失。为了避免这类风险,应在项目合同中对甲、乙双方责任和义务作出明确的规定和说明。

(2) 项目承包方。例如，合同中规定的由项目承包人负责的项目设计缺陷，项目计划不周，项目实施方案设计在执行过程中遇到障碍，项目执行过程中出现失误等。由于项目承包方的责任造成的偏差，应由承包人(项目团队或其所在企业)承担责任，承包人按责任纠正偏差或承担损失。

(3) 第三方。第三方指业主与之签订有关该项目的交易合同的承包商以外的企业。第三方造成项目偏差的原因有：由第三方承担的设计问题、提供的设备问题等。这方面的原因造成的项目偏差，应由业主负责向第三方追究责任。

(4) 供应商。供应商指与项目承包人签订资源供应合同的企业，包括分包商、原材料供应商和提供加工服务的企业等。例如，提供的原材料延误，质量不合格，分包的任务没有按期、按质交付等。由供应商原因造成的项目偏差，应由承包商承担纠偏的责任和由此带来的损失。承包商可以依据其与供应商签订的交易合同向供应商提出损失补偿要求。为了避免这类风险，应在与供应商的合同中对供应商的责任和义务作出明确的规定和说明。

(5) 不可抗力的因素。由于不确定性的、不可预见的各种客观原因造成的偏差，如战争、自然灾害、政策法规变化等。这方面原因造成的偏差应由业主和承包人共同承担责任。

除了分析造成项目偏差的责任以外，还要分析造成项目偏差的根源。项目偏差的根源包括项目设计的原因、项目方案设计的原因、项目计划的原因、项目实施过程的原因等。

3) 偏差原因分析

有经验的项目经理，通常在项目的计划阶段就对可能引起偏差的原因及其对偏差的影响程度进行充分地分析，以便在计划阶段采取相应的预防措施避免或减弱这些原因对项目的影响。在进行偏差原因分析时，常用的工具是因果分析图或称鱼刺图，如图 5-10 所示。

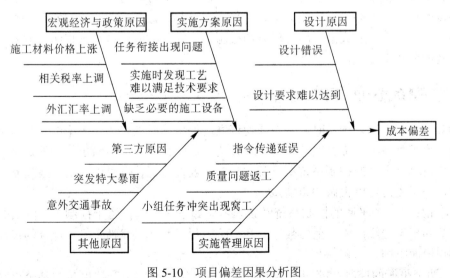

图 5-10　项目偏差因果分析图

对偏差原因的分析，还应分析各原因对引起偏差影响的程度，对影响程度大的原因要重点防范。利用项目偏差的因果分析图，找出全部偏差原因之后，可通过专家评分法给出各种原因对偏差影响程度的权重，如表 5-4。

表 5-4　项目偏差原因影响权重表

偏差类型	原因类型及权重	具体原因及权重
成本偏差	设计原因 0.13	设计要求难以达到 0.75
		设计错误 0.25
	实施方案原因 0.26	任务衔接出现问题 0.64
		实施时发现工艺难以满足技术要求 0.26
		缺乏必要的施工设备 0.1
	宏观经济与政策原因 0.51	施工材料价格上涨 0.65
		相关税率上调 0.23
		外汇汇率上调 0.12
	实施管理原因 0.06	指令传递延误 0.62
		质量问题返工 0.23
		任务小组冲突造成窝工 0.15
	其他原因 0.04	第三方原因 0.55
		突发特大暴雨 0.22
		意外交通事故 0.23

偏差趋势分析主要是分析偏差会随着项目的进展增加还是缩小，是偶然发生的还是必然会发生的，对项目后续工作的影响程度等。偏差分析的目的就是为了确定纠偏措施的力度。

掌握了项目偏差信息，了解了项目偏差的根源，就可以有针对性地采取适当的纠偏措施，如修改设计、调整项目实施方案、更新项目计划、改善项目实施过程管理等。

显然，只有清楚造成偏差的责任方和根源，才能分清应由谁来承担纠正偏差的责任和损失以及如何纠正偏差。

5.5.4　控制系统中的平衡

在开发一个控制系统的时候，必须使该系统保持良好的平衡。不幸的是，平衡的概念很模糊，很难解释，很难实现，并且很难确认。尽管我们不可能给出精确的定义，但是我们可以描述一个平衡的控制系统所具备的一些一般性特征，也可以指出一些控制者为实现系统的良好平衡而可以去做的事情。

(1) 在建立一个平衡的控制系统时必须考虑如下事实：投资于控制工作的资金服从急剧下降的回报率曲线；成本呈指数性上升，而控制程度则呈线性上升；最优的控制水平随项目的规模而不同。

(2) 两个平衡的控制系统应该具备如下特点：当控制的上升幅度越过某个点时，创新活动就会越来越受到抑制，直到最后完全消失。

(3) 一个平衡的控制系统的目的在于纠正错误，而不是惩罚。这就要求我们明确理解下列事实：过去是不可能改变的，不管经理吼叫得多么声嘶力竭也无济于事。

(4) 一个平衡的系统只把控制工作实施到足以实现其目标的程度。它很少会为了丢了西瓜去拣芝麻，也不会在客户只要求 1/10 精密度的情况下，把某一零件切割到 10/1000 的精密度。

(5) 一个平衡的系统会为了实现其目标而尽可能地减少争吵和冲突。控制者应该避免惹恼那些需要在实现系统目标的过程中共同合作的人们。

总而言之，一个平衡的控制系统具有成本有效性，与追求的最终结果紧密相连并且不会做得过犹不及。造成不平衡的结果是因为人数众多。例如，通常将所有团队成员都包含到控制工作中去就不是一个好主意。对待每个人都用一样的做法，只是在天真地追求平等的感觉。一般来讲，根据个人特点对待每个人才会取得更好的结果。全面冻结支出或雇佣工作，往往会对那些已经花费过度或者超编的人员形成一种奖励，而对那些节俭和高效的人员则会形成一种惩罚。这种现象的副作用通常是相当古怪的。几年以前，宝洁公司在一个工程开发实验室实施了一项雇佣冻结计划。缺兵少将的项目经理雇佣了很多临时劳动力，其中包括来自曼帕沃公司(Manpower)和其他类似企业的一些技能高超的技术人员。因为宝洁公司的会计系统将那些临时劳动力的工资从材料账户中支出，而不是从工资账户中支出。我们从这一例子中学到的教训是：那些富有创造力而又具有结果导向的项目经理人往往会把全面控制工作看作是需要加以克服的挑战和障碍。

其他一些导致不平衡的常见原因有：

(1) 在那些容易衡量的因素上面放置太多的权重，而在那些很难衡量的软性因素上面(所谓的"无形因素")则放置了过少的权重。

(2) 以牺牲较长期的目标为代价而强调短期结果。

(3) 忽视随时间的流逝或企业环境的变化而发生的组织目标的结构性变化。例如，对于一家新企业而言，质量高超和严格遵守产品交付进度计划可能是极端重要的事情。但也许在以后，费用控制工作可能就会变得更加重要。

(4) 由一个激进的高级管理人员实施过度的控制工作经常会引起麻烦。为了建立起按时交货的良好声誉，一位过分热情的项目经理会向项目团队成员施加非常大的压力，以至于按时装运的要求会优先于适当的测试程序。这样做的后果是产品性能的严重紊乱以及随后而来的产品召回。

(5) 对各种问题进行监督和控制可能会导致忽视那些没有得到测量的事项。"如果它没有被计算在内，那么它就不重要"就是这样的一种态度。许多目标管理工作的失败都是源于这个因素。

在一个控制系统内实现平衡说起来容易，但实现起来相当困难。我们必须同时坚持几项原则。其中最重要的就是需要将控制工作直接与项目的目标联系起来。企业偶尔也会在控制工作和目标之间建立起曲折而又间接的联系。这很显然是基于如下理论，即人们不应该明白或者理解他们必须在其影响下工作的控制系统。似乎企业正试图不道德地将雇员拖入陷阱之中。这样的控制系统很少会起作用，因为它们建立在两个荒谬的假设上：

(1) 人们一般都是消极的，他们会避免付出努力去实现一个已知的目标；

(2) 人们太愚蠢以至于无法看透错误的方向。

　　除了需要将控制工作同与最终目标联系起来之外，控制工作还应该与具体的绩效结果建立起紧密而又直接的联系。管理人员首先应该尽可能精确地定义出期望的结果，接着检查那些可能会造成偏离期望结果的系统行动，并且为这些行动设计相应的控制工作。这种控制工作应该从那些可能是严重偏差现象的最终源泉的行动开始，尤其要从那些频繁造成麻烦或者没有事先通知就会引起麻烦的行动开始，如范围蔓延。

　　项目经理应该根据员工对计划实施的控制工作的可能反应来检查所有的控制工作。他们应该询问自己："项目团队的不同成员将会对这一控制工作做出什么反应？"如果很有可能会出现负面反应，就应该重新设计控制工作。

　　在长期和短期的控制目标之间建立起一个良好平衡是一个非常微妙的问题，这并非是因为这种调和工作天生就非常困难，而是因为经常纠缠住项目经理的都是那些紧急的短期问题，而非长期问题。而长期问题总是会被"暂时地"搁置在一边，不管以后某一天其后果会变得多么重要。甚至，监督和控制工作的时间和次序安排也可以影响到时间和成本超出预算的可能性。

　　控制人员需要遵守的一条良好原则是：将控制工作尽可能紧密地与被控制的工作放置在一起，同时还要设计尽可能简单的机制来实现控制。给予工人以质量控制权利的做法，在日本的生产流程以及美国林肯电气公司(Lincoln Electric Company)的生产流程中获得了极佳的效果。类似的结果还出现在了一家大型家用产品生产商身上。在具体的生产方式上，木匠、石匠、电工以及其他工人得到了大量的选择权。与那些使用标准方式的项目相比，使用这种方法的项目在质量方面显示了重大的改善。

　　在通常的控制系统设计工作开始之前，就必须提前着手构建一个平衡的控制系统。制订项目计划的工作，在每一个步骤上都必须围绕着对"凡是被纳入计划的工作也会被纳入控制"这一事实的理解展开。我们已经强调过，制订计划的工作和控制工作是一个硬币的两面。没有任何计划制订工作可以解决当前的危机，但与恰当的控制机制的设计和实施工作组合在一起，计划制订工作就可以在相当程度上解决危机防范问题。

　　将计划制订和控制的功能融合在一起的一个绝好范例是米德数据中心公司(Mead Data Central)，它是米德公司(Mead Corporation)的一家分公司，专门生产大型的数据库系统。在《项目管理开发指南》(Project Management Development Guide)一书中，米德公司从自身的观点出发描述了项目生命周期的六个阶段，其中详细解释了每一个阶段的目标，并列出了该阶段的可交付成果。例如，可行性研究阶段列出的可交付成果包含项目说明、项目编号、初步的业务计划、项目申请文件等。对每一个可交付成果也都注明了负责的人员和或小组。在每一个文件中都包括了一个综合的术语表，以使那些没有经验的项目工作人员能够理解诸如"升级文件 (Escalation Document)""职能性审计(Functional Audit)""里程碑(Milestone)""禁令目录(Not-To-Do List)""项目成本追踪(Project Cost Tracking)""及时发布声明(Release Readiness Statement)"等不同术语的含义。除此之外，该开发指南还总结了在项目生命周期的每个阶段上每一职能领域或者个人所必须执行的任务，其中明确定义了创意总监、市场经理、业务管理流程主任、项目评估委员会等的工作。这样做的结果是，任何一个为组织的项目而工作的人员都可以分享到计划制订工作和控制工作的有效融合。

　　一位在大型工业企业工作，每年都要实施许多项目的高级管理人员看待控制工作的视角稍有不同。他注意到计划和现实的差距通常都是项目经理所必须面临的问题，他指出："如果你正以超过问题出现的速度来解决这些问题，那么项目就会处于控制之中。否则，你就没能控制住项目。"

思　考　题

1. 成功的项目管理具备什么特点？
2. 人的观念如何影响项目管理的过程和结果？
3. 项目涉及的人员很多，你认为影响项目成功的关键人员有哪些？
4. 项目管理过程中如何实现控制？

第6章　项目化与创新管理

本章重点:项目化管理方法、组织、机制、流程等内容。
本章难点:项目化管理方法和机制以及项目化管理理论在具体实践中的应用。

6.1　项目化与创新管理概述

1. 实施背景

随着现代项目管理方法的推广应用及市场环境的快速变化,以下两个方面的需要日益显现出来。一方面是现代项目管理方法在项目中的应用离不开项目所依存的上级组织的管理运行平台的支撑,也就是说要在项目层次推行现代项目管理的理念与方法,没有上级组织相应的管理模式和机制支持是行不通的。因而在企业中推行现代项目管理方法,从科学地管理好项目的角度出发,需要探索企业与之相适应的管理模式与运行机制。另一方面,伴随着科学技术的飞速发展、市场竞争的日益激烈及客户需求的日趋个性化,快速变化的环境中企业的任务日趋"项目化"。如何构建一种基于项目的,能动态整合组织内外的资源以应对外部环境快速变化的有效机制,成为企业的迫切需求。基于上述两方面的需要,20世纪90年代初期,"项目化管理"(Management By Projects,MBP)的概念应运而生。项目化管理(MBP)是一种企业管理方式,其核心是通过项目来实现企业的战略目标。因此,现代项目管理的研究对象由项目这类一次性任务扩展到变化环境中的企业,这里需要注意的是项目化管理思想不仅仅适用于企业组织,而且适合所有长期性组织。这里的长期性组织包括国内通常所说的企事业单位和政府部门等。而现代项目管理的内容也由单纯的对项目的管理(MOP)拓展到长期组织的项目化管理。本书是从企业管理的视角来研究企业的项目化管理,没有扩展到更广泛意义上的长期性组织项目管理,此基础假设在后面将不再进行赘述。

管理大师彼得·德鲁克认为:工商企业具有两项职能,而且只有这两项职能——市场营销和创新。市场营销和创新能够产生经济成果,其余一切都是"成本"。创新职能是为了提供不同的经济满足;最富有创造性的创新,是一种能够形成新的潜在满足,并与以前不同的产品或服务,而不是原有产品或服务的改进。创新不局限于工程部门或研究部门,而是涉及整个企业及其所有职能和所有活动。系统的、有目的的创新的最佳组织方法,是将其作为整个企业的一项活动,而不是某一职能工作。同时,企业中的每个管理单位都应该承担创新的责任并有明确的创新目标。每一个单位都应该为公司产品或服务的创新做出贡献,应该有意识地为改进自己所在领域的工作技巧而努力。

2. 方法论

企业项目管理方法能够加快项目规划进程,也能增强标准化和一致性程度。

企业项目管理方法应该以模板的政策和程序为基础。国际研究机构依据《PMBOK 指南》的知识领域用分类模板创立了统一的项目管理方法论(Unified Project Management Methodology，UPMM)。表 6-1 介绍了可用于不同领域的模板。

表 6-1　项目模板类型

沟通
项目章程、项目程序文件、项目变更申请日志、项目状况报告、项目管理质量保证报告、采购管理总结、项目问题日志、项目管理计划、项目绩效报告
成本
项目进度计划、风险应对计划和登记册、工作分解结构、工作包、成本估算文件、项目预算、项目预算清单
人力资源
项目章程、工作分解结构、沟通管理计划、项目组织图、项目团队名册、责任分配矩阵、项目管理计划、项目程序文件、启动会议清单、项目团队绩效评估、项目经理绩效评估
整合
项目程序概述、项目建议书、沟通管理计划、采购计划、项目预算、项目程序文件、项目进度计划、责任分配矩阵、风险应对计划和登记册、范围说明书、工作分解结构、项目管理计划、项目变更申请日志、项目问题日志、项目管理计划变更日志、项目绩效报告、经验教训登记文件、项目绩效反馈、产品验收文件、项目章程、收尾过程评估清单、项目档案报告
采购
项目章程、范围说明书、工作分解结构、采购计划、采购计划清单、采购工作说明书、建议文件大纲申请、项目变更申请日志、合同订立清单、采购管理总结
质量
项目章程、项目采购概述、工作质量计划、项目管理计划、工作分解结构、项目管理质量保证报告、经验教训文件、项目绩效反馈、项目团队绩效评估、项目管理过程改进文件
风险
采购计划、项目章程、项目采购文件、工作分解结构、风险响应计划和登记册
范围
项目范围说明书、工作分解结构、工作包、项目章程
时间
活动持续时间评估工作表、成本估算文件、风险反应计划和登记媒介、工作分解结构、工作包、项目进度计划、项目进度计划评审清单

6.2　项目化管理体系框架

6.2.1　项目化管理的概念

项目化管理是针对长期性组织，特别是项目型组织的一个重要概念，也常称为"组织项目化管理"。项目型组织的任务主要是以项目形式进行的，通过按项目进行管理可以提高组织的适应性和生存发展能力，细化管理责任，改进组织的学习，使组织的变化变得更容易。

因此，依据长期性组织任务项目化程度的高低，可将组织分为项目型组织和混合型组织两种类型。前者指其主要任务是项目的组织，而后者指其任务既有项目又有运作且二者相对均衡的组织。随着科学技术的飞速发展、市场竞争的日益激烈、外部环境的快速变化，长期性组织的运作活动日趋项目化，对传统的职能化组织提出了挑战，也为混合型组织实行项目化管理提供了可能。组织项目化管理不仅限于项目型组织，也适用于混合型组织。越来越多的长期性组织希望通过项目形式来保证组织的灵活性、管理责任的分散、对复杂问题的集中攻关、以目标为导向解决问题的过程、问题解决方案的质量和可接受的可能性和个人及组织发展的机会。

项目化管理通常被用于某个组织中任务或活动的管理，也被用作两个或多个组织共同开展活动的管理方法。

长期性组织实行项目化管理，通过项目来实现组织的战略，各种不同的项目会同时在组织中实施，如何保证项目与组织战略的一致性，如何处理好诸多项目之间的关系，如何保障每一个项目顺利完成，这些问题已经不是每个项目的负责人所能解决的，而是长期性组织层面上的管理问题。通过长期的实践与探索，项目化逐步形成了独有的管理方法体系，因此，组织项目化管理也被称为组织层次的项目管理(Organization Projects Management, OPM)。

组织项目化管理是一种适用于变化环境中长期性组织的面向对象(Object-oriented)的管理方法。它基于项目化管理的理念，以组织战略目标为导向，通过项目形式来实现组织的战略。项目化管理的核心是多项目管理，其重点是构建面向项目的组织管理体系，变传统的面向职能或面向过程的组织管理方式为面向对象的组织管理方式，如图 6-1 所示。

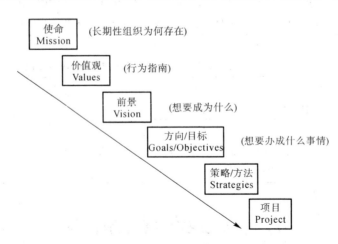

图 6-1　项目与长期性组织战略之间的关系

通俗地讲，项目化管理是一种以"项目"为中心的长期性组织管理方式，它以项目为导向，面向环境、市场、客户驱动构建柔性组织结构，强调部门间的沟通和协调，通过减少管理层级，实现组织结构的柔性和扁平化。

6.2.2　项目化管理的任务

项目化管理作为一种基于项目的长期性组织管理方法，其目标是通过项目实现组织的战略。因而项目化管理的中心任务是基于长期性组织战略目标的要求，选择项目、管理项目，通过一系列项目的完成来实现组织的战略目标。问题的关键是如何选择项目，如何有效地管理项目。通俗地讲，就是组织层次如何管理项目的问题，也就是组织项目管理的问题。

要做好组织层次的项目管理，首先应明确需要管什么以及面临的问题和挑战是什么，才能进一步解决如何管的问题。

1. 项目化管理的内容

项目化管理涉及的组织层次项目管理内容可以通过图 6-2 所示的二维矩阵得到较为系统的呈现。图 6-2 呈现了项目和组织两个维度在不同数量上的组合，从组织项目化管理的角度出发，立足于本组织，其项目管理的内容包括以下四个方面：

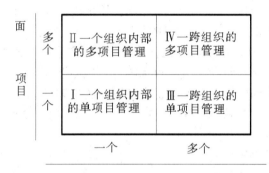

图 6-2　组织项目化管理内容的二维矩阵

(1) 第 I 类：组织内部的单项目管理。组织内部单个项目的管理涉及两个层面，即项目经理所领导的项目临时性组织层次与长期性组织层次。项目化管理在长期性组织层次对单个项目的管理主要工作有：

① 项目的选择与决策；

② 为项目构建临时性组织并配置资源；

③ 提供项目在组织中运作的规范流程与协调机制；

④ 监控项目进展情况，协调与组织战略的一致性；

⑤ 提供项目管理专业支持。

(2) 第 II 类：组织内部的多项目管理。组织内部的多项目管理是项目化管理的核心内容，主要工作有：

① 多项目之间目标的协调并保持与组织战略目标的一致性；

② 多项目之间资源的协调与共享；

③ 多项目的管理方法与组织方式；

④ 多项目的事前协调与动态协调机制。

(3) 第III类：跨组织的单项目管理。跨组织的单项目管理，对项目化管理主体而言应该立足于本组织的项目管理范畴，将与项目相关的外部组织视为利益相关者，作为本组织为项目获取资源的渠道。例如，当项目规模很大以至于组织依靠自身的资源与能力难以独立完成时，为规避风险，与其他组织联合或将项目工作外包。跨组织单项目管理的主要工作有：

① 监理规范的供应商/承包商或合作伙伴选择程序与标准；

② 建立合同管理规范；

③ 从战略的高度与其他组织建立联盟并保持良好关系。

(4) 第Ⅳ类：跨组织的多项目管理。跨组织的多项目管理在从战略高度构建与维护本组织的外部资源网络的同时，还需与相关外部组织有共同的战略。跨组织多项目管理的主要工作有：

① 注重对自身所参与的多个项目和这些项目所处环境间的相互关系的处理；

② 在项目导向型的环境中构建快速信任机制；

③ 在项目导向型的环境中维护组织联盟与组织安全。

2. 项目化管理面临的问题

项目化管理通过一系列项目来实现长期性组织的战略目标，下列两个方面的挑战是必须面对的：一方面是组织的长期性与项目的临时性之间的协调，另一方面是多项目之间的协调。结合这两方面的挑战，组织项目化管理过程中需要着重处理好以下问题：

(1) 如何保证项目目标与组织的战略目标的一致性问题；

(2) 为单个项目在组织中有效运作提供支撑平台的问题；

(3) 多项目的组织模式与管理方法问题；

(4) 多项目间目标的协调问题；

(5) 多项目间资源的平衡问题；

(6) 多项目间利益的平衡问题；

(7) 组织中任务与资源的平衡问题；

(8) 项目组织的临时性与人员在组织中的长远发展的关系问题；

(9) 项目组织的临时性与终身为客户服务的关系问题；

(10) 矩阵组织中的多头领导问题；

(11) 矩阵组织中项目管理与职能管理之间的平衡问题。

6.2.3 项目化管理的体系

基于项目化管理的任务与要求，经过长期的实践与探索，项目化管理逐步形成了相应的方法体系。项目化管理方法体系是沟通组织战略与项目的桥梁：长期性组织战略目标的实现最终要落实到具体的任务(包括项目的日常运作)，也需要资源(包括管理资源和技术资源)去完成。项目化管理通过项目来实现组织的战略，因而其管理工作的三个要点是根据战略目标的要求发起或选择恰当的项目，根据战略发展的要求为组织配置核心资源并构建可用的备用资源网络，根据战略目标的要求整合资源完成项目目标。项目化管理方法体系的内容包括项目化管理的思想、方法、组织、机制和流程。

1. 项目化管理思想

项目化管理是针对快速变化环境中长期性组织的一种管理方法，其核心的指导思想就是"项目化管理"，即长期性组织通过项目形式来应对外部环境变化与实施组织战略。

组织的项目化管理本质上是相对于组织的职能化管理而言的，在快速多变的环境中，组织的任务经常是变化的，传统的基于稳态的业务流而构建的职能化组织面临着挑战。因此根据任务的具体需要动态地定义业务流程和配置资源是项目化管理的精神实质。项目化管理在本质上是一种面向对象(项目)的组织管理方法论。

其他管理理念可以集成到项目化管理的理念之中，成为快速多变环境中长期性组织管理的思想体系。如图 6-3 所示，项目化管理可以有效集成全面质量管理、风险管理、企业资源规划、业务流程再造等现代管理思想和方法，形成以项目为导向的面向对象的组织管理方法体系。

图 6-3　项目管理——面向对象的组织管理方法论

2. 项目化管理方法

基于本节一开始提到的项目化管理三个工作要点的要求，在长期的项目化管理实践过程中探索并形成了一些有效的管理方法。图 6-4 所示的三种方法是项目化管理的核心。

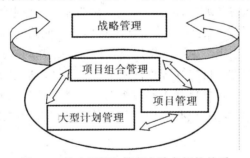

图 6-4　战略目标与管理方法之间的关系

这三种方法对应于上述的项目化管理三个工作要点。通俗地说，大型计划管理(Programme Management)是为"选择好项目"服务的，项目组合管理(Portfolio Management)是为"利用好资源"服务的，而项目管理则是为"整合资源实现项目目标"服务的。

大型计划管理是根据组织的战略在对战略目标分解的基础上发起一系列项目，通过对这一系列项目的管理，实现企业的战略。大型计划管理是先有目标，然后有项目。构成大型计划的项目目标之间相互关联，都是为企业的战略目标服务。大型计划管理是一个动态的过程，需要根据外部环境的变化动态地调整目标，发起新的项目。

项目组合管理，是为了管理的需要(如管理资源的共享)，人为地把一组项目或大型计划进行"打包"管理，以有效利用组织资源和降低管理风险，获得单个项目或大型计划单独管理时难以获得的控制和收益。项目组合管理是先有项目或大型计划，然后再有项目组合，但并不要求项目或大型计划必须存在某种关联性。

组织通过大型计划管理，可以处理好项目与战略的关系，确保项目与企业战略目标保持一致，如图 6-5 所示。通过项目组合管理，可以处理好多项目的平衡问题，实现资源共享。

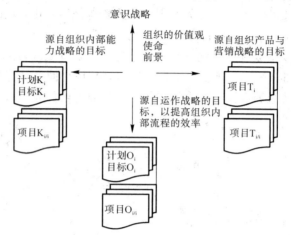

图 6-5　大型计划管理在长期性组织中的应用

3. 项目化管理组织

在剧烈变化的外部环境中，项目化管理要求组织能对不断变化的市场需求做出迅速的反应，因此传统的固定的金字塔形结构逐步被灵活的以项目为导向的柔性结构所取代，以适合环境的变化。

组织柔性是企业组织内部或整体适应环境变化的能力，是组织为了达到有效控制其行为而与内部和外部环境互动、进而持续地塑造环境或及时进行调整并做出快速反应的能力。为了适应外部环境的变化，组织系统也要及时反映这些动态。组织的结构不再固定不变，而是逐步倾向于分布化、自主管理、讲究柔性和弹性、呈扁平的网络结构。组织柔性也可理解为一个组织承受有限变化却不导致组织出现严重紊乱的能力。

项目化管理的组织设计，其核心是构建一套基于项目管理的组织管理体系。

4. 项目化管理机制

项目化管理机制是基于项目化管理理念与方法而建立的一种管理工作系统，是项目化管理得以有效实行的保障。基于项目化管理的特点，应重点关注项目选择与决策机制、资源配置与整合机制、绩效考评与激励机制、信息沟通与知识积累机制及项目管理能力持续改进机制等。

5. 项目化管理流程

管理流程化是现代管理科学发展的趋势，是实现管理科学化和规范化的重要手段。项目化管理的各种机制最终也主要都是通过流程来体现的。将项目化管理的抽象理念转变为可操作的具体流程和图表工具是有效实施项目化管理的保障。科学规范的管理流程也是长期性组织项目管理能力的重要组成部分，是组织的一种"资产"，也是一笔宝贵的财富。

项目化管理流程可以最大限度地消除项目执行过程中不确定性因素的影响，保证组织项目化管理的成功。同时，引入业务流程再造(BPR)的概念，可以把每一个项目管理过程看成是一次业务流程再造，不断改进项目化管理的流程。

6.3　项目管理方法体系与创新

当产品、服务和客户的要求可以合理确定并且不需要特别个性化的设置或大范围的改变时，公司可以专门制定一套相对固定的办法，一定程度上保持项目管理的一致性。这些方法体系虽然是基于刚性政策和刻板程序制定的，但是十分有效，特别是对大型、复杂且长期的项目。这种"死"模式通常被称为瀑布模式，任务逐个被完成，可以简单地用甘特图来列示。瀑布模式开始，首先我们必须要明确要求，从而决定产品被生产或成果被达成的预算和进度。这种管理办法经常被用于大型的、文件上庞杂的项目。由于和客户沟通的渠道不畅，范围改变的审批可能变得缓慢。

对某一类项目，如软件开发，瀑布模式会管理不力。这是因为在项目初期不能完全了解到项目的要求，对成果必要的管理办法及问题解决没有一个清晰的宏观概念。我们需要某种程度的实验，这就会产生不少的范围变化。为了快速确认范围变化，需要客户沟通畅通无阻，这就需要项目所有参与人员通力合作，包括各组项目相关方。这样，我们可以从头再来，依照修订的预算和进度，重新规划在一定时间和成本下我们可以完成多少。有时候需求可能在项目的整个生命周期一直变化着，这就需要一个更加灵活、更加敏捷的模式。

企业的项目管理逐渐成熟，部分项目需要拥有更加灵敏的模式去管理，表格、指南、模板及检查表等就会取代政策和程序。这就给项目经理在如何运用方法体系满足客户特定需求方面提供了更大的灵活性。非正式或更加灵敏的项目管理办法变得常见了。现在，大部分的项目管理办法既不绝对灵活也不绝对"死板"。新办法通常介于两者之间，某种程度上灵活，而且非正式化。它可以适度调整，也可称为框架。和项目一样，框架是一个用来解决问题的概念性结构。它包括假设、概念、模板、价值和过程等。项目经理可以用它查看需要什么来满足客户的需求。框架也是一个制定项目成果的骨架支撑结构。如果项目的需求没有给项目经理造成很大的压力，框架就能起作用。遗憾的是，在如今这个混乱无序的环境中，这种压力不仅会一直存在，还会持续不断地增加。项目经理需要框架方法体系在满足客户需求上获得自由。

创新被认为用新方法做事情。新方法应该与旧方法大大不同，而不是少量的变化，如持续改进的活动。创新的最终目标是为公司、使用者、可交付成果本身制造长期的附加价值。创新还可以理解为是将想法转换成现金或现金等价物。

尽管成功的创新会增加价值，但是失败的创新造成的影响是消极的，甚至是毁灭性的。例如，团队士气低下、不受欢迎的文化变更、完全背离现有的工作方法等。创新性项目的失败会使得组织丧失斗志、让组织成员害怕风险、不敢冒险。

并不是所有的项目经理都有能力管理涉及创新的项目。下面是我们理解的创新项目的特征：

(1) 可能需要专门的创新工具和决策制定技术；

(2) 可能需要准备一个细的进度计划，介绍创新会在何时出现；

(3) 可能需要决定合乎实际的创新预算；

(4) 创新条件不具备时，只能学会放弃；

(5) 创新项目的可交付成果不要增加多余的功能，多余功能会令使用者花太多的钱。

很多创新项目要习惯失败。创新的需求越大，进行有效风险管理实践的必要性就越大。如果没有有效的风险管理，就不能在项目的合适时间"抽资脱身"，这样会导致现金的大量流出，项目也不可能获得成功。

标准的项目管理方法体系不一定适合要求创新的项目，只要基本框架就可以了。如果能很好地定义工作且有合理的估计的话，方法体系才能起作用。因为为整个项目制定一份详细的规则和进度计划是不太现实的，所以进度计划和 WBS 的制定通常采用滚动计划或行进式规划(Progressive Planning)。

6.3.1　项目化管理方法

项目化管理的主要方法如图 6-6 所示，包括项目管理、大型计划管理和项目组合管理。项目管理方法请参见本书其他章节内容，在此重点介绍大型计划管理和项目组合管理这两种多项目管理方法。

图 6-6　项目化管理三种方法之间的关系

图 6-6 显示了项目化管理三种常用方法自上而下的包含关系，这与它们的管理对象间的包含关系有关，如图 6-7 所示。大型计划是由多个项目构成的，而项目组合是由项目和大型计划构成的。项目、大型计划与项目组合之间的比较如表 6-2 所示。

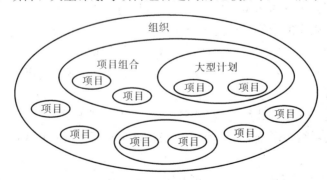

图 6-7　项目、大型计划与项目组合关系示意图

表 6-2 项目、大型计划、项目组合的比较

	项 目	大 型 项 目	项 目 组 合
定义	创造独特产品或服务的一次性过程	由多个项目所构成	由多个项目和大型计划构成
特点	构成大型计划和项目组合的基础	构成大型计划的项目目标的关联性	为了管理的需要而把他们组织在一起进行管理
周期	短期的、战术性的	长期的、战略性的	管理周期

6.3.2 大型计划管理创新

大型计划管理方法，又称项目集群管理，是根据组织的战略方向或产品方向，在对战略目标分解的基础上发起一系列项目，通过对这一系列项目协调一致的管理，实现组织的战略。

首先，与项目比较而言，大型计划规模通常都特别大，持续时间特别长，任务的规范性相对比较低。

其次，大型计划与项目有着不同性质的"目标"，这是二者本质的区别。大型计划的目标通常是抽象的，其内涵会随着时间的推移或环境的变化而变化，是一个逐渐明晰的过程。而项目的目标通常是明确而具体的，即在特定的时间交付预先确定的成果。大型计划与项目的关系及大型计划目标的特性如图 6-8 所示。

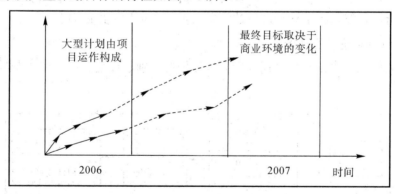

图 6-8 大型计划与项目的关系及大型计划目标的特性

1. 大型计划管理的概念

大型计划(Programme/Program)，其不同的称谓有项目集群、大型项目计划、大型项目等。虽然名称略有差别，但内涵基本相同。

大型计划管理，简单而言是对大型计划的有效管理。国外关于大型计划管理内涵的表述主要有以下几种。

(1) 美国项目管理协会(PMI)将大型计划管理定义为：大型计划管理是对大型计划的集中、协调管理，以达到大型计划的目标和收益。

(2) 英国 OGC 将大型计划管理定义为：针对为了取得具有战略意义的结果和收益而开展的活动和项目所进行的协调一致的组织、指导及实施工作。大型计划管理是实现变化的

过程，通过此过程可产生结果和收益。大型计划管理是对不确定性的管理。

(3) 国际项目管理协会(IPMA)前主席 Rodney Turner 认为，大型计划管理是对为获得附加收益而对由中小项目组成的一组相关项目进行管理，附加收益可来自于去除项目之间接口带来的风险、通过安排资源的相关优先级次序来成功地完成各项目，减少管理工作量。

从上述定义可以看出，大型计划管理是根据企业战略目标，通过对一组与战略目标相互关联的项目进行协调一致的管理，来实现企业的战略目标的过程。

2. 大型计划管理的特点

大型计划源于组织的战略目标，要求达到更加广泛的目标。大型计划管理有如下特点：

(1) 由于大型计划的目标通常是抽象的，因而大型计划管理是一个动态的过程，强调执行过程中的管理，要求组织根据内外部环境的变化，不断地调整目标，不断地发起新项目或中止与战略目标不符的项目。

(2) 大型计划管理是先有目标，再有项目。组织在同一时间可能存在多个大型计划，构成大型计划的项目之间相互关联，都为共同的战略目标服务。

(3) 大型计划管理是一个螺旋式的上升过程，根据外部环境的变化不断地调整目标，目标呈现出螺旋式上升的特点，通过阶段性目标的实现保证战略目标的实现。

(4) 大型计划管理也有生命周期过程，其生命周期过程可分为四个阶段，即大型计划的识别、计划、执行和结束。

(5) 大型计划管理与项目管理在方法上互为补充。大型计划管理为每个项目的管理提供了整体框架，在这一框架下，项目之间可以相互协调，并通过大型计划管理对各个项目进行有效整合，最终使大型计划产生的结果大于单个项目输出的总和。

3. 大型计划管理的生命周期

大型计划管理的生命周期过程包括大型计划的识别、计划、执行和结束四个阶段，如图 6-9 所示。

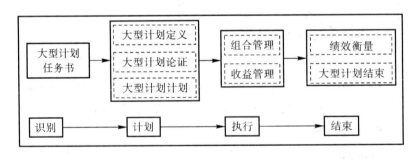

图 6-9　大型计划管理生命周期过程

第一阶段：识别阶段。

阶段性目标：制定明确、可行的目标。

可交付成果：大型计划任务书。

主要工作内容：战略目标分解、任命大型计划高层负责人、一般机会研究、方案策划、进行初步的和详细的可行性研究、编制项目进度与资源计划、编制大型计划任务书、审查大型计划任务书、批准进入下一阶段。

第二阶段：计划阶段。

阶段性目标：制订大型计划的计划。

可交付成果：大型计划计划。

主要工作内容：更精确的目标、任务清单、子任务清单、大型计划的收益描述、大型计划利益相关者分析、成立大型计划管理组织、编制大型计划的大纲性计划、编制大型计划的阶段计划、编制详细的大型计划进度计划和资源计划、编制大型计划管理计划、确定关键问题和应急计划、确定时间进度表、审批大型计划的计划文件。

第三阶段：执行阶段。

阶段性目标：完成大型计划的成果性目标，实现收益。

可交付成果：有待交付的大型计划成果、收益。

主要工作内容：启动各个项目、跟踪大型计划进展、人员相关问题分析、风险应对、移交项目成果、审查计划执行核对表、信息交流日志。

第四阶段：结束阶段。

阶段性目标：大型计划圆满结束。

可交付成果：已交付的大型计划成果，大型计划验收报告。

主要工作内容：大型计划收尾、大型计划交接与验收、大型计划审计、大型计划总结、解散大型计划组织结构、释放资源。

6.3.3　项目组合管理创新

项目组合管理方法，又称项目成组管理，是为了管理的需要人为地把一组项目及大型计划进行"打包"管理，以达到管理资源的共享和管理风险的目的，获得单个项目或大型计划单独管理时难以获得的控制和收益目的的管理方法。

项目组合管理是对多个相关且有并行关系项目的管理模式，它是帮助实现项目与企业战略相结合的有效方法和工具。传统项目管理强调"如何做项目"，是一种自下而上的管理方式，关注项目底层数据的收集。而项目组合管理则强调"做什么项目"，是自上而下的管理方式，关注如何将企业战略落实。企业战略、项目组合管理、项目管理间的关系如图 6-10 所示。

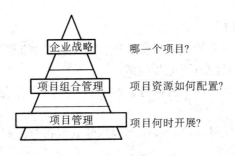

图 6-10　项目管理间关系图

1. 项目组合管理的概念

项目组合由一系列项目和大型计划构成。构成项目组合的项目或大型计划彼此独立或相关，由于资源有限，所以资源的冲突是经常存在的。

项目组合管理目前没有一个统一的定义，下面给出几个有代表性的表述。

(1) 美国项目管理协会(PMI)将项目组合管理定义为：项目组合管理是在组织战略的指导下，根据组织资源的可利用性，进行多个项目或大型计划的选择和实施的过程。

(2) 项目管理大师鲍勃·巴特里克(Bob Buttirick)认为：项目组合管理是科学和艺术地把知识、技巧、工具和方法运用到项目集中，以达到或超过组织投资战略的需要和期望。他还认为，正确地管理单个项目能保证我们正确地做它，而成功地管理所有项目能保证我们做正确的项目，做正确的项目往往比正确地做项目更有战略意义。

(3) 阿彻(Archer)对项目组合管理的定义是：有效地确定、评价、选择和管理项目集的过程。

(4) 罗兰·加里斯(Roland Garies)认为，项目组合管理是一个动态的决策过程，通过项目组合管理选择或修正对企业起积极作用的项目列表。

项目组合管理是先有项目或大型计划，再有项目组合，但不要求构成项目组合的项目或大型计划之间存在特定的关联性。

2. 项目组合管理的特点

项目组合管理通过选择与组织战略和目标相一致的项目和大型计划形成项目组合，以实现组织资源的共享和多项目的平衡，解决资源冲突和分散组织风险，实现收益最人化。项目组合管理具有如下特点：

(1) 项目组合管理的战略性。项目组合管理是战略的体现，项目组合分析及资源分配与组织战略紧密相连并保持一致，这是组织竞争成功的关键。

(2) 项目组合管理的动态性。项目组合管理能够适应整个项目生命周期内所发生的目标、需求和项目特征变化，能够同时处理项目之间的资源、效益、结果方面的相互影响。

(3) 强调组织的整合性。项目组合管理有利于显示决策过程的信息，能够系统地选择每个项目，并评价组合中某一个项目的状态，以及它与组织目标的适应程度。

(4) 强调项目选择的重要性。项目组合管理不仅仅是管理项目，更关键的是选择项目。项目组合管理关键在于选择"正确"的项目，在组织有限的资源范围内，管理好所有项目。

3. 项目组合管理的过程

不同的行业、不同的企业的战略目标、项目类型以及资源拥有情况都不尽相同，但项目组合管理的过程通常都是由以下五步组成。

第一步，设定战略目标，这个目标将会影响到哪些项目将会纳入到项目组合中，哪些会被排除在外。

第二步，获取详细的项目清单，根据初步判断获取符合战略目标的所有项目，并编制项目清单。

第三步，对项目组合的调整，去除一些不适合的、重复的项目和不适合项目组合目标的项目。

第四步，确定项目组合并对每个项目进行评估，以最终确定项目组合的具体内容。同时评估项目的商业价值和项目预算等因素，以最终确定各项目的优先级别。

第五步，对项目组合的管理。建立项目组合管理委员会，作为项目组合管理的最高决策机构。定时反馈项目组合情况及各项目实施情况，对新的项目需求进行审批和评估，根据企业战略目标调整项目组合情况。

项目组合管理过程中，企业高层管理者、项目组合经理和项目经理等不同的角色职责是不同的，具体职责如图 6-11 所示。

(1) 高层管理者：根据企业的远景和发展战略，进行项目组合管理；选择与战略一致的项目进行组合，并评估其能否为企业带来效益；明确各项目资源的配置方式，使稀缺资源得到集中使用，达到最大的资源投入回报率。

(2) 项目组合经理：他是承上启下的关键环节，是企业远景和发展战略的有力支撑，也是项目管理具体执行的指导，项目组合管理的效果直接关系到战略落地、利润回报的实现程度。

(3) 项目经理：在项目组合管理的指导下，进一步确定项目的可行性和紧迫性，进行具体项目的实施。

图 6-11　项目组合管理职责定义

6.4　项目化管理组织与创新

项目化管理作为一种以"项目"为中心的长期性组织管理方式，其在组织中的应用离不开与之相适应的组织运作平台的支持。项目化管理组织主要包括项目化管理组织设计原则、常见组织形式和常见组织元素。

6.4.1　项目化管理组织设计原则

项目化管理组织结构设计应遵循的原则如下：

(1) 以项目为中心。项目化管理是一种以"项目"为中心的组织管理方式，将长期性组织的面向"职能"、面向"过程"的管理转变为面向"对象"的管理。

(2) 权责对等。组织设计要明确各层次不同岗位的管理职责及相应的管理权限，要特别注意的是管理职责要与管理权限对等。

（3）有效的管理层次和管理幅度。管理层次与管理幅度的关系密切，两者存在反比的数量关系。项目化管理组织结构设计的目标要求增加管理幅度，减少管理层次，取消中间管理层，以保证信息畅通，实现组织结构扁平化。

（4）集权与分权相结合。项目化管理组织结构设计的目标要求高层管理人员要适当授权于基层单位，以最大限度地调动下属的积极性、创造性，使各项目团队成为自主管理的部门，灵活应对外部环境的变化。

（5）分工协作，目标导向。项目化管理组织以目标为导向，加强跨部门的沟通与融合，变纵向交流为横向交流或多向交流，保持组织的灵活性以有效应对外部环境的变化。

（6）均衡性原则。项目化管理组织结构由众多部门组成，这些部门在权利上要保持基本的平衡。

（7）环境适应性原则。项目化管理组织结构设计要考虑到环境变化对组织的影响，一方面要建立适应环境特点的组织系统，另一方面要考虑在环境发生变化时组织所应该具有的灵活性和适应性。

6.4.2　项目化管理常见组织形式

典型的项目组织结构形式有三种，即职能式、项目式、矩阵式。

1. 职能式

职能式项目组织形式指组织按职能的相似性来划分部门，如一般组织要生产市场需要的产品，必须具有计划、采购、生产、营销、财务、人事等职能，那么组织在设置组织部门时，按照职能的相似性将所有计划工作及相应人员归为计划部门、将从事营销的人员归为营销部门等，组织便有了计划、采购、生产、营销、财务、人事等部门。

职能式组织结构的优点是：有利于组织技术水平的提升，资源利用的灵活性，有利于组织的控制，有利于组织的稳定性。其缺点是：协调的难度、对环境适应性差、项目组成员责任淡化。

职能式项目组织形式(见图 6-12)通常适宜于规模较小的、以技术为重点的项目，而不适宜时间限制性强或要求对变化快速响应的项目。

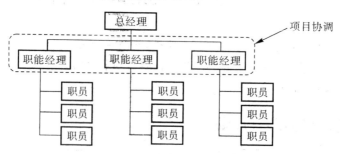

图 6-12　职能式项目组织形式

2. 项目式

项目式项目组织形式是按项目来划归所有资源，即每个项目拥有完成项目任务所必需的资源。每个项目实施组织有明确的项目经理，即每个项目的负责人。项目经理对上直接接受组织主管或大项目经理的领导，对下负责本项目资源的运用以完成项目任务。每个项目组之间相对独立，如图 6-13 所示。

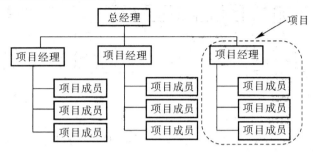

图 6-13　项目式项目组织形式

项目式组织结构的优点是：目标明确及统一指挥，有利于项目的控制，适宜不确定性环境中的快速变化。

项目式组织结构的缺点是：机构重复及资源闲置，不利于组织专业技术水平的提高，有不稳定性。

项目式组织形式的适用情况：包含多个相似项目的单位或组织，以及长期的、大型的、重要的和复杂的项目。

3. 矩阵式

矩阵式项目组织形式是一种多元化结构，力求最大限度地发挥项目化和职能化结构的优势并尽量避免其弱点。它在标准的垂直层次的基础上，叠加了项目协调形成的侧向或水平结构，矩阵式又分为弱矩阵式、平衡矩阵式和强矩阵式，分别如图 6-14、图 6-15、图 6-16 所示。

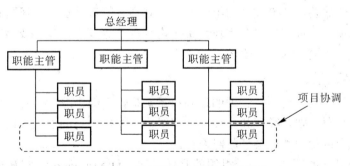

图 6-14　弱矩阵式组织结构示意图

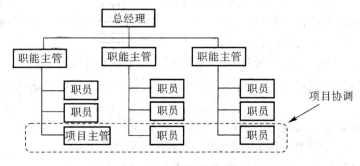

图 6-15　平衡矩阵式组织结构示意图

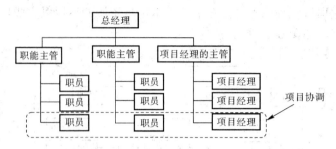

图 6-16　强矩阵式组织结构示意图

弱矩阵式组织结构优于项目的职能式组织结构，但其项目协调还是比较困难；和弱矩阵式相比，平衡矩阵式在项目管理上优于弱矩阵式，但项目协调还不能充分和完全顺利地进行。

矩阵式组织结构适用的情况是：需要利用多个职能部门的资源，而且技术相对复杂，但又不需要技术人员全职为项目工作的项目，特别是当几个项目需要同时共享某些技术人员时。

矩阵式组织结构的优点有：有利于加强各职能部门之间的协作配合；有利于资源的灵活利用，提高组织的适应性；具有职能组织和项目组织的双重优点，保证组织整体目标的实现。

矩阵式组织结构的缺点是：组织的稳定性较差；双重领导的存在，容易产生责任不清、多头指挥的混乱现象；多项目间的冲突难以平衡。

6.4.3　项目化管理常见组织元素

随着项目化的需要，越来越多的组织纷纷设立项目管理委员会、风险管理委员会、变更控制委员会和项目管理支持办公室作为组织内部项目管理的决策和支持部门，以加强对多项目间的冲突、协调、综合变更控制的管理。

1. 项目管理委员会

项目管理委员会是公司项目管理的最高决策机构，一般由总经理任主任。其固定委员会成员由公司总经理、副总经理和总经理助理组成。根据项目的性质，组织可聘请内、外的行业专家进入项目管理委员会任临时委员。

项目管理委员会的职责取决于组织的具体需求，而且会随着这些需求的变化不断调整。通常，项目管理委员会被定位为组织层面的决策和管理机构，其主要职责包括：

(1) 着眼于组织战略，对组织所从事的所有项目进行战略规划、战略控制与战略评估；

(2) 对项目立项、项目撤销进行决策；

(3) 评审项目计划：包括进度计划、成本预算、质量计划等；

(4) 召开项目阶段性评审会：必要时对项目阶段报告进行评审、对项目总结报告进行评审；

(5) 监督项目管理相关制度的执行；

(6) 对项目进行过程中的重大里程碑、重大变更计划做出决定；

(7) 确定项目经理及对项目经理的考核以及项目的绩效考核原则。

2. 风险管理委员会

风险管理委员会是组织风险管理的最高决策和管理机构，负责制定组织层面的风险管理目标、规划，指导、督促各项目团队对可能导致损失的不确定性进行预测、识别、分析、评估和有效地处置，以最低成本为各项目的顺利完成提供最大的安全保障。

风险管理委员会是组织风险管理的最高决策和管理机构，其主要职责包括：

(1) 制定组织层面的风险管理目标、规划；

(2) 领导各项目风险管理团队；

(3) 督促、指导、审批各项目的风险管理计划；

(4) 重大风险事件的管理；

(5) 多个项目多个风险的集成管理。

3. 变更控制委员会

变更控制委员会是组织变更控制管理的最高决策和管理机构，负责制定组织层面的各项目变更控制体系，指导、督促各项目团队对可能出现的变更进行管理，以确保各项目的实际结果与计划的项目费用、进度、质量和技术指标最大限度的相符。

变更控制委员会是组织变更控制管理的最高决策和管理机构，其主要职责包括：

(1) 制定组织变更控制管理体系；

(2) 领导各项目变更控制管理团队；

(3) 督促、指导、审批各项目的变更控制管理计划及实施情况；

(4) 重大变更事件的管理；

(5) 多项目变更的协调管理。

4. 项目管理支持办公室

项目管理支持办公室(Project Management Support Office，PMO)可被定义为一个协助各个项目经理达到项目目标的组织实体，它对项目进行计划、估计、安排行程、监控与控制。

项目管理支持办公室被定位为组织层面的项目管理能力建设和业务支持机构或内部咨询机构，其主要职责包括：

(1) 开发和维护项目管理标准、方法和程序；

(2) 为组织提供项目管理的咨询和指导；

(3) 组织项目管理平台、体系的动态维护；

(4) 组织项目管理能力模型的构建；

(5) 为组织提供有关项目管理的其他支持。

6.4.4　组织项目化变更创新

人们经常提到，最难管理的项目是那些涉及变更的项目。图 6-17 列出了培养项目管理方法体系所需要的 4 个基本输入。每个输入都包含"人"的因素，要求人员进行变化。

要成功地培养与执行项目管理方法体系，必须做到：

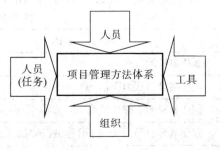

图 6-17　项目管理方法体系输入

(1) 明确在项目管理中最常见的变更原因;

(2) 明确克服变更阻力的方法;

(3) 应用组织变更管理原理以确保营造和维持所要求的项目管理环境。

简单地说,变更阻力可分为职业阻力和个人阻力。当整个职能单位都感到项目管理的威胁时,就产生了职业阻力,例如:

(1) 销售。销售人员反对变更是因为他们担心项目管理将成为公司利润的主要功臣。从而减少销售团队的年终奖金。销售人员担心项目管理会影响到销售业绩从而削弱销售团队的力量。

(2) 营销。营销人员担心项目经理将结束他们与客户间的近距离关系。以至于项目经理最终被授予一些营销与销售职能。这种担心是有好处的,因为客户通常希望与管理项目的职员交流,而不希望看到销售结束后营销人员就消失的情况。

(3) 财务(与会计)。这些部门担心项目管理将要求扩大项目财务体系(如挣值计算),从而增加会计与财务的工作量,而且还必须在横向(项目中)和纵向(线性团队中)两个方面进行账目结算。

(4) 采购。采购部门担心项目采购体系将与公司采购体系平行,项目经理将进行自主采购从而绕过采购部门。

(5) 人力资源。人力资源部门可能担心将会建立一个项目管理职业途径,从而要求新的培训项目。这将增加他们的工作量。

(6) 生产。这里的阻力很小,因为尽管生产部门不是由项目驱动的,但是有大量设备安装与维修项目要求使用项目管理。

(7) 工程设计、研发和信息技术。这些部门几乎都是由项目驱动的,对项目管理几乎没有阻力。

得到职能部门管理层的支持与合作通常可以克服职业阻力。然而,个人阻力通常更加复杂而且更加难以克服。个人阻力来自:

(1) 工作习惯的潜在变化。

(2) 社会团队的潜在变化。

(3) (对项目的)深深的恐惧。

(4) 工资与薪酬管理体系的潜在变化。

表 6-3 至表 6-6 说明了阻力产生的原因及可能的方法。员工倾向于始终如一,而且通常担心新的行为将把他们推出舒适的环境。大多数员工已经感觉到现有工作的时间压力,担心新的项目会需要更多的时间和精力。

表 6-3　阻力:工作习惯

阻 力 原 因	解 决 方 式
新的方针或程序	上级的强制命令
需要共享"权力"信息	以一种可接受的速度建立新的舒适环境
创造宽松的工作环境	识别有型的或无形的个人利益
需要放弃已经形成的工作模式(学习新的技术)	
在舒适的环境中变动	

表 6-4　阻力：社会团体

阻 力 原 因	解 决 方 式
未知的新关系	保持已建立的联系
多个老板	避免文化冲突
多个、临时的委派任务	寻找一个可接受的变化速度
切断已建立的联系	

表 6-5　阻力：深深的恐惧

阻 力 原 因	解 决 方 式
害怕失败	针对变更的好处对员工进行教育
害怕结束	表现出愿意承认或接受错误
害怕额外的工作量	表现出愿意努力投入
害怕不确定的或未知的事情	将未知的事情转化为机遇
害怕困窘	共享信息
害怕会议	

表 6-6　阻力：工资与薪酬管理

阻 力 原 因	解 决 方 式
权力或力量的转换	将变更的动机联系起来
缺乏对变更后的认识	明确未来的机遇或职业路径
未知的回报和惩罚	
对个人表现不适当的评价	
多个老板	

　　一些公司感觉是被迫采取新措施，而员工会开始怀疑这些措施。尤其是之前的一些新措施还没成功。最糟糕的状况是，要求员工执行他们根本就不理解的新措施、程序和流程。我们必须了解变更的阻力。如果人们喜欢他们现有的环境就会反对变更。但是如果人们不喜欢呢？也将会反对变更。除非人们相信变更是可能的，以及人们相信他们将从变更中获得好处。

　　管理人员是变更过程的设计师，必须制定适当的战略以使组织能够发生变更。这最好通过以下这些和员工相互沟通的方式来完成：

（1）解释变更的原因并征求反馈；

（2）解释所期望的结果和理由；

（3）拥护变更过程；

（4）对个人适当授权，以使变更行为制度化；

（5）投资变更所必需的培训。

　　对于大多数公司来说，变更管理过程是沿曲线进行的。开始，员工拒绝承认需要变更。

当管理人员开始实施变更时，对变更的支持减少而集体性质的反抗突然出现。管理人员对变更持续支持，并鼓励员工去寻求变更带来的潜在机遇。遗憾的是，这种寻求通常引发额外的负面信息出现，从而增加对变更的反对。随着管理人员逐渐施加压力，员工开始意识到变更的好处，支持又开始增长。

组织项目化变更创新的目标是建立一个优越的项目化组织文化。一个良好文化的关键因素是团队工作、可信赖的沟通合作。有的项目管理从业人员认为对于团队工作和信任来说，沟通和合作是必不可少的构成因素。在一个具有卓越文化的企业里，团队文化表现为：

(1) 员工和经理互相交流思想，建立具有高水平创新能力和创造能力的工作团队；

(2) 员工和经理互相信任，对彼此忠诚，对企业忠诚；

(3) 员工和经理能履行承诺，完成工作；

(4) 员工和经理能自由的分享信息；

(5) 员工和经理一贯对彼此坦率和诚实。

团队工作需要信任。这种信任既包括企业内员工的相互信任，也包括和客户之间的信任。当买卖双方相互之间存在信任时，双方就能达到共赢，如表6-7所示。

表 6-7 信 任 对 比

缺 乏 信 任	彼 此 信 任
连续竞争	长期的合同、重复的业务、后续的合同
大量的项目文档	较少的文档
客户—承包商之间会议过多	数量较少的会议
会议中使用文档过多	团队会议不使用或很少使用文档
高层参与	中低层参与

6.5 项目化管理机制与创新

项目化管理机制是针对组织实行"项目化管理"这种柔性的组织管理模式所引发的组织长期性与项目临时性、员工长期发展与项目生命周期属性之间的矛盾等问题及其诱因，而建立的一种有效解决这些问题的管理工作系统，以及该系统内相互联系、相互作用的构成部分及相应的工作方式、制度、方法、形式和规律等。其主要包括项目选择与决策机制、资源配置与整合机制、绩效考评与激励机制、信息沟通与知识积累机制，以及项目管理能力持续改进机制。

6.5.1 项目选择与决策机制创新

项目是组织生存和发展的关键，项目的选择应当与战略保持一致。如何在有限的资源范围内，使所选的项目能够更好地实现组织的战略目标，就涉及项目选择与决策机制。

项目选择与决策机制的要点是建立规范化的项目选择程序和科学的评价标准。下面的问题有助于指导这一评估过程。在对项目进行战略评估的过程中，这些问题应当被提出并得到满意的答案。

(1) 该项目是否与组织的战略目标具有一致性？

(2) 组织是否有足够的人力、财力和其他资源实施该项目？

(3) 项目在预算内、在规定的时间内按预定的技术标准完成的概率有多大？

(4) 项目的结果能否为客户提供价值？

(5) 新发起的项目同组织正在进行的项目是否存在冲突？

(6) 组织能否处理可能伴随项目产生的风险和不确定性？

通过对这些问题的逐一回答，众多项目被层层筛选，以保证符合组织战略的项目被最终保留。

图 6-18 反映了一种项目选择与决策程序。项目选择的过程，是组织根据战略目标和业务需求，按照一定的程序和步骤，在充分考虑组织内外部因素的基础上，做出是否实施项目的决策。

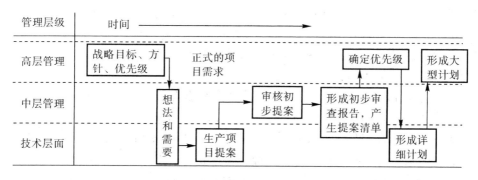

图 6-18　项目选择与决策程序

6.5.2　资源配置与整合机制创新

资源配置与整合机制的要点是处理好组织资源的静态配置与面向项目的动态整合问题。组织资源的静态配置指根据组织战略发展的需要确立组织当前的资源总体配置，以满足项目对资源的需求，包括购建自有资源和外部资源网络。而面向项目的资源动态整合，则需要建立项目资源的调配机制及借用外部资源的机制等。

组织资源配置指组织在经营过程中，对当前拥有的各种资源在各种不同的生产经营活动之间进行分配。如何优化资源在项目和运作间的分配，确保项目和运作的有效实施，是组织项目管理面临的和必须解决的核心问题。MBP 以项目为纽带整合组织内外资源，处理好组织内部各项目和运作间的资源分配、多项目间的资源优化以及单项目的资源获取，从而实现以最低的资源成本，支撑组织各项目和运作的顺利进行。

1. 单项目资源配置机制

单项目资源配置主要是项目全过程的资源计划、实施和控制，以及与组织战略目标的动态协调。单项目资源配置按照项目管理的启动、计划、实施、控制和结束划分为五个过程，如图 6-19 所示。

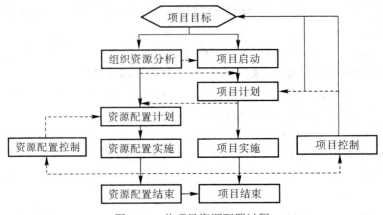

图 6-19 单项目资源配置过程

(1) 资源配置启动过程。结合组织战略目标分析组织资源现状，作为启动项目和制订项目计划的一个重要依据。

(2) 资源配置计划过程。根据组织资源分析和项目计划，制订组织资源开发和项目资源配置计划，同时为项目目标和项目计划的改进提供反馈信息。

(3) 资源配置实施过程。协调组织人力资源与其他资源，合理选择开发资源的途径，为项目提供有效的资源保障。

(4) 资源配置控制过程。定期监测与度量项目资源配置情况，与项目整体控制过程进行信息交流，并保持对组织战略目标的关注，以识别是否偏离资源计划，或者项目是否偏离项目计划和组织战略目标，必要时采取纠正措施，以确保实现项目目标。

(5) 资源配置结束过程。释放项目资源，总结和分析项目资源配置和组织资源现状，实现资源的积累，为下一个战略期的项目或项目组储备资源。

2. 多项目资源平衡机制

在组织同时进行的多个项目中，可以根据一定的原则对其进行分组管理，如大型计划管理和项目组合管理。其目的和特点就是实现项目资源的共享和平衡，特别是对于管理资源的共享，以使得组织资源得到优化和积累。

管理资源优化配置的一个重要的方法就是建立面向项目组的项目管理支持办公室。项目管理支持办公室可以定义为一个协助项目经理达到项目目标的组织实体，其目的是对项目进行计划、估计、安排行程、监控与控制。项目管理支持办公室具体职能包括以下几方面：

(1) 充当内部控制和外部客户信息交流中心，进行内部和外部联系和沟通。

(2) 实施有效的控制，即控制时间、成本和绩效，使其与合同要求相符。

(3) 确保各项计划能顺利执行，并确保各项工作的执行在授权范围内以及得到资源支持。

(4) 对各个项目进行综合的资源平衡，降低资源配置风险和不确定性。

3. 外包

随着社会分工的不断深入，组织仅靠自身的力量想高效高质地完成所有的工作是非常困难的，利用外部资源是组织的正确选择。外包可以使组织在内部资源有限的情况下，仅保留其最具竞争优势的核心资源，而把非核心部分借助于外部的专业化资源予以整合，以提高资源的效率,实现自身的可持续发展。

6.5.3 绩效考评与激励机制创新

组织的绩效考评是评价主体利用其所掌握的信息运用一定的方法、程序、指标等对评价客体进行分析,进而对评价客体在一定时期内的行为、表现做出某种判断的过程。其目的在于通过考评对组织和个人的行为,产生导向和牵引作用,从而保持和修正组织和个人的活动以保证组织战略目标的实现。对于项目化管理绩效考核的要求是:

(1) 当前业绩与长远发展相结合。绩效考评既应关注组织与个人的当前表现,又要考虑组织和个人的未来发展,既能对组织当前业绩给予应有激励,又能对组织未来的发展产生巨大的推动作用。

(2) 定量考核与定性评价相结合。考评体系应该将定量指标和定性指标相结合,以公平合理地评价组织现实与预期的业绩。

(3) 客观因素与主观努力相结合。考评要结合组织客观环境的变化以及组织与个人主观努力的情况,对组织与个人的绩效给出公正合理的评价。

组织项目管理绩效考评机制由考评体系、考评方法与流程、考评制度与规则等要素组成,其考查的对象为组织内部各相互联系的子系统(如项目团队)、子部门(如资源部门)或组成他们的基本元素(如各类人员)。组织项目管理绩效考评的体系框架如图 6-20 所示。

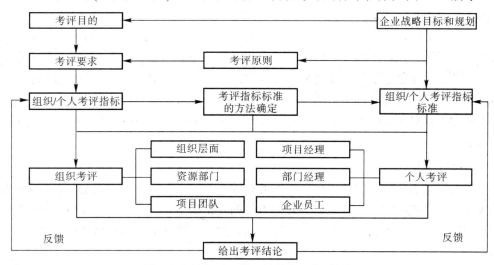

图 6-20 组织项目管理绩效考评体系框架

1. 对于各级组织的绩效考评

就各级组织绩效考评的范畴而言,这包括三个层面的问题,即整个组织层面、资源部门层面和项目团队层面。

(1) 整个组织的绩效考评。整个组织层面的绩效考评指标体系设计要涵盖组织全部的经营行为,对其经营行为要起到约束、规范和导向的作用。指标体系既要能体现组织当前经营的客观实际,又要能展示组织未来发展的潜力;同时,其应该是模块化的,即组织内部不同项目或部门可以依据各自的任务及特点选取其中一部分,作为其绩效考评的依据。

(2) 资源部门的绩效考评。在项目化管理中，职能部门的概念被淡化，其角色逐渐被资源部门所取代，即职能部门由传统的资源拥有者和使用者开始向资源的保管者和培育者转变。这里所说的对资源的培育既包括组织内部的培养，也包括外部资源的借用，即与其他组织结成战略联盟来构筑可共享的资源网络。虽然组织中始终有运作任务的存在，而且这部分运作任务仍要由资源部门来担当，但是运作已非组织的核心任务。对于资源部门的绩效考评指标设计应高度关注这一点。

(3) 项目团队的绩效考评。在组织项目管理中，项目是组织活动的主体，组织的发展依靠项目来推动。组织中各个项目的绩效总和构成了组织整体绩效最为重要的一部分，因此对于项目团队的绩效考评成为组织绩效考评的重要方面。与传统的项目团队不同，这里提到的项目团队是基于一定的组织背景的，即长期性组织内部的项目团队，因此对于项目团队的绩效考评，其指标设计也必须服从于组织的整体绩效目标。

2. 个人的绩效考评机制

组织中个人的绩效考评包括三类人员的考评问题，即项目经理、资源部门经理和组织成员。

(1) 项目经理绩效考评。对项目经理的绩效考评除了应注重项目完成的情况外，还应关注项目经理与其他项目和组织中资源部门的协调情况。

(2) 资源部门经理绩效考评。对资源部门经理的绩效考评应关注其为项目提供技术或资源服务的有效程度、对资源的培育与把关情况及与各项目团队的协调情况。

(3) 组织成员绩效考评。组织成员是组织中各项活动的直接承担者，是组织总体绩效分解的最基础的层次，员工绩效的好坏将直接影响到组织的总体绩效水平。在项目化管理组织中，员工的角色在运作与项目这两种类型的任务中动态地调整，即若被选派到项目中则为项目团队的一员，项目结束则又重回资源部门从事运作任务或等待重新分配到新的项目中去。因此，对员工绩效的考评既要关注其在项目中的表现，也不能忽略其在资源部门中的发展。

3. 激励机制

组织实行项目化管理的情况下，组织的柔性导致了人员流动性的增强，对人的激励显得越来越重要。组织实行激励机制的最根本目的是正确引导员工的工作动机，使他们在实现组织目标的同时实现自身的需要，增加其满意度，从而使他们的积极性和创造性继续保持和发扬下去。

绩效考评是实施激励的基础，也是制定激励机制的依据，即激励机制的设计必须和特定的绩效考评指标体系相配合。这包含两方面的意义：考虑短期利益和长期利益的均衡，激励机制必须和绩效考评指标体系的设计相结合；激励机制和绩效考评指标的匹配能够使风险与收益实现均衡。

同时激励机制是评价结果的进一步运用，也是激励组织和个人为企业创造更大价值的动力。二者结合起来成为了一种管理组织与个人贡献的方法，共同影响着评价主体对评价客体的评价与激励。对不同类型的角色应采用不同的激励方法。

(1) 适用于项目经理的激励方法。适用于项目经理的激励方法有：授权、自我激励、建立规范的组织晋升机制、持股计划、激励契约、目标激励、建立行为约束机制和风险激励。

(2) 适用于资源部门经理的激励方法。其方法有：建立规范的组织晋升机制、持股计划、激励契约和目标激励。

(3) 适用于组织成员的激励方法。其具体包括赋予组织成员自治权、实行群体环境激励、为组织成员提供参加培训与学习的机会、专业上的认可、薪酬激励、增强组织成员的自豪感和责任心和为其进行职业设计。

(4) 适用于项目团队的激励方法，具体有赋予团队权力、用真诚和热情去鼓励团队、尽力打造团队精神、建立以团队为基础的报酬制度和发掘项目的重要性。

6.5.4　信息沟通与知识积累机制创新

组织中往往项目与运作并存，内部生产方式的复杂性与外部环境的不确定性使得决策非常困难。为了迅速而准确地做出判断，组织高层的手中必须掌握大量有效的信息和以往的经验教训，因此，建立通畅的信息沟通机制和有效的知识积累机制对组织来说是非常重要的。

信息沟通指信息发送者为了实现一定的目标，采取一定的沟通方式，运用一定的沟通工具，通过一定的沟通程序将经过编译的信息传递给信息接收者，然后信息接收者将经过编译的信息做出翻译和解释的过程。

知识资本积累是一个动态的概念，组织知识资本的获得、知识的生产都是通过个体知识资本的积累而实现的，它是知识资本持有者通过自身的特殊实践活动使资本增值的过程。

1. 建设组织项目管理信息系统

组织项目管理信息系统是以计算机和网络通信设施为基础、以系统思想为主导，为了进行计划、操作和控制而为管理者提供相关信息及为业务人员提供操作便利的结构体。其目标是为整个项目和组织的战略指导提供计划、监控，进行综合的项目评价，以及为表现成本、时间和技术性能之间的相互联系提供基础。

2. 构建畅通的沟通网络，实现多向沟通

为使组织结构体系的各部分高效运转起来，需要在组织内部不同部门、不同层次人员之间，通过一定的沟通工具(如各种会议、电子媒体、意见信箱、内部沟通、布告栏等)，建立纵横交错的高效信息沟通网络，确保组织内能顺畅地沟通各种信息，为全员充分参与创造条件，使高层的方针政策能快速、高效地传递到组织各处，并通过监督、答疑等手段，使组织的员工都能理解和执行。同时，各层次、各部门的人员在执行过程中发现的问题也能及时反馈到相关的层次和职能部门进行解决、修正和统计分析。

3. 构建知识积累机制

知识积累的效率决定着社会发展的效率。而知识体系对知识积累的效率影响很大。知识积累机制包括建立组织层面的项目管理知识体系和项目管理标准体系。

项目管理知识体系是组织项目管理知识体系中的支撑性文件，为组织项目管理人员提供一个比较系统的、规范的、科学的参考资料，有效地提高工作质量和工作效率；也可作为组织内项目管理人员培训及内部项目管理资质认证的基础。其主要内容应包括项目管理

词汇的规范与定义，项目生命周期模型及其各阶段的主要内容，各阶段相关的管理过程，可供选择的方法、技术与工具等，同时尽可能地提供相关文件与表格的样式与模板。知识体系的模块设置如图 6-21 所示。

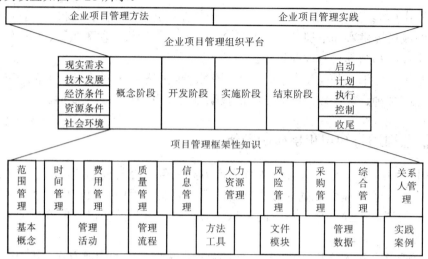

图 6-21　组织项目化管理知识体系结构示意图

项目管理标准体系可将组织中一些个体的流程、文档等固化为组织的资源，也是一种知识共享的机制，是组织项目管理模式开放性的重要体现，该标准体系可涉及组织项目管理的过程、方法、文件等方方面面，具体的标准将在组织项目的运行阶段不断得以完善。

6.5.5　项目管理能力持续改进机制创新

项目化管理的长期性组织要加强其项目管理能力的建设，并建立持续改进的机制和项目管理能力提升机制。项目化管理能力的提升不是一蹴而就的事情，它需要经历一个不断探索、不断完善的过程，由不成熟到成熟，由低级到高级，最后达到自我完善、持续改进。

1. 项目管理成熟度模型的概念

项目管理成熟度(Project Management Maturity，PMM)的概念是由早期的项目管理过程成熟度(Project Management Process Maturity)概念演变而来的。

实践表明，项目管理的过程将会影响到项目的成败。项目成功的一个关键因素在于项目管理有一套合适的过程，如果项目中重要的任务采用了合适的过程，而且得到了正确的执行，那么项目成功的可能性会增大。项目管理过程成熟度是项目管理过程改进的一个重要概念，它可以用来界定项目管理过程，得到清晰的定义、管理、测量、控制及有效的程度，以便发现问题并加以改进。基于"过程保证质量"的理念，一个组织的项目管理过程成熟度水平的高低，很大程度上反映了该组织成功完成项目的可能性大小。项目管理过程成熟度已成为代表一个组织项目管理能力的关键指标，但并非唯一的指标。因而，人们用"项目管理成熟度"来表示和度量一个组织项目管理能力的高低，项目管理过程成熟度是其重要组成部分。

项目管理成熟度是关于项目管理能力的一种度量指标，对项目管理能力进行度量的最终目的在于不断地提升这种能力。如何有效地提升项目管理能力呢？人们引入了"项目管理成熟度模型"，即描述如何提高或获得项目管理能力的过程框架。

"项目管理成熟度模型"的提出源自软件过程"能力成熟度模型"(Capability Maturity Model，CMM)。1986 年 11 月，美国卡内基·梅隆大学软件工程研究所(SEI)应美国政府的要求开发一种模型，用以促进软件承包商提高产品质量。SEI 于 1991 年率先在软件行业从软件过程的角度提出了软件过程能力成熟度模型(简称为 SEI-CMM)。SEI-CMM 的面世在软件界产生了巨大的影响，其在解决软件过程存在问题方面所取得的成功使得相关的管理领域纷纷效仿其模式，出现了许多种基于 CMM 的模型。其中比较典型的有：

(1) P-CMM，人员能力成熟度模型，用于人力资源开发。

(2) SA-CMM，软件获取能力成熟度模型，任务是提高软件获取方能力的成熟度，以便于与拥有成熟过程能力的开发方更好地配合。

(3) IPD-CMM，集成产品开发能力成熟度模型，用于产品开发过程管理。

(4) SE-CMM，系统工程能力成熟度模型，用于大型复杂系统的组织管理。

(5) SEE-CMM，系统安全工程能力成熟度模型，用于系统安全工程过程管理。

(6) PMMM，项目管理成熟度模型，用于评价与改进组织的项目管理能力。

2. 项目管理成熟度模型的基本原理

分析目前国际上的各种项目管理成熟度模型，可以发现这些模型在开发目的、主要用途、内部结构和构成要素方面存在着共同的基本原理。

(1) 建立项目管理成熟度模型的目的不外乎下列两个方面：一是提供项目管理能力度量与评价的途径和方法；二是提供项目管理能力改进与提升的途径和方法。

(2) 项目管理成熟度模型的实际用途则主要包括以下三个方面：

① 用于衡量某一组织的项目管理能力水平，作为判断该组织是否具备承担某一特定项目所要求的项目管理能力的依据；

② 用于衡量某一组织自身的项目管理能力状况，与成熟度模型所定义的相应能力等级的具体要求相比较，找出差距并实施改进，以提升组织自身的项目管理能力水平；

③ 用于新建组织项目管理能力设计或现存组织能力改进的目标设计和过程设计的参考。

(3) 项目管理成熟度模型是对"组织"的项目管理能力进行评价与改进的途径和方法。这里"组织"的概念是广义的，它既包括像企业、研究院所、政府部门这类长期性组织，也包括像"项目团队"这类面向任务的临时性组织。为了避免产生歧义，本章下文中将用"企业级组织"来代表上述的长期性组织，用"项目级组织"来代表面向任务的临时性组织。目前，国际上绝大多数的项目管理成熟度模型都是面向企业级组织的项目管理能力评价与改进而构建的，但已有专家学者开始研究面向项目级组织的项目管理成熟度模型。

(4) 目前绝大多数项目管理成熟度模型都是基于"项目管理过程能力"的成熟度进行开发的。项目管理能力是一个综合性的指标，是人员能力、过程能力、技术能力等多方面能力的综合反映。然而项目管理能力作为一种管理能力，由于管理有着"科学性"和"艺术性"双重属性，因而管理能力的评价很难有全面且唯一的标准。因此，项目管理成熟度模型的构建大多从便于"评价"与"改进"的目的出发，关注项目管理的"科学性"方面，基于"过程保证质量"的理念，重点对可视性强、可检查性好的"过程"能力进行评价。

(5) 多数项目管理成熟度模型有着类似的结构和基本的构成要素，如图 6-22 所示。

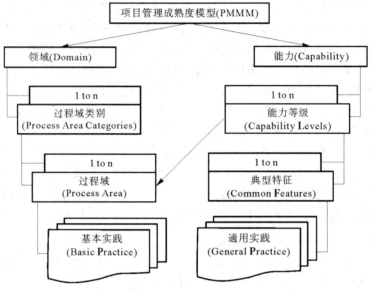

图 6-22　项目管理成熟度模型的基本结构示意图

项目管理成熟度模型通常由"领域"和"能力"两个部分组成。其中，"领域"部分定义了从哪些方面去衡量项目管理的成熟度。鉴于目前国际上绝大多数项目管理成熟度模型仅限于"过程能力"成熟度的评价，因而在项目管理成熟度模型中引入了"过程域 (Process Area，PA)"的概念。过程域指一组定义好的项目管理过程，当这一组过程共同发生作用时，就能实现某一特定的目标。每一个过程域又包括一个或多个"基本实践(Basic Practice)"，也称为"特定实践(Specific Practice)"，这些"基本实践"也就是完成某一特定目标所需要的最基本的过程。过程域也可以隶属于某一"过程域类别(Process Area Categories)"。

"能力"部分定义了不同项目管理能力成熟度水平应达到的基本要求，因而首先需要定义项目管理成熟度的"能力等级(Capability Levels)"，每一个能力等级又通过一些"典型特征(Common Features)"来定义该级别应达到的基本要求。为便于比较衡量，每一项基本要求又具体化为一些"通用实践(General Practice)"，这些"通用实践"通常是在大量实践基础上总结提炼出来的被认为是应该做的活动或比较有效的做法，在成熟度模型中作为应该达到的要求或努力的方向。

(6) 项目管理成熟度模型的价值在于为人们提供了从哪些方面(模型所定义的过程域)衡量一个组织的项目管理能力达到了何种程度(模型所定义的不同能力等级)的途径与方法，通过评价也可以找出需要改进的方面。图 6-22 中"领域"部分所定义的每一个过程域与"能力"部分所定义的各个能力等级相对应，通过比较、衡量，可确定组织的某一过程域位于哪一个能力等级，如图 6-23 所示。如果所定义的某个级别相应的全部关键过程域均达到了相应级别的要求，则认定组织的项目管理成熟度达到了该级别。尚未达到要求的过程域，即是需要改进的方面。

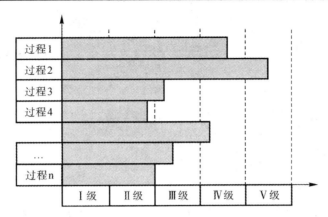

图 6-23 应用项目管理成熟度模型进行过程域评价的结果示例

(7) 从项目管理成熟度模型的基本结构和构成要素看,各种项目管理成熟度模型的主要差别在于"能力等级"和"过程域"的定义不同。表 6-8 是 CMM 及几种主要的项目管理模型的"能力等级"名称对照表,从名称上看,各种项目管理成熟度模型对"能力等级"的定义有一定的类似性,大多数模型的最低级表示项目管理处于自由摸索阶段,在较高级别中大多提倡基准比较(Benchmarking)的概念和方法,最高级则反映了持续改进、不断优化的过程。从内涵上看,不同能力等级实质上代表了对项目管理要素要求的广度与深度的不同,如图 6-24 所示,能力等级越高,涉及的管理要素越多,对要素的要求也越高。

表 6-8 CMM 模型及各种项目管理成熟度模型相应级别名称

模型名称	I 级	II 级	III 级	IV 级	V 级
SEI-CMM	Initial (初始级)	Repeatable (可重复级)	Defined (已定义级)	Managed (已管理级)	Optimizing (优化级)
(PM)2	Ad-hoc (摸索级)	Planned (已计划级)	Managed (已管理级)	Integrated (集成级)	Sustained (持续级)
MF-PMMM	Ad-hoc (摸索级)	Abbreviated (简略级)	Organized (已组织级)	Managed (已管理级)	Adaptive (适应级)
KM-PMMM	Seat of Pants (摸索级)	Aware (觉醒级)	Competent (胜任级)	Best Practice (最佳实践)	
K-PMMM	Common Language (通用术语)	Common Processes (通用过程)	Singular Methodology (单一方法)	Benchmarking (基准比较)	Continuous Improvement (持续改进)
PMS-PMMM	Initial Process (初始级)	Structured Process & Standards (结构化过程和标准)	Organizational Standards and Institutionalized Process (组织化标准和制度化过程)	Managed Process (已管理的过程)	Optimized Process (优化的过程)
PMI-OPM3		Standardizing (标准化级)	Measuring (可度量级)	Controlling (可控制级)	Continuously Improving (持续改进级)

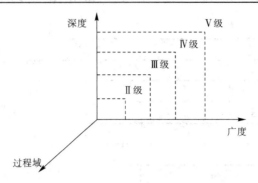

图 6-24　项目管理成熟度等级定义示意图

各种项目管理成熟度模型在"过程域"定义方面的差别更为明显,反映出人们对"从哪些方面去评价项目管理能力成熟度"有着不同的认识。从总体上看,目前国际上多数的项目管理成熟度模型的"过程域"定义是以美国项目管理协会在其推出的《项目管理知识体系指南》中所定义的九大领域(集成管理、范围管理、时间管理、费用管理、质量管理、人力资源管理、沟通管理、风险管理、采购管理)和五个过程组(启动、计划、执行、控制、收尾)为基础的,如表 6-9 中的 PMI-OPM3、K-PMMM 和 PMS-PMMM 等均属这种类型。此外,也有一些项目管理成熟度模型根据需要自行定义了"过程域"相关领域,如国际项目管理协会提出的项目管理成熟度蜘蛛网模型则是通过项目管理、大型计划管理、项目成组管理、项目型企业中的人事管理、组织设计、项目管理培训、项目管理研究、项目管理标准等 9 个方面来评价项目管理能力的。

(8) 应用项目管理成熟度模型开展项目管理能力评价与改进的过程,实质上是一种类似基准比较(Benchmarking,国内也叫"标杆分析")的过程。开发或选择一个恰当的项目管理成熟度模型,其中各能力等级所定义的要求就是"基准",依据所定义的"领域"(过程域)逐一进行比较,并对比较的结果加以综合,从而完成对组织项目管理能力层次的定位或找出差距加以改进。

3. 项目管理成熟度模型的构建

国际上有很多版本的项目管理成熟度模型,选择一种恰当的成熟度模型不失为一种构建项目管理能力持续改进机制的有效途径。一个组织也可以根据其基本原理,自行设计构建项目管理成熟度模型。

以神舟项目管理成熟度模型(SZ-PMMM)为例。该模型是一个适用于组织多项目管理环境的项目管理成熟度集成模型,它由两个相对独立的项目管理成熟度模型组成,即组织级项目管理成熟度模型(SZ-PMMM-O)和项目级项目管理成熟度模型(SZ-PMMM-P)。

SZ-PMMM 与目前国际上流行的各种项目管理成熟度模型相比较,在下列几个方面有所差异:

(1) SZ-PMMM 由面向组织级(SZ-PMMM-O)和面向项目级(SZ-PMMM-P)的两个项目管理成熟度模型组成。面向组织级的项目管理成熟度模型是目前国际上项目管理成熟度模型的主流,适宜于对长期性组织项目管理能力的评价与改进,而对面向项目级的项目管理成熟度模型的研究较少且尚无实用性成果。SZ-PMMM 提出了针对实际履行项目管理职责的项目级项目管理能力的测度模型(SZ-PMMM-P),以解决由多个组织共同组建的项目级组织或组织内部单个项目级组织的项目管理能力测度问题。

(2) SZ-PMMM 的组织级项目管理成熟度模型(SZ-PMMM-O)在评价组织项目管理整体能力的同时关注了组织内部多个项目级组织的项目管理能力的差异性，同时也关注了项目级的项目管理能力的提升对整个组织级的项目管理能力提升的促进作用，定义了面向大组织内部项目级组织的三个附加能力等级。这样，一方面体现了项目级的项目管理能力对其所依托的组织级项目管理能力的依存关系，另一方面也强化了项目级组织自身项目管理能力提升的重要性及其对整个组织项目管理能力提升的促进作用，有利于形成组织多项目背景下组织级与项目级项目管理能力的互动机制，加速项目管理能力成熟进程。

(3) 传统的项目管理成熟度是特指项目管理"过程"成熟度，因而其关键领域也就称为"关键过程域"。由于没有任何过程是孤立存在的，组织方式、支持该过程的系统、组织的主流文化等都会对每一个过程的推进情况产生影响。可见，过程能力并不能代表项目管理能力的全部，通常人们认为过程、技术和人员是能力的三个重要组成部分。SZ-PMMM突破了"项目管理过程成熟度"的传统框架，引入了"关键领域"(Key Areas)的概念，从组织、过程、方法、人员、文化等"领域"，多方位地反映项目管理成熟度，试图更全面、更客观、更准确地度量组织的项目管理能力水平。

(4) SZ-PMMM 在传统的"过程"这类相对"硬"性的关键领域定义的基础上，将"文化"这类"软"性的关键领域引入项目管理成熟度模型中，以更好地反映项目管理能力的成熟是一个渐进的过程这一特性。因为组织结构、过程规范、方法工具等都是可以简单复制或移植的，具备特定素质要求的人员也是可以快速到位的，但组织文化是并非一蹴而就的。

6.6　项目化管理流程与创新

项目化管理流程是对项目化管理方法和机制科学性的体现和可行性的保障。本节将结合项目化管理与传统项目管理的不同，介绍项目化管理流程。

项目化管理流程从单项目、多项目及单组织和多组织两个维度可以细分成四部分，分别为组织内部的单项目管理流程、组织内部的多项目管理流程、跨组织的单项目管理流程和跨组织的多项目管理流程。鉴于跨组织的单项目管理流程和跨组织的多项目管理流程均重点关注组织间的关系，所以不再分别阐述，统一称之为跨组织的项目管理流程。

6.6.1　组织内部的单项目管理流程创新

组织内部的单项目管理流程，以项目生命周期划分，包括项目立项、项目计划的制订、项目的实施控制、项目收尾等；以管理职能划分则包括启动、计划、实施、控制、收尾等流程，还包括面向具体对象的资源配置流程等。

组织内部的单项目管理流程，不对项目内部的细节展开描述，主要描述项目与组织内部各职能部门、项目管理委员会、项目管理办公室之间的各种业务关系。在前面章节对项目管理知识描述的基础上，本部分考虑与前面所述单项目管理的不同，对于组织内部的单项目管理流程，主要阐述项目立项流程、项目经理的选择流程、项目收尾流程和项目资源配置流程。

1. 项目立项流程

项目立项主要包括信息的收集和分析、用户需求的跟踪、潜在项目的分析和筛选等内容。根据项目的来源，可将项目的立项分为两部分：企业内部发起项目和外部投标项目。

企业内部发起项目指企业内部人员根据企业战略，结合企业现有资源状况发起的项目。企业内部发起项目的一般流程为：

(1) 发起人填写项目申请书；

(2) 项目管理办公室组织专家评审；

(3) 项目管理委员会根据专家的评审意见，确定项目是否立项；

(4) 项目管理委员会发项目立项通知书，确定项目立项。

项目投标过程指从填写资格预审调查表开始，到将正式投标文件送交业主为止所进行的全部工作。项目投标的一般流程为：

(1) 填写资格预审调查表，申报资格预审；

(2) 购买招标文件(当资格预审通过后)；

(3) 组织投标班子；

(4) 进行投标前调查与现场考察；

(5) 选择咨询单位及雇用代理人；

(6) 分析招标文件，校核工程量，编制施工规划；

(7) 工程估价，确定利润方针，计算和确定报价；

(8) 编制投标文件；

(9) 办理投标保函；

(10) 递送投标文件。

2. 项目经理的选择流程

优秀的项目经理是项目成功的保障。项目一旦立项，组织即可从项目经理库中选择合适的项目经理。具体流程如下：

(1) 具有申请资格的项目经理提出申请；

(2) 项目管理办公室组织专家委员会进行评审；

(3) 根据专家评审意见，确定项目经理。

3. 项目收尾流程

项目化管理组织在项目收尾阶段必须处理好项目的临时性与组织的长期性之间的矛盾。项目收尾的具体流程如下：

(1) 最终产品的验收；

(2) 文档、资料的总结；

(3) 项目后续服务的分配；

(4) 项目奖金的发放、人员的晋升；

(5) 项目组的解散。

4. 项目资源配置流程

组织内部单项目管理的资源配置流程的主要工作是项目全过程的资源计划、实施和控制。其具体流程为：

(1) 项目经理提出资源需求；

(2) 部门经理根据项目优先级分配资源；

(3) 项目经理进行项目内部资源优化；

(4) 项目实施过程中的资源变更控制。

6.6.2　组织内部的多项目管理流程创新

组织内部的多项目管理流程，主要包括大型计划管理流程和项目组合管理流程。大型计划管理流程包括大型计划发起流程、大型计划计划流程、大型计划实施控制流程和大型计划收尾流程。项目组合管理流程包括项目组合确定流程、项目组合计划流程、项目组合实施控制流程和项目组合收尾流程。考虑到多项目管理中资源配置的独特性和重要性，本节将阐述多项目管理资源配置流程。

在多项目管理流程描述中，对于组成多项目的各项目内部流程将不展开述说，重点介绍多项目与组织内部各部门发生的各种业务关系和多项目间的平衡和协调。

1. 大型计划管理流程

(1) 大型计划的发起。大型计划的发起主要是根据企业的战略目标、方针和政策，编制大型计划任务书。大型计划发起流程是：① 一般机会研究；② 方案策划；③ 进行初步的和详细的可行性研究；④ 编制项目进度与资源计划；⑤ 编制大型计划任务书。

(2) 大型计划的计划制订。大型计划的计划是描述大型计划需要做"什么"、"何时"进行、持续"多长时间"、"如何"监控、需要"谁"参加等内容的过程。大型计划的计划制订流程是：① 成立大型计划管理组织；② 编制大型计划的大纲性计划；③ 编制大型计划的阶段计划；④ 编制详细的大型计划进度计划和资源计划；⑤ 编制大型计划管理计划；⑥ 大型计划的审查修改。

(3) 大型计划的实施控制。大型计划的实施控制包括从大型计划的启动到完成大型计划的成果性目标整个阶段的所有工作任务。大型计划实施控制的流程是：① 启动各个项目；② 跟踪大型计划进展；③ 信息交流；④ 变更控制；⑤ 风险应对；⑥ 交付大型计划成果。

(4) 大型计划的收尾。大型计划的收尾指从大型计划实施结束到解散大型计划组织整个阶段的所有工作任务。大型计划收尾的流程是：① 大型计划交接与验收；② 大型计划审计；③ 大型计划总结；④ 解散大型计划组织结构；⑤ 释放资源。

2. 项目组合管理流程

(1) 项目组合的确定。确定项目组合指组织依据战略目标、政策和优先级标准，立足组织战略和现有项目，进行项目组合。确定项目组合的流程是：① 组织战略目标的分解；② 项目组合机会的识别；③ 确定项目组合；④ 项目优先级标准的确定。

(2) 项目组合计划的制订。项目组合计划主要是在各项目计划的基础上，对各项目计划进行平衡。项目组合计划制订的流程是：① 项目计划的制订；② 多项目计划的平衡；③ 项目组合计划的制订；④ 项目组合计划的审批；⑤ 项目组合计划的修改和优化。

(3) 项目组合的实施控制。项目组合的实施控制指启动项目组合中各个项目，正确应对项目实施中的各种变化，处理项目之间的资源、效益、结果方面的互相影响，确保当前的组合符合组织目标。项目组合实施控制的流程是：① 项目组合的实施启动；② 跟踪项目组合实施进展；③ 信息交流；④ 变更控制；⑤ 风险应对；⑥ 交付项目组合实施成果。

(4) 项目组合的收尾。项目组合的收尾指从项目组合实施结束到解散项目组合组织整个阶段的所有工作任务。项目组合收尾的流程是：① 项目组合交接与验收；② 项目组合的总结；③ 解散项目组合组织结构；④ 释放资源。

3. 多项目资源优化流程

多项目资源优化配置是充分挖掘企业资源潜力的有效方法，通过资源在各项目间的有效配置，从而降低资源成本，最大限度地满足各项目对资源的有效需求。多项目资源优化配置主要包括以下步骤：项目经理提交资源需求计划；确定各项目资源分配优先级；确定资源获取方式；资源部门确定各项目资源分配计划；项目经理制订项目资源配置计划。

多项目资源配置的一般过程，如图 6-25 所示。

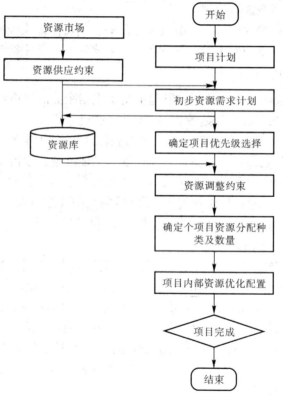

图 6-25　多项目资源配置一般过程

6.6.3　跨组织的项目管理流程创新

随着经济一体化的浪潮席卷全球，面对日益个性化的客户需求以及激烈的市场竞争，组织在项目管理实践中经常面临自身资源的稀缺与能力的有限带来的挑战。为了抓住市场机遇，快速响应客户需求，与其他组织结成联盟、共享资源和能力、共同为项目目标服务、跨越组织的项目管理便成为组织层面项目管理的重要方面。

组织通过战略联盟、外包和合作研发等方式，实现跨组织的项目管理，对比传统项目管理能实现优势互补、创造协同效应、分担风险，同时有助于组织涉足新的经营 领域，实行多角化经营等。

对于组织来说，跨组织的项目管理重点是以项目为纽带，管理好参与项目的各组织间的各种契约关系。跨组织项目一般需要经历启动、计划、执行、控制与收尾五个过程。下面将站在组织层面，介绍跨组织项目的启动、计划、执行和控制、收尾流程。

(1) 跨组织项目的启动。跨组织项目启动阶段的主要工作包括联盟形式的选择，合作伙伴的挑选，沟通与协商等。其具体流程为确定联盟形式、选择合作伙伴、沟通协商、签订结盟意向书。

(2) 跨组织项目的计划。跨组织项目计划阶段的主要工作包括确定任务分工、合作机制和签订合同。其具体流程为：组织间任务分工；确定跨组织项目管理机制；签订跨组织项目管理合同。

(3) 跨组织项目的执行和控制流程。跨组织项目的实施和控制主要包括日常组织管理、日常变更控制、联盟文化建设、联盟绩效的反馈、合作价值的评估等工作。其具体流程为：跨组织项目的启动；跟踪跨组织项目的进展；变更控制；联盟绩效的反馈；合作价值的评估。

(4) 跨组织项目的收尾。在跨组织项目的收尾阶段，要重点做好项目收益的分配、项目的总结，并明确各组织在项目后期维护阶段的任务。其具体流程为：项目总结；项目收益分配；明确各组织在项目维护阶段的任务；联盟的解散。

思 考 题

1. 针对具体情况，如何合理选择项目化组织结构？
2. 举例说明，如何将项目化管理理论应用于具体实践过程中？
3. 案例分析:

Monicker 公司是公认的为汽车和卡车提供高质量仪表板的制造商。尽管它主要为美国的汽车和卡车制造商供货，但是它成为世界级供货商的机会是很明显的。它的品牌蜚声海内外，但它却被极端保守的高层管理困扰长达数年，这阻碍了它向世界级供货商的成长。

当 Monicker 公司新的管理团队在 2009 年上任之后，保守主义消失了。Monicker 现金充裕，在金融机构中具有巨大的借款能力和信贷额度，它的小部分公司债务得到了 AA 质量评级。此时 Monicker 公司决定收购世界范围内的四家公司 Alpha、Beta、Gamma 和 Delta 来加快自身的发展，而不是在多个国家修建制造工厂。这四家被收购的公司在自身所处的地理区域内都占主导地位，四家公司的高层管理者对于所处地域的文化都非常了解，并且在当地客户、业务相关方中具有良好的声誉。在 Monicker 公司所做出的必要的命令能够被执行的前提下，Monicker 决定保持四家公司的高层管理团队不变。

Monicker 希望四家公司具有向世界范围内任何一个 Monicker 客户提供零件的制造能力，但这说起来容易做起来难。Monicker 有一套运行良好的企业项目管理方法论(EPM)。Monicker 和它在美国的客户及相关方的绝大部分都了解项目管理。Monicker 意识到最大的挑战是将位于其他国家的所有子公司置于同一项目管理成热度水平上，并对其使用相同的公司范围内的 EPM 或是调整后的版本。Monicker 期望四家被收购的公司做出一些改变，以适应公司的 EPM。然而，四家被收购的公司处于不同的项目管理成熟度水平上。Alpha 公司已经有一套 EPM 系统，并且它认为自己的项目管理方法比 Monicker 公司现在使用的 EPM 系统要更为先进。Beta 公司刚刚开始学习项目管理。尽管它已经拥有几个向客户报告项目状况的项目管理模板，但是它还没有任何正式的 EPM 系统。Gamma 和 Dela 公司还未涉及项目管理。更为糟糕的是，由于受每个被收购公司所在地的法律约束，这四家公司还要为当地的其他业务相关方提供服务，所有的这些业务相关方都处在不同的项目管理成熟度水平。在一些国家，政府因为就业和采购等法律而积极参与进来，而在其他国家，政府则是在企业违反有关健康、安全或环境法律时才被动地参与进来。开发一套让所有新近收购的公司、它们的客户和相关方满意的 EPM 系统确实是一项艰难的任务。Monicker 知道在短时间内达成项目管理协议是一项巨大的挑战。Monicker 也知道从不会有平等的收购，总是有"房东"和"房客"之分，而 Monicker 就是"房东"。但是作为房东在其中过多加影响，可能会让一些被收购的公司疏远，从而使最终的结果弊大于利。

Monicker 的方法是将这件事作为一个项目来对待，把被收购的公司和其客户、当地的业务相关方都作为项目的相关方。使用相关方关系管理对在项目管理方法方面达成一致非常重要。Monicker 要求每个被收购的公司派出 3 名人员进入由 Monicker 公司人员领导的项目管理执行团队。Monicker 建议，理想的团队成员应当具有一些项目管理方面的知识或者从事项目管理的经验，还应当获得该公司更高层领导的授权，可以替该公司做出决策。派出的代表还应当明白来自其客户和当地业务相关方的需求。Monicker 希望各公司尽快明白，并且同意使用该团队最终决定的方法论。四个公司的高层管理者向 Monicker 发送了一份理解信，承诺会派遣最高质量的人员，并且同意使用这种方法。每个公司都表明它们明白这个项目的重要性。

项目的第一步是就项目管理方法达成一致。第二步是邀请客户和相关方审查该方法并提出意见反馈。这是非常重要的，因为客户和业务相关方最终都会接触该方法。Monicker 希望团队能在 6 个月内就公司范国内的 EPM 系统达成一致。但是最终，Monicker 意识到就 EPM 系统达成一致可能需要 2 年。在第一次会议中，出现了以下几个问题：每个公司对于项目有不同的时间需求，每个公司对于项目的重要性看法不同，每个公司都有自己的文化，它们都希望最终的 EPM 系统设计要与其文化相匹配，而且每个公司对项目经理的职位和权力看法也不同。尽管发送了理解信，但是 Gamma 和 Dlta 两家公司并不理解它们在该项目中担任的角色和与 Monicker 的关系。Alpha 公司想对该项目进行微型管理，并相信每个人都应当使用这种方法。Monicker 的高层管理者要求参与团队建设的 Monicker 公司代表准备一份记录所有与会人员观点的机密备忘录。这份备忘录中包含了以下内容：不是所有团队代表都公开表达了他们对于该项目的真实感受，一些公司希望该项目失败的意图很明显。一些公司担心新 EPM 系统的运行会引起人事和权力的更选。一些人担心新 EPM 系统的运行会使职能组织需要更少的资源，从而人员规模缩减和职能组织中按人头分配的红利减少。一些人担心新系统的运行会引起公司文化和与客户工作关系的变化。一些人害怕学习新系统并对使用它倍感压力。

很明显，这不是一项简单的任务。Monicker 不得不更为深入地了解各个公司及它们的需求和期望。Monicker 公司的管理层不得不向四家公司展示他们的观点很有价值，并找出赢得它们支持的方法。

问题

(1) Monicker 现在的选择是什么?

(2) 你建议 Monicke 首先做什么?

(3) 如果经过各种尝试，Gamma 和 Delta 公司还是拒绝加入，Monicker 应该怎么办?

(4) 如果 Alpha 公司固执地坚持它的方法是最好的，并且拒绝让步，Monicker 应该怎么办?

(5) 如果 Gamma 和 Dela 公司争论说它们的客户和相关方还没准备好接受该项目管理方法，它们希望不被干涉地去处理客户问题，Monicker 应该怎么办?

(6) 在什么情况下，Monicker 应当退让，让各个公司去做自己的事情?

(7) 让地理上分散的几家公司就文化和方法达成一致，这是简单的还是困难的?

(8) 如果四家公司希望和其他公司合作，你认为就接受使用新 EPM 系统达成一致需要多长时间?

(9) 哪些相关者是有权力的，哪些是没有的?

(10) 哪些相关者有权扼杀这个项目?

(11) 为了赢得四家公司的支持，Monicker 应该做什么?

(12) 如果不能赢得四家公司的支持，Monicker 应该怎样来管理反对方?

(13) 如果四家公司同意使用该项目管理方法，但是随后一些客户对该方法的使用缺乏支持，这时 Monicker 应该怎么办?

参 考 文 献

[1]　赛云秀. 项目管理[M]. 北京：国防工业出版社，2012.

[2]　赛云秀. 项目管理的发展与应用[M]. 西安：陕西人民出版社，2012.

[3]　斯蒂芬. P.罗宾斯. 管理学原理[M]. 毛蕴诗，译. 北京：中国人民大学出版社，2008.

[4]　毕星，翟丽. 项目管理[M]. 上海：复旦大学出版社，2000.

[5]　成虎. 工程项目管理[M]. 北京：中国建筑工业出版社，2009.

[6]　丁荣贵，赵树宽，张进智. 项目管理[M]. 上海：上海财经大学出版社，2017.

[7]　白思俊. 现代项目管理概论[M]. 北京：电子工业出版社，2013.

[8]　丁士昭. 工程项目管理[M]. 北京：中国建筑工业出版社，2006.

[9]　哈罗德·科兹纳. 组织项目管理成熟度模型[M]. 张增华，吕义怀，译. 北京：电子工业出版社，2008.

[10]　哈罗德·科兹纳. 项目管理：计划、进度和控制的系统方法[M]. 杨爱华，杨敏，王丽珍，等译. 北京：电子工业出版社，2018.

[11]　杰克·R. 梅瑞狄斯，小塞缪尔·J. 曼特尔. 项目管理：管理新视角[M]. 周晓红，译. 北京：电子工业出版社，2006.

[12]　杰克·吉多，詹姆斯· P.克莱门斯. 成功的项目管理[M]. 张金成，译. 北京：电子工业出版社，2007.

[13]　张金锁. 工程项目管理学[M]. 北京：科学出版社，2000.

[14]　丹尼斯·洛克. 项目管理[M]. 李金海，译. 天津：南开大学出版社，2005.

[15]　巩天真，张泽平. 建设工程监理概论[M]. 北京：北京大学出版社，2018.

[16]　克利福德·格雷，埃里克·拉森. 项目管理教程[M]. 王立文，徐涛，张扬，译. 北京：人民邮电出版社，2005.